博士论文
出版项目

多重压力、公共价值冲突与地方政府环境治理

Multiple Pressures, Public Value Conflict and
Local Governments' Environmental Governance

关 斌 著

中国社会科学出版社

图书在版编目（CIP）数据

多重压力、公共价值冲突与地方政府环境治理／关斌著 . —北京：中国社会科学出版社，2024.4

ISBN 978-7-5227-3078-3

Ⅰ.①多… Ⅱ.①关… Ⅲ.①地方政府—环境综合整治—研究—中国 Ⅳ.①X321.2

中国国家版本馆 CIP 数据核字（2024）第 037582 号

出 版 人	赵剑英	
责任编辑	杨晓芳	
责任校对	刘　娟	
责任印制	王　超	

出　　版	中国社会科学出版社	
社　　址	北京鼓楼西大街甲 158 号	
邮　　编	100720	
网　　址	http://www.csspw.cn	
发 行 部	010-84083685	
门 市 部	010-84029450	
经　　销	新华书店及其他书店	

印　　刷	北京君升印刷有限公司	
装　　订	廊坊市广阳区广增装订厂	
版　　次	2024 年 4 月第 1 版	
印　　次	2024 年 4 月第 1 次印刷	

开　　本	710×1000　1/16	
印　　张	20.75	
字　　数	288 千字	
定　　价	116.00 元	

凡购买中国社会科学出版社图书，如有质量问题请与本社营销中心联系调换
电话：010-84083683

出 版 说 明

　　为进一步加大对哲学社会科学领域青年人才扶持力度，促进优秀青年学者更快更好成长，国家社科基金 2019 年起设立博士论文出版项目，重点资助学术基础扎实、具有创新意识和发展潜力的青年学者。每年评选一次。2022 年经组织申报、专家评审、社会公示，评选出第四批博士论文项目。按照"统一标识、统一封面、统一版式、统一标准"的总体要求，现予出版，以飨读者。

全国哲学社会科学工作办公室

2023 年

摘　　要

近年来，我国生态环境质量持续改善，幅度之大、速度之快、效果之好前所未有，人与自然和谐共生的美丽中国新时代已经开启。尽管我国生态文明建设取得了举世瞩目的巨大成就，但生态环境保护的结构性、根源性、趋势性压力尚未根本缓解。第一轮、第二轮的中央环保督察反馈意见也多次指出，部分地方政府仍存在着"重发展、轻保护""胡作为、乱作为""环保一刀切""表面整改、敷衍整改""打折扣、搞变通"等问题。随着我国环境治理逐步进入压力叠加、负重前行的关键期，我们在看治理成效的同时，地方政府的一系列偏差行为及其背后的原因也值得关注、警惕和反思。

现有研究对隐藏在现实情境背后的、深层次的公共价值层面的矛盾体察不足，因此没能定位到地方政府环境治理中面临的关键痛点。区别与已有研究，本书从多重压力及公共价值冲突的视角对地方政府环境治理问题予以了一个全新分析。多重压力源自"压力型体制"的分析思路，包括地方政府承受的财政压力、绩效压力、竞争压力及公共舆论压力。公共价值冲突反映的是多元化公共价值之间的不可兼容性和不可通约性（Incommensurable），呈现的是多元化公共价值之间的竞争和紧张关系。基于我国216个城市的面板数据，本研究综合使用了数据包络分析方法、CATA文本分析方法（Computer-Aided Text Analysis）、情感分析技术、冲突反应模型（Conflicting Reactions Model）、非线性中介和调节模型等方法，实证分析了多重压力、公共价值冲突与地方政府环境治理效率间的关系。

本研究共得出五个结论：地方政府承受的多重压力会影响其环境治理效率。财政压力、绩效压力、竞争压力及公共舆论压力分别对地方政府环境治理效率产生了不同影响。多重压力会激化地方政府在环境治理中面临的公共价值冲突；公共价值冲突会影响地方政府环境治理效率；公共价值冲突是多重压力影响地方政府环境治理效率的中介机制；环保垂直管理、公众参与、绿色技术创新和声誉威胁可以调节公共价值冲突的发生及其影响。

本研究的创新和贡献表现在以下几个方面：首先，本研究为分析我国地方政府环境治理问题提供了一个全新的理论视角，可以帮助人们从公共价值冲突视角理解和认识地方政府面临的棘手问题；其次，本研究探明了地方政府环境治理中公共价值冲突的诱发因素和生成背景，揭示了其对于环境治理的作用影响，对于打开公共价值"黑箱"有一定帮助；另外，本研究找到了地方政府环境治理中公共价值冲突的协调路径，对于破解我国地方政府环境治理困境，规范地方政府行为逻辑，助力其环境治理绩效提升具有一定的理论和现实意义。

关键词：多重压力；公共价值冲突；地方政府；环境治理效率

Abstract

In recent years, the ecological environment quality in China has been continuously improving with unprecedented magnitude, speed, and effectiveness. The new era of harmonious coexistence between humans and nature in beautiful China has begun. Although China has made remarkable achievements in constructing ecological civilization, the structural, root cause, and trend pressures of environmental environment protection have not yet been fundamentally alleviated. The feedback from the first and second rounds of central environmental protection inspectors has also repeatedly pointed out that some local governments still have problems such as "valuing development and neglecting protection," "neglecting and disorderly actions," "one size fits all," "superficial rectification, perfunctory rectification." As China's environmental governance gradually enters a critical period of pressure accumulation and burdensome progress, while observing the effectiveness of governance, a series of deviant behaviors of local governments and the reasons behind them also deserve attention, vigilance, and reflection.

The existing research lacks awareness of the deep-seated contradictions of public values hidden behind real situations, thus failing to identify local governments' key pain points in environmental governance. Different from existing research, this book provides a new analysis of local government environmental governance issues from the perspective of multiple pressures and public value conflicts. The multiple pressures originate from the analytical approach of the "Pressurized System," including financial pressure, performance pressure, competition pressure, and public opinion pressure borne by local governments. The public value conflict reflects the incompatibility and incommensurability between diversified public values, presenting the competition and tense relationship between diversified public values. Based on panel data from 216 cities in China, this study comprehensively utilized Data Envelopment Analysis, Computer Aided Text Analysis (CATA), Sentiment Analysis, Conflict Reactions Model, Nonlinear Mediation and Moderation Models, and other methods to empirically analyze the relationship between multiple pressures, public value conflicts, and local governments'environmental governance efficiency.

This study draws five conclusions: The multiple pressures local governments bear can affect their environmental governance efficiency. Financial pressure, performance pressure, competition pressure, and public opinion pressure have different impacts on the environmental governance efficiency of local governments. Multiple pressures will exacerbate the public value conflicts faced by local governments in environmental governance; Public value conflicts can affect the environmental governance efficiency of local governments; Public value conflict is the mediating mechanism through which multiple pressures affect the local government's environmental governance efficiency; Vertical management of environmental protection, public participation, green technology innovation, and reputation threats can moderating the occurrence and impact of public value conflicts.

The innovation and contribution of this study are explained in the following aspects: Firstly, this study provides a new theoretical perspective for analyzing the environmental governance issues of local governments in China, which can help people understand the thorny problems faced by local governments from the perspective of public value conflicts; Secondly, this study explores the triggering factors and background of public value conflicts in local government environmental governance, reveals their impact on environmental governance, and helps open up the "black box" of public value; In addition, this study found the coordinated path for public value conflicts in local government environmental governance, which has specific theoretical and practical significance for solving the environmental governance dilemma of local governments in China, and helping to improve their environmental governance performance.

Key words: Multiple Pressures; Public Value Conflicts; Local Governments; Environmental Governance Efficiency

目　　录

Contents

第 一 章

绪　　论

本章是对本书的一个概要性介绍，也是对于多重压力、公共价值冲突与地方政府环境治理三者间关系的一个整体性描绘。首先，本章介绍了本研究的现实背景与理论背景，引出了多重压力与公共价值冲突这两个核心概念，在此基础上，着重介绍了本研究用以分析多重压力、公共价值冲突与地方政府环境治理间关系的五个研究问题。其次，本章讨论了本研究在理论层面和现实层面的研究意义。接下来，本章介绍了本研究整体的研究思路、技术路线与本书的结构安排。随后，本章逐一介绍了本研究采用的多变量统计与回归分析、数据包络分析、大数据文本分析等六种主要研究技术与分析方法。最后，本章从理论视角、研究思路和研究方法三方面总结了本研究的创新之处。

第一节　研究背景与问题提出

一　现实背景

党的十八大将生态文明建设纳入"五位一体"中国特色社会主义总体布局，明确提出大力推进生态文明建设，努力建设美丽中国，实现中华民族永续发展。党的十八大以来，我国生态环境执法力度不断增强，环境保护投入持续加大，中央政府开始以前所未有的力度推动环境保护和生态文明建设。2014 年修改的环境保护法被称为

"史上最严"环保法，不仅加大了对于企业环境违法行为的惩处力度，还强化了对于地方政府环境保护的责任要求，并加大了考核力度。与此同时，随着终身问责制、一票否决、党政同责、军令状、环境离任审计等考核措施的实施，中央政府已将环境治理的重要性及严肃性提升到了一个空前的历史高度。

党的十九大首次把"美丽中国"写入了社会主义现代化强国目标，把"绿色"纳入新发展理念，把"污染防治"纳入三大攻坚战。随着一系列新理念、新战略的提出，生态文明建设谋篇布局更显清晰，环境保护也被放在更重要的位置上。2019年6月施行的《中央生态环境保护督察工作规定》首次以党内法规的形式，明确了中央生态环境保护督察的制度框架、程序规范和权限责任。随着环保督察、考核问责和监督整改等机制的不断完善，我国开始用最严格的制度和最严密的法治保护生态环境。

党的二十大把"人与自然和谐共生的现代化"上升到"中国式现代化"的内涵之一，并提出"积极稳妥推进碳达峰碳中和"。实现碳达峰、碳中和，是党中央统筹国内国际两个大局作出的重大战略决策，也是我国推进发展方式转变、实现高质量发展的必然选择。在"双碳"目标的引领下，环境治理的内涵被进一步打开，地方政府所肩负的环境治理责任也进一步扩大。随着双碳目标的稳步推进，地方政府的环境治理也已进入了推动减污降碳协同增效、促进经济社会发展全面绿色转型的新阶段。

2022年9月，在"中国这十年"系列主题新闻发布会上，生态环境部部长黄润秋介绍了贯彻新发展理念，建设人与自然和谐共生的美丽中国的有关情况。黄润秋部长在发布会上说，党的十八大以来这十年，是生态文明建设和生态环境保护认识最深、力度最大、举措最实、推进最快、成效最显著的十年。① 在中央政府的持续大力

① 参见生态环境部官网报道 https：//www.mee.gov.cn/ywdt/zbft/202209/t20220915_994045.shtml。

推动下，我国环境治理取得了有目共睹的成绩。总体来看，我国环境治理的显著成绩主要表现在以下四个方面。

一是空气质量发生了历史性的变化。《中国生态环境状况公报》的数据显示，2021 年全国 PM2.5 浓度为 30 微克/立方米，历史性地达到世界卫生组织第一阶段过渡值（35 微克/立方米），同时，全国 339 个地级及以上城市平均空气质量优良天数比例达到 87.5%，提前实现了《关于深入打好污染防治攻坚战的意见》中提出的到 2025 年空气优良天数目标。根据《中国城市统计年鉴》（2013—2022）的数据，图 1-1 绘制了近年来我国氮氧化物排放量、二氧化硫排放量和烟粉尘排放量的变化情况。从图 1 中可以看出，我国 2021 年氮氧化物、二氧化硫和烟粉尘排放量比 2012 年下降了 61.72%、89.15% 和 79.97%。进一步从图 1-2 中可以看出，2012—2021 年期间，全国及各地区的可吸入细颗粒物平均浓度都呈现了显著的下降趋势。

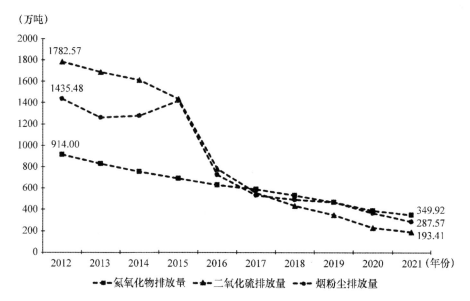

图 1-1 2012—2021 年全国氮氧化物、二氧化硫、烟粉尘排放量下降情况

数据来源：《中国城市统计年鉴》（2013—2022）。

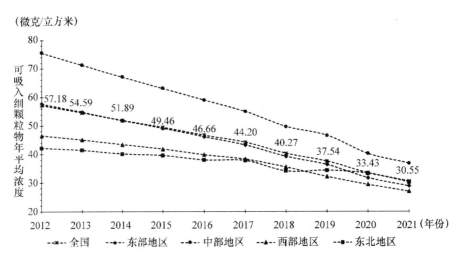

图 1-2　全国及各地区 2012—2021 年可吸入细颗粒物平均浓度变化情况

数据来源:《中国城市统计年鉴》(2013—2022)。

二是水环境质量发生了转折性的变化。2021 年,我国水质优良(Ⅰ-Ⅲ类)断面比例为 84.9%,相比十年前提升了 23.3 个百分点,已经接近发达国家水平。[1] 图 1-3 显示,截至 2021 年年末,我国的工业废水排放量已从 2012 年的 216.13 亿吨下降到了 130.87 亿吨,降幅高达 39.45%。与此同时,我国污水处理厂的集中处理率也稳步上升,从图 1-4 可以看出,2021 年我国污水处理厂集中处理率达96.28%,较 2012 年上涨 16.22 个百分点。

三是城市环境治理成效显著提升。《中国环境统计年鉴》(2022)的数据显示,我国城市建成区绿化覆盖率从 2012 年的39.6%提升至了 2021 年的 42.4%,提升了 2.8 个百分点,人均公园绿地面积也从 2012 年的 12.3 平方米提升至 2021 年的 14.9 平方米,增幅为 21.14%。从图 1-5 中可以看出,我国的城市生活垃圾无害化处理率从 2012 年的 84.8%上升至了 2021 年的 99.9%,城市污水处

---

[1]　数据来源于《中国生态环境状况公报》(2021)。

（亿吨）

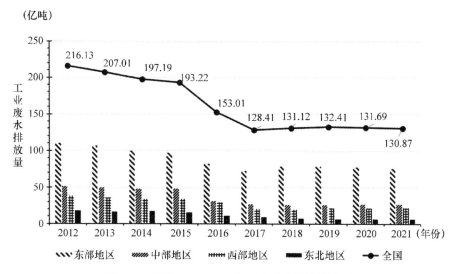

图 1-3　中国 2012—2021 年工业废水排放量情况

数据来源：《中国城市统计年鉴》（2013—2022）。

（%）

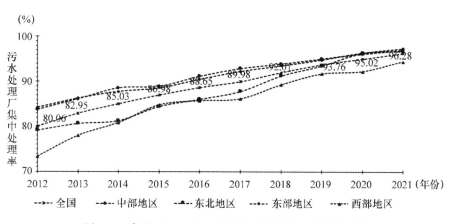

图 1-4　中国 2012—2021 年污水处理厂集中处理率情况

数据来源：《中国城市统计年鉴》（2013—2022）。

理率也从 2012 年的 87.3% 上升至 2021 年的 97.9%，说明我国城市环境治理成效稳步提升，居民生活环境质量持续改善。

四是工业污染得到了有效抑制。工业污染一直以来都是我国环

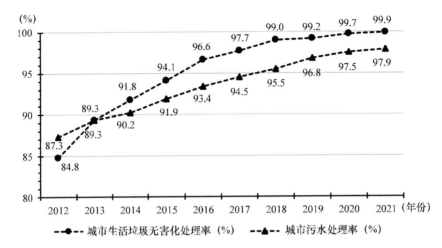

图1-5　中国2012—2021年城市生活垃圾无害化处理率、污水处理率情况

数据来源：《中国环境统计年鉴》（2022）。

境污染防治的重点领域。近年来，我国工业污染防治逐步实现了从传统的末端治理向源头和全过程控制的转变，治理重点也从过去简单的企业规制升级到了产业结构优化和循环经济发展。图1-6描绘了我国2012—2021年老工业环境污染治理投资的趋势变化情况，可以明显看出，自2014年以来，我国针对老工业污染治理的投资额在逐年下降，说明通过资源优化配置和有效利用，我国传统工业污染负担得到了有效缓解，工业污染的治理效率和防治效果得到了有效提升。

从上述数据可以看出，近年来我国生态环境质量得到了显著、持续的改善，改善幅度之大、速度之快、效果之好前所未有，人与自然和谐共生的美丽中国新时代已经开启。尽管我国环境治理已经取得了有目共睹的成绩。但从第一轮和第二轮中央环保督察的反馈意见中可以看出，地方政府的环境治理中仍然存在着一系列问题，其中比较突出的几类问题表现为以下四点：

一是重经济发展、轻环境保护问题层出不穷。表1-1整理了近五年中央环保督察反馈意见中有关"重发展，轻保护"问题的描述。可

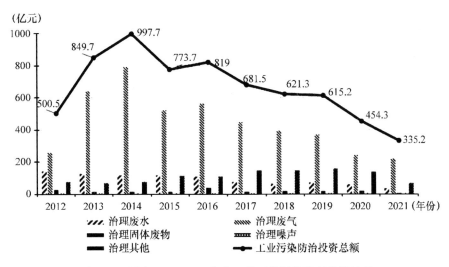

图 1-6　我国 2012—2021 年老工业环境污染治理投资情况

数据来源：《中国环境统计年鉴》（2022）。

以看出，2017 年 12 月，中央环保督察组对海南、青海和山东的反馈意见中就存在着"重经济发展、轻环境保护""保护为发展让路""环保'让道'"等问题。2018 年，中央环保督察组对新疆和西藏的反馈意见中也指出当地存在着"重发展、轻保护的观念没有转变过来""没有正确处理好发展与保护的关系"等问题。类似地，在 2019 第一轮环保督察"回头看"及 2021 年的第二轮环保督察中，安徽、吉林和广西等地也被指出存在着"重发展、轻保护"等类似问题。

表 1-1　中央环保督察反馈意见中有关"重发展，轻保护"问题的描述

被督察省份（自治区）	中央生态环境保护督察组	意见反馈时间	问题描述
海南	中央第四环境保护督察组	2017/12/23	一些市县重经济发展、轻环境保护；鼓了钱袋、毁了生态
青海	中央第七环境保护督察组	2017/12/24	保护为发展让路的情况依然存在；处理发展和保护的关系认识上还存在偏差

续表

被督察省份 （自治区）	中央生态环境保护督察组	意见反馈时间	问题描述
山东	中央第三环境保护督察组	2017/12/26	在上项目、搞建设时习惯于"先上车，后补票"，往往要求环保"让道"
新疆	中央第八环境保护督察组	2018/1/2	有的地方和部门领导干部重发展、轻保护的观念没有转变过来
西藏	中央第六环境保护督察组	2018/1/3	一些地方和部门没有正确处理好发展与保护的关系
安徽	中央第三生态环境保护督察组	2019/5/12	绿色发展的理念树立不够牢固，在处理发展和保护关系时仍然存在偏差
吉林	中央第一生态环境保护督察组	2019/5/14	松原及长岭市县两级党委、政府重发展、轻保护
广西	中央第七生态环境保护督察组	2021/7/16	一些地方和部门对"生态优势金不换"的认识不够深入；北海市、防城港市争抢钢铁项目落户；百色市、柳州市、来宾市长期违规补贴和扶持"两高"企业

资料来源：生态环境部官网"督察管理"栏目 https://www.mee.gov.cn/ywgz/zysthjbhdc/dcjl/。

　　二是胡作为、乱作为，环保"一刀切"等问题屡禁不止。严监管态势下，我国地方政府环境治理实现了从不作为到积极作为的转变，但与此同时，环保"一刀切""一律关停"等"胡作为、乱作为"现象也层出不穷（见表1-2）。2018年5月，面对愈演愈烈的环保"一刀切"现象，生态环境部专门研究制定了《禁止环保"一刀切"工作意见》，但在2019年5月结束的环保督察回头看中，陕西省、安徽省再次因为"一刀切""乱作为"等问题被点名通报，生态环境部也在同年7月专门致函被督察省（市）、集团公司，要求坚决禁止"一刀切"和"滥问责"行为，并明确指出将发现一起、查处一起、通报一起。

表 1-2　中央环保督察反馈意见中有关"胡作为、乱作为"问题的描述

被督察省份	中央生态环境保护督察组	意见反馈时间	问题描述
海南	中央第四环境保护督察组	2017/12/23	热衷于搞"短平快"的速效政绩工程
山西	中央第二生态环境保护督察组	2019/5/6	以大气污染防治为名，不分青红皂白地禁煤，影响群众温暖过冬
湖南	中央第四生态环境保护督察组	2019/5/5	生态环境问题背后存在不作为、慢作为、乱作为等问题
安徽	中央第三生态环境保护督察组	2019/5/12	失职失责，不作为、乱作为
陕西	中央第二生态环境保护督察组	2019/5/13	为应对监督检查，紧急采取断水断电或逼迫企业自行"三清"等措施，导致部分非"散乱污"企业被迫关停，严重影响群众生产生活
河南	中央第五生态环境保护督察组	2021/7/15	不作为乱作为时有发生；临时采取"一刀切"关停企业应付督察

资料来源：生态环境部官网"督察管理"栏目 https://www.mee.gov.cn/ywgz/zysthjbhdc/dcjl/。

三是打折扣、搞变通，表面整改、敷衍整改等问题频繁发生。2019 年中央第三生态环境保护督察组向山东省的反馈意见指出，针对山东省大量化工项目违规建设问题，山东省住建厅、原省国土厅放松要求，"做选择、搞变通"，导致整治效果大打折扣；同年 5 月，中央第四生态环境保护督察组向湖南省"回头看"反馈意见也提到，原湖南省林业厅对常宁市保护区规划敷衍整改，存在审核不严，把关不到位的情况；类似地，中央第五环保督察组对四川省的意见反馈也指出，攀枝花市针对攀钢集团的违法生产活动"搞变通"，擅自放宽其所属矿业有限公司的整改时限。近年来中央环保督察反馈意见中有关"打折扣，搞变通"的问题详见表 1-3。

表1-3　中央环保督察反馈意见中有关"打折扣、搞变通"问题的描述

被督察省份	中央生态环境保护督察组	意见反馈时间	问题描述
吉林	中央第一环境保护督察组	2017/12/27	地方立法存在"放水"问题；生态环境保护监管执法偏松偏软
西藏	中央第六环境保护督察组	2018/1/3	在落实环境保护责任方面放松要求，生态环保"一票否决"流于形式
云南	中央第六环境保护督察组	2018/10/22	一些地方和部门甚至敷衍整改、表面整改、假装整改；口头上积极整改，行动上却打折扣
山东	中央第三生态环境保护督察组	2019/5/10	一些地区和部门整改工作做选择、搞变通，导致整治效果大打折扣
湖南	中央第四生态环境保护督察组	2019/5/5	但一些整改存在标准不高、工作不实；存在敷衍整改、表面整改、假装整改等情况
四川	中央第五生态环境保护督察组	2019/5/9	一些地方和部门在整改过程中打折扣、搞变通，降低整改要求

资料来源：生态环境部官网"督察管理"栏目https://www.mee.gov.cn/ywgz/zysthjbhdc/dcjl/。

　　四是面对群众强烈诉求不作为现象时有发生。中央第三环境保护督察组向黑龙江省反馈的专项督察意见就指出，地方政府在面对群众诉求时，存在着不作为、不担当的现象，仅2016年督办的1226个举报问题中，被群众再次举报整改不作为、不担当的问题就有157个，占比达到12.81%。更为突出的是，在环保督察"回头看"期间，群众举报的来信多达354件，意见同时指出，黑龙江省农村环境污染问题突出，与人民群众期盼还有很大差距。类似地，中央第一环境保护督察组向吉林省反馈的督察意见也指出，吉林省对群众环境诉求"没有真正抓在手上、放在心上"，其环境保护工作不仅与中央要求存在较大差距，而且与人民群众的期盼也存在较大差距，对于群众关心的生态环境问题治理力度不足。

此类问题的详细描述见表 1-4。

表 1-4　　　　**中央环保督察反馈意见中有关"面对群众**
强烈诉求不作为"问题的描述

被督察省份	中央生态环境保护督察组	意见反馈时间	问题描述
浙江	中央第二环境保护督察组	2017/12/24	与中央的殷切要求和群众更高的期盼相比仍有差距
黑龙江	中央第三环境保护督察组	2018/10/23	面对群众强烈诉求不作为、不担当，造成恶劣影响，引起群众强烈不满
四川	中央第五生态环境保护督察组	2019/5/9	督察组交办的一些群众举报问题查处不力，一些地方对群众环境举报重视不够，上面不督促，下面办理不认真、不彻底
贵州	中央第五生态环境保护督察组	2019/5/10	督察组随机回访 158 个信访投诉事项，其中 52 个办理结果群众表示不满意
安徽	中央第三生态环境保护督察组	2019/5/12	群众投诉不断，却上报已完成整改
吉林	中央第一生态环境保护督察组	2019/5/14	对群众环境诉求没有真正抓在手上、放在心上
浙江	中央第三生态环境保护督察组	2021/2/4	第一轮督察群众反映强烈的杭州天子岭垃圾填埋场臭气扰民问题解决不力，再次被反复投诉
广西	中央第七生态环境保护督察组	2021/7/16	一些地方和部门对群众举报重视不够，群众不满意率高

资料来源：生态环境部官网"督察管理"栏目 https://www.mee.gov.cn/ywgz/zysthjbhdc/dcjl/。

基于上述分析可以看出，尽管现阶段我国地方政府在环境治理方面取得了一定的成效，但仍然存在着一系列诸如"重发展、轻保护""胡作为、乱作为""打折扣、搞变通""无视公民诉求"等问题。2023 年 4 月，在第十四届全国人民代表大会常务委员会第二次会议上，生态环境部部长黄润秋说："当前生态文明建设正处于压力叠加、负重前行的关键期，生态环境保护任务依然艰巨，推进美丽中国建设仍然需要付出长期艰苦努力。"因此，随着我国环境治理逐步向纵深推进，地方政府的一系列偏差行为及其背后的原因值得关注、警惕和反思。

二 理论背景

针对我国地方政府环境治理问题，现有研究大都偏向于从政治激励和财政激励的视角予以解释。政治集权和财政分权被认为是我国中央政府和地方政府关系的新模式（张克中等，2011），也被认为是一个十分重要的制度因素（黄寿峰，2017），由此而形成的财政激励和政治激励也是学界讨论地方政府行为的一个重要视角。在财政分权和政治集权的背景下，地方政府在实施环保投入和开展环境监控方面都发挥着越来越重要的作用，并且其决策导向和行为偏好会对辖区生态治理产生显著影响。其中，基于政治激励视角的研究认为，以 GDP 为中心的政绩考核体制给予了地方官员显著的晋升激励，地方官员热衷于追求经济增长以获得晋升机会，从而放松环境规制弱化环境治理（韩超等，2016；于文超、何勤英，2013）。韩超等（2016）指出，从表面上看，地方政府环境规制中存在的问题是环境治理本身的问题，但深层原因却是制度形成的政治激励问题。地方环保机构作为地方政府的组成部门，在环境监测执法中面临着多重约束，在政治激励的作用下，环境规制行为往往会受到干扰。类似地，于文超和何勤英（2013）的研究也认为，地方政府政绩冲动是导致环境规制不完全执行或扭曲执行的根本因素。

尽管基于上述视角的研究得到了大量经验证据的有力支撑，但近年来的解释力度已然不足。因为 2007 年环保法已将环保职能纳入官员政绩考核体系，并且近些年来中央对地方官员的环保考核力度正在逐年加大，"一票否决"制可以直接决定了官员的晋升可能，但从中央环保督察组的反馈意见可以看出，地方政府"重发展、轻保护"的现象依然突出，因此仅仅从官员晋升激励视角进行分析，已无法有效总结出地方政府出现偏差行为的全部原因。

基于财政激励视角的研究认为财政分权使得地方政府可以与中央共享财政（张克中等，2011），这不仅让地方政府在资源配置、招商引资和财政支出方面拥有了更大的自由裁量权，同时也向地方政府施加了极大的财政激励。这种激励加剧了地方政府重视财源建设，开展逐底竞争（Race to Bottom）的动力（黄寿峰，2017；席鹏辉，2017），进而负面影响了环境治理的效果。例如，黄寿峰（2017）基于我国2001—2010年省级面板数据的研究发现，财政分权的提高显著加剧了本辖区及周边地区的雾霾污染程度。又如，张克中等（2011）基于我国1998—2008年的省级面板数据发现，财政分权会降低地方政府对于碳排放规制的强度，进而不利于辖区碳排放水平的降低。尽管用财政分权的视角有力解释了地方政府为了刺激经济发展而放松环境规制的重要原因，但此类研究倾向于用微观经验作证据直接验证财政分权与地方政府环境治理间的关系，对于影响机制的"黑匣子"没有作进一步分析，尚且此类分析的重点仍然倾向于将地方政府环境规制的放松归咎于地方政府对招商引资、财政税收与经济增速的追求。但事实上，自党的十八大以来，随着中央政府对于环境保护问题的高度重视，地方官员盲目追求经济发展而放松环境规制的非理性行为已被有效纠正。不仅如此，席鹏辉等（2017）人还发现，我国自1994年之后的财政体制改革本质上是财权上移的过程，用财政分权的视角解释地方政府环境治理问题，其实与中国财政实践的真实情况并不相符。

鉴于传统分析视角解释力度的不足，本研究试图寻找新的理论视角来分析地方政府环境治理问题。上文提到，尽管我国环境治理在近年来取得了有目共睹的显著成效，但也暴露出了地方政府"重发展、轻保护""环保一刀切""假装整改、表面整改"等问题。这些问题背后所反映出的并不完全是地方政府"不想为"，更深层次的原因是地方政府面临着"棘手问题"和"两难困境"，进而导致其"很难为"。因为环境治理并不只是一个单纯的减污降污问题，而是一个推动经济社会发展绿色变革的过程，这个过程不仅存在着诸多的利益博弈，也会让地方政府在多个"善"之间面临艰难取舍和平衡（Guan，2023），如何在环境治理中处理好发展与保护、长期与短期之间的关系经常会让地方政府面临棘手的权衡并陷入公共价值的两难境地。现有研究普遍忽略了地方政府"很难为"的困境，对隐藏在现实情境背后的、深层次的价值层面的矛盾体察不足，因此没能定位到地方政府真正面临的瓶颈和痛点，出现了"隔靴搔痒"的情境。

公共价值是关于权利、义务和规范所形成的共识（Bozeman，2007；王学军、张弘，2013），是公共政策制定和公共服务供给中应该遵守的原则和规范（Bozeman，2007；Fukumoto & Bozeman，2019），政府要围绕公共价值的实现来配置公共资源和权力（Moore，1995）。但公共价值多元化及其不可通约性（Incommensurable）所导致的公共价值冲突会向地方政府发出"该做什么、不该做什么""该怎么做、不该怎么做"相互矛盾的信号（De Graaf et al.，2016；De Graaf & Van Der Wal，2010；Martinsen & Jørgensen，2010；包国宪、关斌，2019a）。因为公共价值冲突让地方政府陷入了一个矛盾对立且难以取舍的"公共价值困境"中，被迫在相互竞争的、不可调和的公共价值之间进行平衡和选择会让环境治理变成一个棘手问题（Wicked Problems）（Benington & Moore，2011），相比那些可以通过"理性—技术"途径找到明确解决方案的驯良问题（Tame Problem），公共价值冲突制造的棘手问题没有明确清晰的解决方案，其复杂、争议、相悖的特性会让公共管理者备感挫折和焦虑，当公共价值冲突被激化时，"该做什么、不该做什么""该怎么做、不该怎么做"对于公共管理者而言是矛盾的、模糊的、冲突和迷惑的（Benington & Moore，2011），公共管理者不仅要被"该追求什么公共价值"的准则所困扰，还会陷入令人厌恶的道德困境中。在公共价值冲突的影响下，地方政府容易作出一系列盲目、矛盾和缺乏理性的偏差行为。由于公共价值冲突会诱导地方政府出现一系列偏差行为并减损其环境治理绩效，因此为了有效实现"美丽中国"建设目标，必须突破和解决该问题。

公共价值冲突为分析地方政府面临的"棘手问题"及行为偏差提供了新视角。任何公共政策在设计中都可能面临公共价值之间的冲突问题（De Graaf & Van Der Wal，2010；Jacobs，2014），一方面，时代的变迁导致了公共治理环境发生了巨大变化，地方政府面临的公共决策问题日益复杂化。其次，在多元、不确定的现代社会中，政府往往缺乏清晰、连贯和稳定的价值目标。受个体认知、价值偏好等因素的影响，在各类政策目标纷繁庞杂、快速更迭的作用下，地方政府经常遭遇来自各方面的挑战，因此公共价值冲突的存在有其必然性和合理性。传统的政策分析视域通常将公共政策执行阻碍归咎于不同主体间的利益冲突问题，但实际上公共价值冲突也是导致诸多政策失败的重要因素（王学军、王子琦，2019）。在价值多元主义时代，公共价值理论丰富了对于政府行为和动机的理解，对其前因和后果的深入研究也能获得有趣且有价值的推论。

公共价值冲突在公共管理中普遍存在（De Graaf & Paanakker，2015；Nabatchi，2012；Spicer，2015），其所分析的两难困境，生动描绘了当前制约我国地方政府低碳治理高效推进的关键瓶颈问题。从公共价值冲突视角分析地方政府行为逻辑，有助于找出地方政府低碳治理中出现行为偏差的"症结"。面对环境治理，地方政府很多时候并不是"不想为"，而是"很难为"，地方政府有其所处的现实困境，这个现实困境，就是地方政府当前承受了多重压力。为了阐明多重压力的概念内涵及其理论基础，本书进一步引入"压力型体制"的分析框架。"压力型体制"最早由荣敬本教授提出，其核心观点是我国地方政府在实际工作中面临了各种各样的压力，地方政府的运行就是对来自不同方向的压力的分解与应对（荣敬本，1998；杨雪冬，2012）。压力型体制最初用于分析地方政府为了经济发展而承受的政绩压力，后来关于地方政府压力源的分析逐渐扩展到其他方面。

1996 年，荣敬本教授领导的课题组对河南省新密市进行调查研究发现，为了实现赶超战略，县政府会对各乡镇政府下达明确的硬性任务指标，并通过"一票否决"的考核制度对下级政府施加压力，因此地方政府实际上是在一种"压力型"体制中运行。荣敬本教授（1998）认为，压力型体制是我国从计划体制向市场体制转轨过程中形成的，尽管这种压力型体制对促进地区经济发展起到了极大的推动作用，但同时也带来了资源浪费、重复建设和地方官员负担过重等问题。杨雪冬（2012）认为，压力型体制是对地方政府运行模式的形象呈现，它不是一种新的现象，而是传统政治动员制度在现代化和市场化背景下的延续和演变。从时间维度上看，压力型体制是在 20 世纪 90 年代逐步发展起来的，从空间维度上看，压力型体制在东部地区和西部地区同样适用。压力型体制运行的核心在于数量化的任务下达机制，以及多层次的指标评价体系，在压力型体制中，完成任务的组织和个人将获得提升、奖励与表彰，而未完成指标任务的组织和个人将可能被"一票否决"。压力型体制生动形象地描绘了地方政府的现实处境与工作环境，较为精准地呈现了我国上下级政府间的运行关系，是分析地方政府环境治理中公共价值冲突发生背景的有利视角。

2007 年，作为压力型体制的提出者之一，杨雪冬（2012）在荣敬本（1998）研究的基础上，重访了调研地区并系统梳理了压力型体制的概念发展。其发现，与十年前概念提出之初相比，压力型体制作为一种政府运行机制，并没有发生根本改变，并且地方政府面临的压力更加多元化、更大且更复杂。压力型体制不仅依旧在经济发展领域中发挥着作用，而且已经延伸到了社会建设等领域（杨雪冬，2012）。压力型体制非常形象地描述了地方政府的运行现状，展示了地方政府在多重压力作用下的运转逻辑。由于地方政府的注意力、时间和资源有限，不同类型的多重压力（Multiple Pressures）给地方政府带来了严峻挑战（Zhang & Zhu，2020）。根据压力型体制的分析框架，地方政府主要面临着四方面的压力，首先，自上而下的政绩考核压力，这是早期压力型体制理论分析的主要压力源，体现为绩效压力；其次，地方政府要面对来自水平方向的竞争压力，这是一种由横向地方政府间赶超关系而形成的攀比压力；再次，地方政府要面对自下而上来自公民社会的压力，本研究将其界定为由公民意见和公民诉求构成的公共舆论压力；最后，资本是地方政府的压力施加者之一。受分税制改革和经济增速结构性下滑的影响，地方政府还要面对自身由于资本不足带来的财政压力。压力型体制的分析框架如图1-7所示。

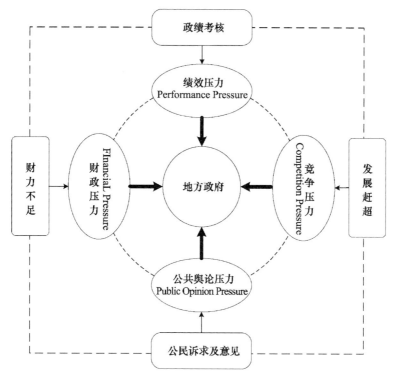

图1-7 压力型体制与多重压力

本书立足多重压力和公共价值冲突的分析视角，以公共价值理论（Public Value Theory）、价值多元论（Value Pluralism Theory）、压力型体制和认知失调论（Cognitive Dissonance Theory）为理论基础，尝试采用多种前沿方法实证研究我国地方政府在多重压力的作用下，公共价值冲突对于其环境治理效率的影响。基于压力型体制的分析框架，地方政府承受了财政压力、绩效压力、竞争压力以及公共舆论压力。因此将分别研究这四种压力对于地方政府环境治理效率的影响，分析其对于公共价值冲突的激化作用，并进一步揭示三者间的作用机制和协调路径。

三　研究问题

（一）拟解决的科学问题一

本书试图分析的第一个科学问题是地方政府承受的多重压力是否会影响其环境治理效率，具体有何影响？上文提到，压力型体制为理解我国地方政府运行逻辑提供了一个独特且有解释力的视角，在压力型体制的作用下，地方政府在环境治理中承受了多重压力，具体包括自上而下的绩效压力、水平方向上的竞争压力、自下而上的公共舆论压力以及自身财力不足带来的财政压力。多重压力生动描绘了地方政府当前的现实处境，反映了其在环境治理中所面临的多重负担和挑战，同时也生动刻画了其所承受的多种威胁感和紧迫感。根据压力型体制的分析思路，地方政府的运行就是对来自不同方向的压力源的分解和应对，那么，地方政府承受的财政压力、绩效压力、竞争压力和公共舆论压力是否会影响其环境治理效率？具体有何影响？

（二）拟解决的科学问题二

本书试图分析的第二个科学问题是地方政府承受的多重压力是否会激化公共价值冲突？具体会激化哪些公共价值冲突？随着我国环境治理逐步进入压力叠加、负重前行的深水区，绿色发展转型的复杂性和艰巨性逐步凸显，这个过程不仅充满了复杂的利益博弈和不确定性，也会让地方政府面临多元化公共价值间的冲突问题。公共价值冲突在公共行政过程中普遍存在，尤其是在当前的地方政府环境治理中，多元公共价值之间的竞争关系及冲突关系更是一个不可回避的棘手问题。公共价值冲突之所以被激化，取决于特定的情境和诱发因素，其中地方政府承受的多重压力就是一个不容忽略的重要因素，因为在多重压力的作用下，地方政府在环境治理中经常需要在相互竞争、彼此不可通约的公共价值之间进行权衡和选择，进而陷入一种价值目标和行为选择上的两难境地。那么，多重压力是否会激化地方政府环境治理中的公共价值冲突？具体会激化哪些公共价值冲突？

（三）拟解决的科学问题三

本研究试图分析的第三个科学问题是公共价值冲突是否会影响地方政府环境治理效率？具体有何影响？在地方政府环境治理中，多元化公共价值之间的不可兼容性、相互冲突性向地方政府提出了重大挑战。因为公共价值冲突会向地方政府发出相互矛盾的信号并干扰其决策判断，而且在彼此相悖的价值目标之间进行权衡也会让地方政府陷入一个棘手处境。这个过程中地方政府容易出现"重发展、轻保护""环保一刀切""搞变通""打折扣"等一系列偏差反应，进而对其环境治理绩效产生影响。鉴于此，本书试图探明：公共价值冲突是否会降低地方政府环境治理效率？不同类型的公共价值冲突对地方政府环境治理效率的影响是否不同？

（四）拟解决的科学问题四

本书试图分析的第四个关键问题即多重压力影响地方政府环境治理效率的作用机制是什么？公共价值冲突在其中扮演了什么样的角色？基于前三个研究问题，本书可以分别探明多重压力对于地方政府环境治理效率的影响、多重压力对于公共价值冲突的影响、公共价值冲突对环境治理效率的影响。如果地方政府承受的多重压力的确对地方政府的环境治理效率产生了影响，而且多重压力又激化了环境治理中的公共价值冲突，那么，它们三者之间具有怎样的机制关系？公共价值冲突是导致地方政府出现行为偏差的"症结"吗？公共价值冲突是多重压力影响地方政府环境治理效率的节点和纽带吗？

（五）拟解决的科学问题五

本书试图分析的第五个问题是可以基于哪些路径协调地方政府环境治理中公共价值冲突的发生及其对环境治理效率的影响？研究前四个问题的目的是探明公共价值冲突的"前因"和"后果"。在此基础上，本书试图探讨的第五个关键问题即公共价值冲突的治理对策。对公共价值冲突的协调涉及两个方面：一方面是缓解公共价值冲突的生成和被激化的过程；另一方面是削弱公共价值冲突对环境治理效率的影响。本书试图探明，可以基于哪些路径缓解地方政府环境治理中公共价值冲突的发生？又可以通过哪些路径缓解公共价值冲突的不利影响？如果公共价值冲突有积极作用，又有什么路径可以强化其对于环境治理效率的积极作用？本书尝试围绕环保垂直管理、公众参与、绿色技术创新和声誉威胁四个方面探讨地方政府环境治理中公共价值冲突的协调路径，进而找到针对公共价值冲突的治理对策。

第二节　研究意义

一　理论意义

其一，为分析地方政府环境治理问题提供了一个全新的理论视角，有助于人们理解和把握地方政府一系列偏差行为背后的深层次原因。现有研究多分析了地方政府环境治理"该怎么为"的问题，但忽略了地方政府"很难为"的困境。本书从公共价值冲突视角分析地方政府环境治理中面临的"棘手问题"和"两难处境"，为环境治理研究提供一个全新的视角。公共价值理论对于分析地方政府行为逻辑具有极强的解释力和启发意义，从公共价值冲突视角分析地方政府环境治理中面临的关键瓶颈问题，有助于找到地方政府一系列偏差行为出现的深层次原因，并可以形成有针对性的突破瓶颈问题的治理策略。

其二，拓展了公共价值的理论前沿，有助于打开公共价值冲突"黑箱"，科学阐释并分析了公共价值冲突的前因、后果及治理对策，填补了相关研究空白。公共价值冲突是公共价值理论的研究前沿，也是公共价值领域近年来备受关注的研究问题。尽管在近年来的前沿研究中，已经有越来越多的学者意识到了公共价值冲突的存在，但迄今为止，学术界对于公共价值冲突的讨论仍然停留在概念思辨和逻辑推演的阶段，不仅没有结合具体公共管理问题回答公共价值冲突"到底是什么"，也没有揭示公共价值冲突"为什么会发生"，更缺乏对于公共价值冲突的影响效应及其作用机制的科学分析。本书结合我国环境治理问题，采用实证研究方法探明了公共价值冲突的发生机理、作用机制及协调路径，帮助人们全方位认识了环境治理中的公共价值冲突，不仅深入阐释了公共价值冲突的内涵，也拓展了公共价值研究的理论前沿，填补了现有研究的不足。

其三，促进了公共价值理论与"中国故事"的结合，也促进了公共价值理论与"本土理论"的对话，有助于推动公共价值理论的本土化发展。公共价值的多元化属性及其冲突关系是政府在公共决策中不可回避的问题，尽管学者们已经意识到了公共价值冲突的存在，但现有研究大都只是在理论层面上进行了逻辑推演和思辨，鲜有结合公共管理实践问题开展的经验研究。而且公共价值理论发源于西方，长期以来一直缺乏与本土问题的结合，也缺乏与本土化理论的对话。本书基于我国学者提出的"压力型"体制的分析框架，以我国216个城市为研究样本，采用实证研究方法识别了地方政府环境治理中不同类型公共价值之间的冲突关系，进一步找到了公共价值冲突的产生根源和路径，揭示了环境治理中多元化公共价值在"压力型"体制的作用下发生冲突的内在逻辑，不仅对于理解公共价值冲突的生成背景有一定的帮助，也推动了公共价值理论的本土化发展。

其四，揭示了公共价值冲突对地方政府环境治理效率的影响并找到了协调路径，有助于人们全面认识公共价值冲突的作用影响及其治理对策。本书详细区分并讨论了地方政府环境治理中面临的四类公共价值冲突，并实证检验了四类公共价值冲突对于地方政府环境治理效率的影响效应，不仅有助于人们更全面地认识不同类型公共价值冲突的作用影响，也为进一步揭示公共价值冲突的作用机制并探寻其治理对策奠定了基础。同时，本书从垂直管理、公众参与、绿色技术创新和声誉威胁四个方面找到了公共价值冲突的协调路径。这四条路径既包含对于公共价值冲突负面作用的消解路径，还包括对于公共价值冲突正面作用的强化路径。为学界进一步探索公共价值冲突的多样化治理策略提供了启示。

其五，强化了公共价值理论与实证研究方法的结合，有助于增强公共价值理论的解释力和应用潜力。近些年来公共价值理论逐渐兴起并演化为一个新的研究范式，但迄今为止，有关公共价值的研究大都基于规范研究的路径展开，倾向于理论分析和逻辑推演，对于公共价值的讨论仍停留在概念思辨范畴，并且由于缺乏实证研究的检验和支撑，公共价值理论受到了学界的广泛批评和质疑（陈振明、魏景容，2022）。Hartley 等（2017）指出，如果公共价值范式的研究仍然缺乏实证研究的支撑，将会面临衰落的风险。本书突破了传统理论思辨的规范研究路径，将多种前沿技术和方法相结合，创新性地解决了公共价值偏好及公共价值冲突的测量问题，不仅可以将公共价值的内涵具体化、形象化并增强其实证基础，而且有利于改变公共价值理论话题体系抽象模糊的现状，助推其走出理想主义政治哲学的迷思困境。

其六，为识别公共管理领域中的认识失调和矛盾态度现象提供了经验证据，有利于推动行为公共管理学在组织层面的研究。行为公共管理学是近年来的一个新兴研究方向，行为公共管理学不仅适用于分析个体层面的微观行为与心理认知，也适用于分析组织层面的价值偏好与行为逻辑。本书基于矛盾态度理论和认知失调理论分析地方政府公共价值偏好间的冲突问题，通过实证检验地方政府环境治理中公共价值冲突的前因和后果，为地方政府公共管理活动中认知失调和矛盾态度的存在提供了经验证据。将公共价值冲突问题和认知失调问题形象化，对于识别地方政府公共价值偏好，把握地方政府行为规律都有一定的意义。

二 现实意义

其一，有利于反思地方政府行为逻辑，纠正地方政府偏差行为。本书基于公共价值冲突视角打开了多重压力扭曲地方政府行为逻辑的"黑箱"，把握了当前制约我国地方政府环境治理高效推进的根源。这就为上级政府找到了发力点，有利于上级政府以公共价值冲突为发力点纠正地方政府环境治理中的偏差行为，进而为新的治理对策和治理工具的出台提供理论启示。同时，本书也揭示了在外界压力作用下不同公共价值之间产生冲突的基本逻辑，有利于上级政府从公共价值冲突视角分析地方政府的行为动机，探索地方政府矛盾态度和行为背后的深层次原因，并在理解公共价值冲突作用机制的基础上，进一步寻找纠正地方政府环境治理中偏差行为的政策措施和制度工具。

其二，有利于破解地方政府环境治理困境，指导地方政府环境治理实践。"美丽中国"的建设需要地方政府不断提高环境治理效率，但公共价值冲突的发生经常会让地方政府陷入两难困境并阻碍其环境治理的高效开展，因此随着我国环境治理逐步进入深水区和攻坚期，如何应对公共价值冲突成为当前我国环境治理中必须突破的瓶颈问题。本书把握了该瓶颈问题，并在科学探明公共价值冲突的发生机理和作用影响后，给出了协调公共价值冲突发生及其影响的经验证据。对于公共价值冲突的负面作用，找到了弱化机制，对于公共价值冲突的正面作用，找到了强化机制。在此基础上，本书进一步提出了提升地方政府环境治理效率的政策建议，对于破解我国地方政府环境治理困境，指导我国地方政府环境治理实践具有一定的现实意义。

其三，有助于开发新的政策工具，提升地方政府环境治理效率。

基于理论分析和实证检验，本书发现环保垂直管理、公众参与、绿色技术创新、声誉威胁对于协调公共价值冲突，提升地方政府环境治理效率具有显著的积极作用。这不仅为环境治理领域的公共政策研究提供了新的经验证据，还有助于学界进一步探索多样化的提升地方政府环境治理效率的政策工具。同时，本书也有助于实践界从组织和个体两个层面开发消解公共价值冲突的工具。一方面可以从上级政府纵向干预、垂直管理的角度开发针对地方政府公共价值偏好的引导策略；另一方面可以基于行为认知、注意力分配的视角开发针对地方官员理念优化和认知提升的培训方案，从而减少地方政府环境治理中的偏差行为并提升其环境治理绩效，助力我国生态文明建设迈上新台阶。

第三节　研究思路与结构安排

一　研究思路

基于试图解决的五个关键科学问题，本书首先在理论分析的基础上提出相应的研究假设；其次进行样本选择、变量测量与计量方法的实证设计；再次通过多变量统计与回归分析、非线性中介模型、被调节的中介模型等分析方法对所提研究假设进行检验；最后基于实证分析结果得出相应的结论并提出对应的政策建议。本书的概念框架如图 1-8 所示。

本书的技术路线图如图 1-9 所示，按照如下脉络展开：首先是分析多重压力与地方政府环境治理效率间的关系，检验地方政府承受的财政压力、绩效压力、竞争压力与公共舆论压力是否会影响其环境治理效率，从而解决关键问题一；其次，识别地方政府在环境治理中面临的不同类型的公共价值冲突，并探讨其与多重压力间的关系，主要解决关键问题二；然后，分析不同类型公共价值冲突对于环境治理效率的不同作用，从而解决关键问题三；再次，在前三

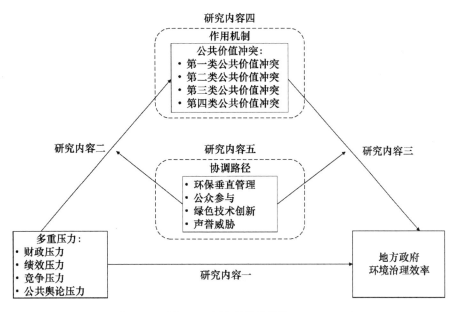

图 1-8　研究的概念框架

部分研究的基础上，探讨公共价值冲突在多重压力与地方政府环境
治理效率间的中介作用，即分析多重压力影响地方政府环境治理的
作用机制，从而解决研究问题四；最后，在探明作用机制的基础上，
分析公共价值冲突的协调路径，此处需要构建两个调节效应模型、
两个被调节的中介效应模型，分别检验环保垂直管理、公众参与、
绿色技术创新和声誉威胁的调节作用，从而回答关键问题五。

二　结构安排

根据上述研究思路和技术路线，本书的总体框架结构共包括七
章，具体的章节顺序和内容如下：

第一章是绪论。主要是介绍本书研究的现实背景与理论背景，
提出关键科学研究问题，分析研究的理论意义与现实意义。同时也
将介绍研究思路与技术路线，分析将使用到的研究方法与技术。此
外，本章也将简单讨论分析本书研究的创新点。

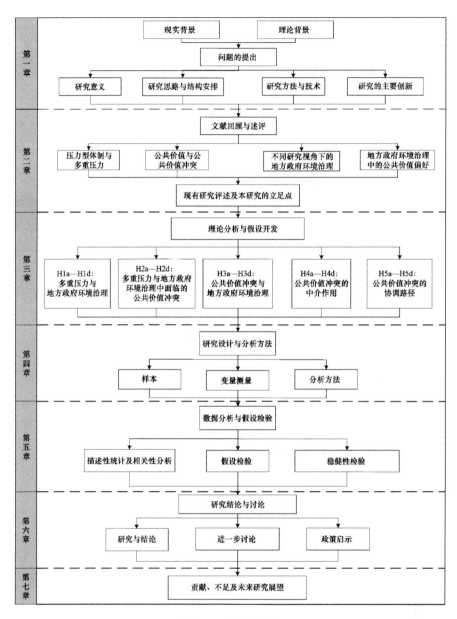

图 1-9 技术路线

第二章是文献回顾与述评。主要是介绍本书研究的理论基础、核心概念以及国内外研究情况。具体分为五个部分，首先是介绍压力型体制的概念框架，引出地方政府承受的多重压力；其次是介绍公共价值理论，重点综述公共价值的概念及其特征，介绍价值"一元论"和价值"多元论"的核心观点，进一步引出公共价值冲突发生的理论基础及其概念内涵；再次是关于地方政府环境治理研究的文献综述，主要是梳理学界当前关于地方政府环境治理研究的几种不同视角及其核心观点；复次是综述地方政府环境治理中的公共价值偏好，从而为第三章的假设开发奠定基础；最后，对现有研究进行评述并提出本书研究的定位以及试图填补的缺口。

第三章是理论分析与假设开发。主要围绕本书研究的五个关键问题，按照多重压力对于地方政府环境治理的影响、多重压力对于公共价值冲突的影响、公共价值冲突对于地方政府环境治理的影响、公共价值冲突的中介作用、公共价值冲突的协调路径的先后顺序，依次提出本书研究所要检验的研究假设。

第四章是研究设计与分析方法。主要介绍本研究的样本选择、数据来源以及相关变量的测量方法。本章将重点介绍地方政府环境治理效率、公共价值冲突、绩效压力、竞争压力、财政压力和公共舆论压力的测量方法，同时围绕本书研究试图分析的公共价值冲突的四个协调路径，分别介绍环保垂直管理、公众参与、绿色技术创新和声誉威胁的测量方法。此外，本章还将介绍本书研究所采用的多种计量分析方法，具体包括基于 Bootstrap 方法的中介效应检验，非线性中介效应检验，被调节的中介效应检验等。

第五章是数据分析与假设检验。首先是对研究数据进行描述性统计及相关性分析，其次是对第三章所提出的研究假设进行检验，假设检验的过程主要分为两个阶段，第一阶段主要是对"多重压力→公共价值冲突→地方政府环境治理效率"因果机制的检验，第二阶段是关于公共价值冲突协调路径的检验，分别从环保垂直管理、公众参与、绿色技术创新以及声誉威胁四方面展开。最后是基于 Bootstrap 方法，对假设检验结果依次进行稳健性检验。

第六章是研究结论与讨论。主要是依托第五章的假设检验与数据分析结果，得出研究结论；然后结合研究结论展开进一步讨论，即分析研究结论的适用情景以及边界条件；在此基础上，从强化环保垂直管理、拓宽公众参与渠道以及培养地方官员正确的公共价值观等方面提出相应的政策建议。

第七章是贡献、不足与未来研究展望。首先是总结本书研究可能做出的理论贡献，其次是从样本覆盖、变量测量以及分析方法等方面讨论对本研究的不足之处；最后，将讨论未来研究的改进思路和优化方向。

第四节　研究方法与技术

一　多变量统计与回归分析

本书研究将采用多变量统计与回归分析方法对所提研究假设进行实证检验。多变量统计与回归分析方法是一种基于多变量因果推断的计量分析方法，主要包括变量统计测量与多元回归两个部分。其中变量统计测量即基于科学规范的测量方法，对研究中所涉及的多重压力、公共价值冲突、地方政府环境治理效率等研究概念进行科学严谨的测度，并通过描述性统计方法，对原始数据中的重要信息和系统特征进行提取和分析。多元回归分析主要研究多变量间的因果关系，核心是通过建立相关的计量分析模型揭示某一个被解释变量与多个解释变量之间的数量关系。由于在研究的假设关系中，变量间除了基本的多元线性关系外，还涉及了"U型"与"倒U型"关系，以及被调节的中介效应、非线性中介效应等更为复杂的变量关系，因此研究将基于双向固定效应模型，综合采用层级回归方法、调节路径分析方法（Moderated Path Analysis）、中介效应差异分析法、Bootstraping 方法等计量分析技术进行定量分析，从而更为科学有效地识别多重压力、公共价值冲突与地方政府环境治理效率间的关系。

二　数据包络分析

本书研究将采用数据包络分析方法（Data Envelopment Analysis，DEA）测量地方政府环境治理效率。因为地方政府环境治理是一个多投入和多产出的复杂过程，要对其进行科学的评价，需要采用基于多指标全面分析的系统方法。数据包络分析（Data Envelopment Analysis）由运筹学家 Charnes 和 Cooper 等于 1978 年提出，它主要采用数学规划模型来评价一组具有多投入与多产出的决策单元之间的相对效率（Charnes et al.，1978）。DEA 分析可以通过非参数方法对相对效率和比较绩效（comparative performance）进行更为全面的测量和评价，不仅无须提前设定权重分布，也无须统一指标之间的量纲，还可以让多个同质单位之间的效率具有可比性（Charnes et al.，2013）。因此 DEA 分析具有很强的经济背景和解释力，远远优于传统的基于截面指标进行加权对比的评价方法（Guan，2023）。数据包络分析有多种分析模型，本书研究具体采用了 Super-SBM（Slack-Based Measure of Super-Efficiency）模型，该模型具有非径向（Non-oriente）、包含非期望产出（Undesirable Outputs）和基于变动规模报酬（Variable Return to Scale，VRS）的特点。不仅可以有效避免传统 CCR 模型和 BCC 模型未能将松弛性纳入考虑范围所造成的偏差，还可以解决传统 DEA 模型无法评价非期望产出的问题，同时 Super-SBM 所得到的测量值可以不受取值边界的约束，解决了 SBM 模型无法对多个同为完全效率决策单元进行差别比较的问题，因此使用 Super-SBM 模型的测量结果更适合进行多元回归分析。

三　大数据文本分析

本书研究在测量公共价值冲突时，将用到 CATA（Computer-Aided Text Analysis）文本分析技术。随着大数据时代的到来和政务信息公开程度的不断提高，研究人员可获取的政务信息和政策信息等文本资料海量增加，面对大规模电子化文本资料，传统社会科学研究中的文本分析方法受到了极大限制，因此大数据文本分析技术应运而生。大数据文本分析具有多学科交叉的显著特征，融合了自然语言处理、数理统计、计算语言学的多元技术和方法，适用于分析多来源、大体量、长周期的非结构化的文本资料。大数据文本分析技术不仅可以为研究传统经典问题提供新视角，还可以支撑新问题的研究（沈艳等，2019）。本书研究将采用基于大数据的 CATA 文本分析方法测量地方政府环境治理中的公共价值偏好。CATA 文本分析技术是一种主流的内容分析方法（Short et al.，2010），它可以将文本信息处理成规范的定量数据来测量特定的研究构念（McKenny et al.，2018）。CATA 测量公共价值偏好时需要使用 Python 中 Jieba 开源库进行中文分词，同时还需要基于正则表达式（Regular Expression）提取包含关键词的文本句、进行关键词筛选和自动编码（Autocoding）等。相比传统的文本分析方法，CATA 文本分析技术不仅可以分析更大规模的文本资料，还可以得出更为科学稳健的测量结果。

四 网络爬虫及二手数据分析

本书研究在采用 CATA 方法测量地方政府公共价值偏好时，所使用的原始文本资料包括地方政府工作报告、常务会议纪要、地方官员讲话、政务新闻等，这些原始文本资料皆属于通过网络渠道公开的信息资料，也属于社会科学研究中的二手数据资料。二手数据是真实世界的历史数据，也是通过公开渠道尤其是互联网渠道能够开放获取的数据。尽管二手数据具有间接性和被试不可及性，但却可以实现跨时间维度和大样本分析的目的。在与实验法、调查法等研究方法有效结合后，可以极大增加研究结论的客观性与稳健性。近年来，得益于政务信息公开程度的不断提升以及互联网技术的飞速发展，研究人员可以获取到的有关地方政府公共事务管理的二手文本资料越来越丰富，尽管海量的二手数据有助于研究人员进行理论建构与理论检验，但原始资料的批量获取、清洗整理、噪音剔除等工作也具有极大挑战。因此，研究在手工收集二手文本资料的基础上，还借助了网络爬虫技术予以收集和整理二手文本资料。研究具体采用了 Python 语言的 urllib. request 模块以及 Scrapy 框架等网络爬虫技术，在遵守 Robots 协议和网络操作安全规范的基础上，对网络渠道公开的二手文本资料予以了批量化的收集和整理。

五　冲突反应模型及矛盾态度分析

在计算公共价值冲突的程度时，本书将采用矛盾态度分析方法及冲突反应模型（Conflicting Reactions Model，CRM）。矛盾态度是指特定主体同时存在两种彼此相反的认知判断或偏好意向（Conner & Sparks，2002），反映了特定主体偏好和认知不一致的程度（Zemborain & Johar，2007）。矛盾态度理论认为，人们的态度是多元的，当两种彼此相悖的态度都达到一定程度且相对稳定性时，冲突必然会产生（Priester & Petty，1996；Thompson & Zanna，1995；Williams & Aaker，2002；Zemborain & Johar，2007）。基于矛盾态度的分析思路，Kaplan（1972）最早提出了有关冲突程度的计算方法，Kaplan 认为，面对两个彼此相悖的偏好或认知，特定主体会形成两个独立的态度而不是单一态度，这两种态度冲突的程度是对一个对象的"总影响"（两种偏好的总和）减去对该对象的"极性"（polarity）（主导偏好减去冲突偏好的绝对值）的函数，即（［dominant + conflicting］－［｜dominant-conflicting｜］）。在 Kaplan 的基础上，Priester 和 Petty（1996）将其发展为冲突反应模型（Conflicting Reactions Model，CRM），该模型旨在通过分离语义差别法得出相互冲突的两种态度或偏好的评分，进一步计算冲突程度的大小。在 Kaplan（1972）、Priester 和 Petty（1996）研究的基础上，Thompson 和 Zanna（1995）对冲突反应模型进行改进，提出了目前在分析冲突态度时广为使用的"Griffin"模型。Thompson 和 Zanna

（1995）认为，两种彼此相悖的偏好之间相似性的增加会直接导致冲突程度的增加，同时，两种偏好程度的增加也会导致冲突程度的增加。Jonas（2000）认为，"Griffin"模型较全面地涵盖了冲突关系的各种特征。因此本书研究选取该模型计算地方政府公共价值冲突的程度，其原理是，冲突的大小等于两种偏好大小的"相似性"加上它们的"强度"。

六　基于机器学习的情感分析

本书研究在测量公共舆论压力时，将采用基于机器学习的情感分析（Sentiment Analysis）技术。情感分析是一种对特定文本资料所呈现出的态度或情绪倾向进行判断和分类的技术。传统的情感分析方法主要基于词典法，即基于典型的包含情感方向的关键词对文本资料进行分析和判断。近年来，随着自然语言处理技术的飞速发展，基于机器学习的情感分析技术成为了情感分析的主流方法，不仅是机器学习方法在文本分析中的一个主要应用，也是人工智能与认知科学领域的重要研究方向之一。具体而言，本书研究将通过 SnowNLP 类库进行情感分析，SnowNLP 类库是基于机器学习方法开发的开源文本处理库，其主要仿照 TextBlob 而编写，适用于中文语境的文本情感分析。SnowNLP 的情感分析主要基于朴素贝叶斯（Naive Bayes）分类器和支持向量机（Support Vector Machine）分类器。朴素贝叶斯分类器可以将文本语句看作由相互独立的若干特征组成的向量，通过计算文本语句属于每个类别的概率最终作出情感属性的类别划分（正面、负面、中性）。支持向量机可以将文本映射到一个高维空间中，通过构造一个最优的超平面来实现文本资料的情感分类。SnowNLP 在训练过程中使用了大量的基于新闻、微博、评论留言等语料库形成的中文正负情感训练集，并在训练过程中进行了不断的调参和优化，因此在情感分析中具有较高的准确率。

第五节　研究的主要创新

一　视角创新

本书为研究我国地方政府环境治理问题提供了一个全新的理论视角，可以帮助人们从公共价值冲突视角理解和认识地方政府所面临的棘手问题。尽管地方政府环境治理是近年来公共管理领域的热点研究问题，但尚未有研究关注到地方政府环境治理中的公共价值冲突问题，也少有研究从公共价值的角度讨论政府的环境规制行为。已有研究大都从财政分权、政治激励、政治动员视角分析了地方政府环境治理的行为逻辑，或是从产业升级、能源转型、技术突破、市场交易等视角指出了地方政府的治理方向，但却忽略了地方政府的现实困境。对深层次的公共价值层面的矛盾体察不足，也没能找到地方政府环境治理中面临的真正痛点。公共价值冲突不仅是分析我国环境治理中诸多矛盾和棘手处境的一个全新的且强有力的视角，同时也是一个被现有研究所忽略的视角。

本书研究从多重压力和公共价值冲突视角对当前我国地方政府的环境治理困境予以了一个全新的分析，有助于人们理解地方政府一系列偏差行为背后的深层次原因。公共价值不仅是围绕价值哲学的理论思辨，也是指导政府公共行政及公共管理活动的实践体系（郭佳良，2017）。在传统视角下，多元主体间的利益冲突通常被认为是政策执行阻碍或者治理行动失效的根本原因，但其实多元化公共价值之间的冲突能更有力地解释和分析政府的行为偏差或政策失败。Talisse（2015）就认为在价值多元主义时代，公共价值理论丰富了对于政府行为和动机的理解。公共价值冲突可以描绘地方政府环境治理中"棘手问题"和"两难困境"形成的深层次原因，有助于人们更为准确地理解地方政府在环境治理实践中面临的痛点问题。

二　理论创新

本书创新性地分析了地方政府多元化公共价值偏好间的冲突问题，可以拓展公共价值的理论前沿。已有关于地方政府环境治理困境的研究大都基于多元主体的视角展开，对于矛盾冲突的分析不自觉地陷入了多元利益冲突的逻辑中，忽略了政府作为公共政策和公共行政的主体，其多元化的公共价值偏好之间的冲突才是影响其行为决策的重要因素。本书研究突破了传统的分析思路，将研究对象聚焦在地方政府，因为地方政府是城市生态文明建设和环境治理的责任主体，掌握着区域环境治理中制度建设、资源投入和规制力度的主导权。分析地方政府多元公共价值偏好之间的冲突问题，不仅在我国具有更强的现实意义，而且可以拓宽仅从多元治理主体视角分析价值冲突问题的研究场域。

同时，本书探明了地方政府环境治理中公共价值冲突的诱发因素、作用影响及消解路径，展示了公共价值冲突从"何以发生"，到"有何影响"，再到"如何治理"的逻辑全貌，可以帮助人们全方位地认识公共价值冲突。已有研究对于公共价值冲突的概念阐述抽象且又模糊，缺乏对于其来龙去脉的剖析。不仅没有结合具体公共管理问题阐释公共价值冲突的内涵，也没有揭示公共价值冲突的发生背景，更缺乏对于公共价值冲突的影响效应及其消解策略的科学分析。本书通过深入回答环境治理中公共价值冲突何以发生、有何影响、如何消解三个问题，以旨打开公共价值冲突"黑箱"，帮助人们更为清晰地理解公共价值冲突。

三　方法创新

本书研究采用多种前沿技术和方法，创新性地解决了公共价值冲突的测量问题，推动了公共价值冲突从"概念思辨"到"实证分析"的发展。公共价值冲突是公共价值理论的研究前沿，尽管学者们已经逐步意识到了公共价值冲突的存在，但受传统政治哲学思辨研究的影响，迄今为止，学术界对于公共价值冲突的讨论仍停留在概念思辨范畴，缺乏对于公共价值冲突前因后果的定量分析（陈振明、魏景容，2022）。多数研究仍是在宏观层面进行规范性研究，对于公共价值与公共价值冲突如何测量缺乏讨论。并且由于长期缺乏实证研究的检验和支撑，公共价值的概念体系受到了学界的广泛批评和质疑（Hartley et al.，2017；陈振明、魏景容，2022）。

　　本书研究突破了传统理论思辨的规范研究路径，将 CATA 文本分析方法、Python 网络爬虫技术和冲突反应模型（CRM）结合起来，创新性地解决了地方政府环境治理中公共价值偏好及公共价值冲突的测量问题，不仅可以将公共价值的内涵具体化、形象化并增强其实证基础，还有利于改变公共价值理论话题体系抽象模糊的现状，为进一步分析二元或多元化公共价值之间的冲突问题奠定了基础。此外，研究在分析公共价值冲突的发生机理、作用机制及协调路径时，也融合了多种前沿分析技术与方法。例如，Super-SBM 模型、非线性中介模型、情感分析方法（Sentiment Analysis）、被调节的中介效应模型、Bootstraping 方法等。研究方法的多样性和科学性不仅有助于提升研究结论的科学性和稳健性，也可以让研究方法有较好的创新性和前沿性。

第六节　本章小结

　　本书尝试从多重压力及公共价值冲突视角对地方政府环境治理中的"两难困境"和"棘手问题"予以一个全新分析。多重压力源自"压力型"体制的分析思路，包括地方政府面临的财政压力、绩效压力、竞争压力及公共舆论压力。公共价值冲突反映的是多元化公共价值之间的不可兼容性和不可通约性，呈现的是多元化公共价值之间的竞争和紧张关系。本章首先介绍了近年来我国环境治理所取得的成效，以及地方政府出现的一系列问题。其次，基于压力型体制和公共价值理论引出了本书的分析视角，并简要介绍了财政压力、绩效压力、竞争压力与公共舆论压力与公共价值冲突间的可能关系。随后，本章引出了研究试图探讨的五个关键研究问题；在此基础上，本章分析了研究的理论意义与现实意义，并交代了研究的研究思路、研究方法和技术路线。最后本章总结了研究在视角、理论和方法层面的创新之处。通过对研究背景、研究问题、研究意义、研究思路和方法进行简要介绍，本章概要性地呈现了本书的整体思路和写作逻辑。

第 二 章

文献回顾与述评

结合本书研究的五个关键研究问题，本章将对多重压力、公共价值冲突与地方政府环境治理的相关研究进行系统的文献综述，一方面系统介绍研究所依据的理论基础，一方面对相关主题的国内外研究进展进行综述和分析，进而找到研究的立足点和尝试填补的缺口。本章的文献综述主要包括五个部分，首先是对压力型体制与多重压力的介绍，主要介绍压力型体制的理论框架以及财政压力、绩效压力、竞争压力和公共舆论压力的概念及其内涵；其次是关于公共价值理论与公共价值冲突的介绍，重点阐释公共价值的多元化属性及其不可通约性，进而得出公共价值冲突的内涵及其概念界定；再次是围绕地方政府环境研究的文献综述，重点介绍当前地方政府环境治理研究的四种不同理论视角及其核心观点；最后是关于地方政府环境治理中多元公共价值偏好的文献综述，主要是结合国内外有关公共价值的研究文献，梳理出地方政府在环境治理中的多元化公共价值偏好，并分析不同公共价值之间的不可兼容性，从而为四种类型的公共价值冲突进行分析奠定基础。文献回顾与述评的思路如图 2-1 所示。

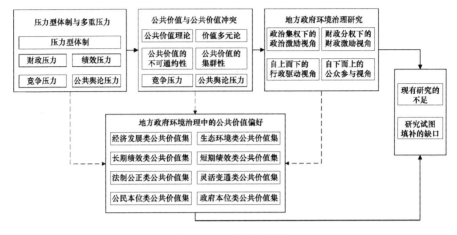

图 2-1　文献述评导图

第一节　压力型体制与多重压力

一　压力型体制

"压力型体制"概念最早由荣敬本教授提出,根据荣敬本(1998)的定义,压力型体制是指"一级政治组织(县、乡)为了实现经济赶超,完成上级下达的各项指标而采取的数量化任务分解的管理方式和物质化的评价体系"。压力型体制认为地方政府的运行就是对来自不同方向的各种压力的应对和分解(杨雪冬,2012),这种体制是在中国经济社会转型发展中所逐渐形成的,是对我国地方政府运行逻辑的形象描述。在杨雪冬(2012)看来,压力型体制包括三个构成要素,分别是数量化的任务分解机制、各部门共同参与的问题解决机制、物质化的多层次评价体系。其中数量化的分解机制是指地方官员接到上级政府下达的某项任务后,会通过签订目标责任书的方式将该指标层层分解下达到下级政府及官员,并要求其按照要求在规定的时间内完成,否则将在考评和晋升中承担一定的负面影响；各部门共同参与的问题解决机制是指面对上级政府下达的任务指标，往往需要下级政府高度重视并进行组织安排，下级政府往往会通过组建领导小组的方式将其上升为某一阶段内的重点工作予以对待；物质化的多层次评价体系是指完成任务指标的单位和个人，往往会收到物质及精神奖励，包括晋升、提拔、调动、提薪、荣誉称号等。而没有完成下达任务的单位和个人，往往会面临"一票否决"的惩罚。

压力型体制生动描绘了当前我国地方政府所处的工作环境，这其中最为突出的就是自上而下的政治动员机制，即对于上级政府层层下达的某些任务，在分解之初就会被冠以"政治任务"的头衔，强调其重要性和政治方面的严肃性，要求下级官员必须无条件完成（杨冬雪，2012）。此外，杨冬雪（2012）的研究还发现，我国的压力型体制主要是从 20 世纪 90 年代逐渐开始强化的，并且这是一个全国性的体制，无论是东部地区还是西部地区都面临着压力型体制的运行逻辑，尤其是在东部经济发展速度较快的地区，压力型体制的运行更为明显，因为这些地区的经济发展任务显著，干部激励效应明显，层层加码并高压考核的现象更为突出。压力型体制最初用于分析地方政府在上级政府的加压驱动下赶超发展的运行过程，随着有关压力型体制研究的不断深入，学者们逐渐发现压力型体制也适用于经济发展以外的诸多领域，其研究范畴已经逐步扩展到了政府绩效管理、社会组织发展、乡村组织、环境治理等领域（王程伟、马亮，2020；薛泉，2015；杨雪冬，2012）。例如，冉冉（2013）的研究发现，压力型体制是我国中央政府对地方官员激励的核心模式，压力型体制激励的核心逻辑是将相关指标纳入地方官员的干部考核体系中，层层下达任务并设置监督考评机制，目前我国地方政府的环境治理考核也体现出了压力型体制的特征。

压力型体制的核心观点认为中国各级政府是在各种压力的驱动下运行的，地方政府的运行是对不同来源的发展压力的分解和应对。因此压力型体制的分析框架被认为是具有较强的解释力的理论工具

（薛泉，2015）。在杨雪冬（2012）看来，地方政府主要面临四方面的压力，分别是自上而下的政绩要求的压力、水平方向的赶超其他城市的压力、自下而上的来自公民需求满足的压力以及来自资本的压力。其中最为核心的是自上而下的政绩要求的压力，而且这四种压力容易借助"发展"这个目标汇聚在一起，在地区经济增长领域形成合力。借鉴杨雪冬（2012）的压力分析框架，王程伟和马亮（2020）将区级地方政府面临的压力分为上级压力、同级压力和民众压力。压力型体制不仅是理论界关注的热点问题，也是对我国地方政府现实运行的生动描述。尽管压力型体制的分析框架提出了地方政府承受的多重压力的来源，但并未对具体每一种压力进行清晰的概念界定和深入的阐述，接下来本书研究将借鉴压力型体制的分析框架，深入梳理地方政府承受的多重压力的概念内涵及其形成机理。

二　地方政府承受的财政压力

政府财政压力是指政府财税收入和财政支出的不均衡所导致的公共财政缺口（Bailey，1999），主要用来衡量政府财政收支不平衡的程度（陈晓光，2016），现阶段我国地方政府财政压力的形成主要有三方面原因。

首先是三次财税体制改革带来的财政压力。1994年分税制改革对央地纵向税收关系进行了调整，改革之前，增值税（即产品税）是最大的地方税，改革后变成共享税，地方增值税收入的75%归集中央，地方政府财政收入占全国财政总收入的比例明显降低。2002年所得税共享改革将地方政府60%的所得税收入划归中央，各省（自治区）政府为应对这一改革带来的影响，纷纷提高了省（自治区）级政府的增值税分成比例，从而进一步增加了市县级政府的财政压力。2016年的"营改增"将央地增值税分成比例从原来的75：25调整为50：50，但随着第三产业相关税额的扩大，地方增值税分成比例的扩大实质上是以原有地方营业税分成大幅度下降为代价的（席鹏辉等，2017）。

其次是经济下行背景下地方政府财政收入增速放缓带来的财政压力。随着我国经济发展进入新常态，各地经济增长普遍面临着结构性减速问题（李扬、张晓晶，2015）。在经济下行压力下，财税部门密集发文推行减税降费政策，地方政府财税资金流入普遍放缓（秦士坤，2020）。尽管地方政府的财政收入增速在放缓，但地方政府的公共支出刚性责任并未减少，因此地方政府财政收支不平衡程度进一步被放大，进而导致了财政压力愈发突出。

最后是地方政府债务兑付和 PPP 项目带来的财政压力。2014 年以来我国地方政府为了推进公共基础设施建设，大量上马 PPP 项目，秦士坤（2020）的研究指出，尽管在 PPP 项目中政府支出的责任并不符合政府债务的定义，但其带来的隐形偿付压力是类似的。此外，地方政府还面临着大量前期债券到期后的本息兑付压力，因此如何应对债务兑付带来的财政压力已经成为当前地方政府需要面临的一个重要议题。

三　地方政府承受的绩效压力

绩效压力（Performance Pressure）是指组织承受的关于完成预期绩效目标以获得正面评价及避免负面后果的紧迫感（Mitchell et al.，2019）。绩效压力源于考核要求与目标可取性之间的不平衡性（Eisenberger & Aselage，2009）及组织对于交付高绩效产出必要性的承诺（Gardner，2012）。在压力型体制中，自上而下的政绩要求压力被认为是最为核心的压力（杨雪冬，2012），这种压力源自上级政府对于下级政府的绩效期望，与我国地方政府干部管理体制高度相关（王程伟、马亮，2020），表现为地方政府接到上级政府绩效目标后，需要通过目标责任书的形式层层下派到下级单位，对于规定时间内完成绩效目标的组织和个人，进行表彰、升职、提拔等绩效奖励，对于未完成既定考核目标的组织或个人，不仅不能获得相应的奖励，甚至会被"一票否决"。杨雪冬（2012）就将自上而下的绩效压力形象地描述为"层层下指标，逐级抓落实，签订责任状，分级去考核"。结合我国地方政府环境治理问题来看，现阶段在中央层层传导环保压力、压实工作责任的背景下，我国地方政府在环境治理中承受着较大的绩效压力。绩效压力一方面来源于上级政府对于环境治理的考核，即地方政府需要在环保目标责任考核的约束下完成逐级下压的环保指标（如污染物减排比例、空气优良天数、水源环境质量、能耗降幅等）以避免被问责和"一票否决"。另一方面，地方政府还存在"自我加压"和"主动加码"现象，即地方官员主动提高政治站位，把握中央"生态优先、绿色发展"的导向引领，通过超额完成上级领导下达的绩效指标以体现其积极性与主动性。

四　地方政府承受的竞争压力

压力型体制认为地方政府还面临着赶超周边"兄弟城市"，或者预防被"兄弟城市"赶超的压力（杨雪冬，2012）。Breton（1998）的竞争性政府（Competitive Governments）分析框架指出，竞争性关系普遍存在于纵向和横向政府之间，其中横向竞争是指某个区域内的不同地方政府通过税收、教育、医疗和环境政策等手段，吸引资本、劳动力和其他投入性流动要素进入本辖区，以增强辖区竞争优势的行为（Breton，1998）。地方政府竞争源自复杂多中心的政府关系（Overton，2017），生产要素的自由流动是地方政府竞争关系存在的前提，目的是增强发展优势以促进辖区经济发展。地方政府往往是通过提高自身的吸引力，以开展资源的争夺。竞争关系的建立对于促进地区经济发展，提高公共服务水平和效率具有积极的提升作用（Breton，1998）。Li 等（2019）指出，中国地方政府之间的竞争异常激烈，竞争是中国经济改革开放以来强劲增长的潜在推动力（Li et al.，2019），也是理解中国地方政府行为的一个重要视角。在我国，中央政府制定发展目标，设置明确的与晋升挂钩的考核指标，将经济权下放给地方政府，通过政治上的集权和经济上的分权来激励地方政府实现发展目标，从而使地方政府间演化出了一种"为了经济增长而竞争"的晋升锦标赛（Promotion Tournament）现象（Li & Zhou，2005；Li et al.，2019；Meng，2020；Xu，2011）。

通过在横向地方政府间引入竞争机制，我国创造性地解决了改革开放以后的赶超发展问题。Yu 等（2016）认为中国地方政府间开展的政治锦标赛是一种比西方国家政府之间的"标尺竞争"更为激烈的竞争形式（Yu et al.，2016）。锦标赛（Tournaments）的概念源自 Lazear 和 Rosen（1981）和 Becker 和 Huselid（1992）的开创性工作，原意是指参与者为一个赢得奖项而竞争的竞赛。锦标赛的奖励是基于相对的排名和等级（Relative Rank），而不是绝对的产出水平，目的是激发参与者的最佳水平（Becker & Huselid，1992；Lazear & Rosen，1981）。Kilduff 等（2016）的研究表明，相对的绩效评估和排名，无论是否与奖励挂钩，都会引起参与者之间的对立与竞争，因为参与者的客观结果是相互对立的，与同行的对比也是政府决定绩效目标的重要因素（Li et al.，2019）。

根据社会比较理论，竞争行为是社会比较过程的一个常见结果（Festinger，1954），将自己与在某个重要方面做得更好的人进行向上的社会比较尤其痛苦，并会引发竞争行为（Tesser，1988）。Festinger（1954）就认为，竞争行为及保护个人优势的行动，都是竞争压力在社会中的表现，并且这种效应通过一种潜在的社会绩效比较的基本驱动力所呈现。Li 和 Zhou（2005）也指出，在我国的晋升锦标赛中，中央政府在考核中纳入了相邻辖区的相对绩效，因此给处于晋升博弈中的地方政府带来了提升经济发展绩效相对位次的竞争压力。基于上述分析可知，所谓竞争压力（Competition Pressure），是指竞争对手之间由于社会比较而经历的一种威胁感或紧迫感（Luo et al.，1998；Kilduff et al.，2010；G. Kilduff et al.，2016；Buser et al.，2017），这种压力源自向上驱动对比而显现出的能力或者绩效的差异（Festinger，1954；G. Kilduff et al.，2016；Tzini & Jain，2018）。

五　地方政府承受的公共舆论压力

公共舆论（Public Opinion）是指公民对重大公共问题的态度、感情或想法（Minar，1960）。德国政治学家伊丽莎白·诺伊尔-诺伊曼介（Noelle-Neumann）将公共舆论定义为是一种施加于政府和个人的力量，其认为"Public Opinion"概念中的"Public"一词可以理解为"公众的眼睛"，"Opinion"是指公开的、可见的、可听到的意见表达（Noelle-Neumann，1991）。Noelle-Neumann是世界舆论研究协会（WAPOR）的前任主席，也是"沉默的螺旋"（The Spiral of Silence）理论的创始人，在Noelle-Neumann（1991）看来，公共舆论会对政府以及社会中的每一个人施加压力，受到舆论压力的不仅是政府，社会中的每一个人、每一个成员都会受到舆论的压力，也就是说"当公共舆论转向反对他们时，没有一个人能保持不变"。公共舆论是一种社会和政治力量，公众可以通过公共舆论对政治产生影响（Minar，1960），对政府而言，公共舆论构成了一种来自低层的、自下而上的压力（Chen et al.，2016），也是一种迎合公民意愿的压力（Canes-Wrone & Shotts，2004）。正如Habermas（1991）所说："公众舆论是现代民主社会自我理解基础上的一种构成理想的象征性表达：社会和政治权力的行使——无论是否合法——必须服从于民主宣传的规范授权。"尽管公共舆论未由政府和法律进行制度化授权，但这丝毫未限制其影响力和能力（Vallentin，2009），公共舆论的重要性自古以来就得到了人们的重视，在中国也有"防民之口，甚于防川"的谚语，在西方也有"人民的声音就是上帝的声音"这一古老的格言。Frye（2019）的研究就指出，任何政治体制都不能免受公众舆论变化的影响。因此，公共舆论压力是地方政府需要密切关注和高度重视的一股力量。

第二节 公共价值与公共价值冲突

一 公共价值理论与公共价值的内涵

Moore（1995）在公共部门战略三角模型中首次提出了公共价值的概念认为，政府管理的最终目标是通过改变组织的职能和行为，不断创造公共价值（Public Value）。自 Moore 提出公共价值的概念后，公共价值受到了越来越多学者的关注，其之所以广受欢迎，是因为以 Moore 和 Bozeman 为首的众多学者都相信公共价值理论是对公共利益理论（Public interest theory）的补充和完善（Moore，1995；Bozeman，2007；Rutgers，2015），并且公共价值在公共管理实践中具有成为指导性概念（guiding concept）的潜力（Fukumoto & Bozeman，2019）。公共价值理论的早期研究在一定程度上是对公共利益理论吸引力和局限性的自觉反应（Bozeman，2007）。因为公共利益的概念被认为是不一致和模糊的，某种程度上仅仅只是对众多私人利益的华丽包装（Fukumoto & Bozeman，2019），公共价值理论的出现，在一定程度上是为了发展系统思想，提供一种超出经济学推理思维的途径，重新回归公共行政"公共性"的本质要求。

Moore 研究的重点不是讨论哪些价值可以被称为公共价值，而是如何在公共部门更多地创造公共价值（Creating Public Value），其研究重心在于考察政府和公共管理者如何更好地服务于公共价值生产和创造的全过程。在 Moore 提出的战略三角模型中（见图 2-2），共有公共价值、运作能力、合法性和支持三个维度。其中，公共价值强调对于公共性及公民期望的回应和表达，以及对于组织目标的导向作用；合法性和支持指向公共价值实现的合法性基础，即"授权环境"（Authorizing Environment）；运作能力指向如何通过资源配置和管理运作能力实现既定的价值目标。Moore（1995）认为"价值"扎根于个人的感知和期望，公共管理者最应该关注的就是公民通过代议制政府所表达的期望。

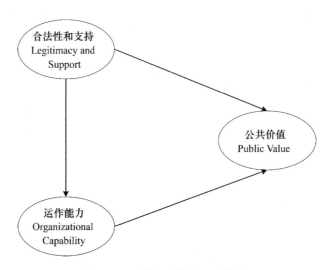

图 2-2　公共部门战略三角模型

Jørgensen 和 Bozeman（2007）认为公共价值是关于三个方面的规范性共识：一是公民、法人组织和其他组织团体应该（或者不应该）享有的权力和利益；二是公民、法人组织和其他组织团体对社会、国家的义务以及公民、法人组织和其他组织团体之间的相互义务；三是对宪法和社会运行有影响的政策和规则应该遵守的原则。类似地，Andersen 等（2013）指出，公共价值可以被看作在生产公共服务或规范公民行为时所要遵循的理想和原则，从而为公务员的行为提供指导。在上述定义中，公共价值被认为是一种用于塑造公共雇员和公共组织的原则、实践和前提的方法，这种方法常常与传统公共管理和新公共管理形成对比（Fukumoto & Bozeman，2019），即公共价值最终植根于社会和文化，植根于个人和群体，而不仅仅是政府（Jørgensen & Bozeman，2007），公共价值所强调的权利、义务和规范是政府合法性的基础。在 Jørgensen 和 Bozeman（2007）看来公共价值恰恰与政府合法性属于同一源头的不同支流。

王学军和张弘（2013）将公共价值分为结果主导的公共价值和

共识主导的公共价值。其中结果主导的公共价值将公共价值视为结果，是一种公共行政和公共服务所要追求的目的。共识主导的公共价值将价值视为一种共识或者规范，对于政府的公共服务供给和公共决策制定具有导向和约束作用。结果主导的公共价值对于政府行为具有指导意义，是政府行为的合法性基础。共识主导的公共价值往往是多元的，而且在具体的公共服务供给和公共事务决策中，相互矛盾的公共价值之间往往会发生冲突。Mériade 和 Qiang（2015）认为，对于公共价值的研究为描述政府公共服务的执行逻辑提供了一个新的机会。

何艳玲（2009）认为，公共价值管理是一种后新公共管理时代的思维方式和学科范式，其延续了治理理论的研究脉络并且对新公共管理在理念层面上予以了纠正和重构。公共价值管理的过程是一个公民集体偏好形成的过程，公共管理者需要与公众一起成为公共价值的追随者和创造者，公共价值创造就是公民集体偏好的政治协商表达。因此，公共价值是公民对政府期望的集合，是公众所获得的一种效用。公共价值管理范式的显著特征即关注集体偏好、重视政治的作用、推行网络治理、重新定位民主与效率的关系并全面应对效率、责任与公平问题。

此外，也有研究认为需要依据特定的情景和主体而定义公共价值，因为公共价值本质上是抽象的，它们的意思因个人而异，因情景而异，因时期而异，需要在实际中进一步解释（Jørgensen，2006）。不仅如此，随着公共部门的传统边界被国际化和公私合作而模糊，行政和政治之间的关系会被新的治理模式而重新定义，在这个过程中必然会伴随着新的公共价值的出现，或者是现有公共价值的新的混合体。类似地，Rosenbloom（2017）也阐述了公共价值观的动态性，其特别指出，对公共部门和行政部门至关重要的价值观会随着社会和政治条件的变化而周期性地发生变化。从上述不同的有关公共价值概念定义的路径可以看出，公共价值概念的进步并不是线性的，而是通过一套相互关联但又截然不同的公共价值的分析视角推进的（Fukumoto & Bozeman，2019）。

　　整体来看，近年来 Bozeman（2007）对于公共价值的定义受到了越来越多学者的认可和青睐（De Graaf & Meijer，2019；Eckhard，2021；Guan et al.，2021；Jaspers & Steen，2019），并且得到进一步完善和补充，例如：Eckhard（2021）将公共价值界定为公共行政的规范指导原则（normative guiding principle），Jaspers 和 Steen（2019）将公共价值视为公共服务提供过程中应该秉持的程序伦理（procedural ethics）。本书研究采用了 Jørgensen 和 Bozeman（2007）对于公共价值的定义，即公共价值是政府公共政策制定和公共服务供给所应秉持的规范原则、标准和理想。公共价值不仅指导着政府机构和公务人员的行为决策，还赋予了集体行动的意义、方向和合法性（Rutgers，2015），并决定着政府想要追求的目标和结果（Guan et al.，2021）。

二　价值一元论和价值多元论

　　价值一元论认为价值在根本上是一种理想的存在样式，是以共相形式表现出来的价值普遍性或共同一体性（万俊人，1990）。价值一元论追求"终极价值"或"普世价值"，即人类社会存在着某种绝对的、普世的、终极的价值。价值多元论起源于赛亚·柏林（Isaiah Berlin，1969）秉持的"自由多元主义"（Liberal Pluralism），其核心观点认为人类社会的价值追求是多元的，不存在某种绝对的、永恒不变、普遍适用的终极价值。很多价值都是重要且合理的，但他们彼此之间不相容，不存在一个统一的普遍的总体标准，使人们能够理性地在它们之间进行选择（Berlin，1982），而且不同价值在深层内涵上是不可通约的（Incommensurable）（Berlin，1969）。所谓不可通约，也可以被理解为是不可公度，是指不存在一个尺度可以衡量出不同的价值之间孰高孰低、孰大孰小（Rosenblum，1989）。Berlin（1969）认为，如果价值是可通约的，那么人们稍加度量便可作出选择，但这违背了人类的自由主体意识。因此 Berlin（1969）

拒绝形而上学的一元论观点，反对普适主义原则（Universal Princi-ples），认为人类应该直视并以包容的态度面对多元化的价值追求。

Galston（1999）将价值多元论凝练成了几个核心命题：第一，价值多元主义被认为是规范世界的实际结构，它提出了"关于价值的形而上学结构的现实主义主张"（Newey，1998）；第二，多元化的价值在内容上是异质的，不能被简化为一种普遍适用的价值衡量标准；第三，具有不同内涵及性质的价值之间，不能按照等级进行排序，而且也不存在对所有人都适用的最高价值；第四，在几乎所有情况下，不存在一种价值或一套价值是可以压倒一切的。Galston（1999）认为，有充分的证据表明价值多元主义是对人类道德世界最为恰当的反映。

Galston 和 Galston（2002）认为，价值一元论强调人类价值观念在终极目标上的统一性，而价值多元论强调价值之间的差异性、层次性以及多样性。Rawls（1985）认为，价值多元论要优于价值一元论，尤其是当价值之间的冲突可以和解（Reconcile）时，多元价值原则要优于普世价值原则，因为据其可以制定出更为恰当的政治解决方案。

三　公共价值的多元化属性及不可通约性

Nabatchi（2012）指出，公共价值多元主义在公共管理中普遍存在，尤其是在公共政策中，几乎所有的争议都可以归结为公共价值之间的竞争。在 Jørgensen 和 Bozeman（2007）看来，公共价值是关于权利、义务和规范形成的共识，作为共识或者规范的公共价值往往是多元的（Jørgensen & Bozeman，2007；王学军、张弘，2013），Jørgensen 和 Bozeman（2007）通过对 230 篇有关公共价值的文献进行系统梳理，首次将公共价值分成了七种类型，并分别确定了每一种公共价值类型下的公共价值集。在 Jørgensen 和 Bozeman（2007）看来，公共价值不仅是多元的，而且具有结构性，针对公共价值结构的分析应该从相近性、层级和因果关系三个方面入手。陈振明和魏景容（2022）指出，公共价值的多元化属性反映的是单数公共价值和复数公共价值两种研究路径，单数的公共价值呈现的是公共价值创造的研究路径，即分析如何更好地实现和创造公共价值；而复数的公共价值剖析的是公共价值规范的研究路径，这种规范是嵌入具体政策过程中的，不仅是多元化的，而且必然存在针对多元化公共价值分类和结构的研究。类似地，Rutgers（2015）认为，公共价值作为一个一般性概念，反映的是一组多元化的公共价值概念，即有很多不同的公共价值堆积在一起被称为公共价值，尽管还尚不确定它们之间的相互关系、等级关系。

在 Andersen 等（2012）看来，公共价值具有多元化多维度已经成为一个不争的事实，正是由于公共价值的多元化，才会给公共雇员和公共管理者的世界增加混乱、歧义和冲突。不仅如此，Andersen 等（2012）还认为，不仅公共价值本身是多元的，甚至连同一个公共价值的含义也会在不同时间和空间中存在多方面解释，因为公共价值解释的空间通常是相当大的，公共价值首先要在具体的情况下才能获得实际意义。Van der Wal 和 Van Hout（2009）基于价值多元论的视角重新对公共价值的内涵进行了分析。其研究发现，人们往往认为公共价值是一个单一的概念，有一套普世的古典公共价值观指导着整个公共部门的行政行为，但现实情况是，一些经典的公共价值观在其内部和相互之间都表现出多样性、混杂性和冲突的迹象。例如，一方面是公正和合法，另一方面是效率和效力，人们可能认为这是内在矛盾的，甚至是混杂的（Jørgensen & Bozeman，2007；Z Van Der Wal et al.，2011）。

公共价值不仅具有多元化的特征，彼此之间还存在着显著的不可通约性。前文提到，Berlin（1969）认为人类社会不存在某种终极、绝对合理、普遍适用的价值，价值是多元的、相对的且不可通约的。根据 Rosenblum（1989）的观点，不可通约性（Incommensurable）意味着不能用单一的尺度衡量多元化的价值，Lukes

（1989）也使用类似的措辞解释了不可通约性，意思是没有单一货币或尺度可以衡量相互冲突的价值。当冲突发生时，不能对某些价值作出强制性呼吁，它们既不优于对方，但也不能被忽视，也就是说不存在一个尺度可以衡量不同价值之间的孰高孰低（Rosenblum，1989）。价值多元论是对价值"一元论"中"普世价值"的否定，强调人们应以自由宽容的态度维护和包容多元的价值追求，而且多元价值之间必然存在着差异、分歧、矛盾和斗争。Berlin（1969）强调，多元价值之间的冲突决定了很多价值是无法共存的，当冲突发生时，每一种选择都必然导致另一种无法弥补的损失，从而使决策者陷入两难境地。例如，正义（Justice）与仁慈（Mercy）之间的冲突，效率和公平之间的冲突等，而且在绝大多数情况下，不可通约的价值之间一旦发生冲突，很难在没有牺牲的情况下实现完美的和解。

多元价值间的不可通约性也可以被解释为是多元价值之间的不可公度性。传统西方道德哲学所秉持的价值一元论是以传统形而上学为基础的，他们不仅信奉"终极价值"的存在，而且认为即使存在价值冲突，也有化解价值冲突的"终极解决之道"（final solutions）。但 Berlin（1969）看来，这种逻辑是荒谬的，因为人类社会的多元价值是客观存在的，人们日常生活中所经历的众多事情，都是需要在很多同等重要的、同等正确的价值之间进行权衡，这些价值之间无法进行公度，或者进行大小的对比，并不存在某种神启的、终极的判断标准。价值间的不同通约性，是对价值多元论即价值多样性的一个准确描述，这种对价值的抽象更具人文关怀，也比价值一元论所信任的终极价值更加人道，而价值一元主义所追求的普世价值是一个虚假的、不可欲的（Undesirable）概念（Berlin，1969）。在 Berlin（1969）看来，我们不仅要承认价值的多元主义，而且要认识到多元化的价值之间的不可通约性，价值之间的不可通约性是一个"客观事实"，是一个只要站在中立立场就会发现的问题。正是因为在特定的情形下，不同的价值之间无法做出衡量和比较，人类社会才会面临诸多两难困境和矛盾。

在本书中，公共价值之间的不可通约性构成了公共价值冲突发生的底层逻辑。不可通约性反映出来的是人类世界存在多元的善，而且每一种善都应得到足够的支持，每一种善都值得作为个人的选择，不存在某一种善具有所谓的"终极属性"。正是由于多元价值之间具有不可通约性，因此当价值冲突发生时，人们无法通过价值大小、轻重做理性选择，也无法通过妥协或诉诸某种"终极价值"或"超级价值"来解决既有的价值冲突。正是因为如此，Wagenaar（1999）认为人们只能"应对"（Dealwith）公共行政中的价值冲突，而无法彻底"消解"（Eliminate）公共行政中的价值冲突，他也认为不存在一种可以指导人们如何应对价值冲突的一般性理论，价值冲突只能由行政人员在具体实践中通过解决具体情景进行摸索，可能的策略包括自我反思、事实陈述和诡辩等。

四　公共价值的邻近性与集群性

Jørgensen 和 Bozeman（2007）指出，数量众多的公共价值不仅具有多元性，而且具有邻近性（Proximity），邻近性是指公共价值在内涵上是相近的，但并不完全相同。公共价值的邻近性反映了一个特定公共价值与另一个特定公共价值的接近程度，相互邻近的公共价值的实现也是相互关联的，即某些公共价值的实现容易导致与其相邻近的公共价值的同时实现。Jørgensen 和 Bozeman（2007）认为相互邻近的公共价值也可以被理解为邻居的公共价值（neighbor values）、共生的公共价值（covalues），或节点的公共价值（nodal values）。有些价值在意义上是相近的，但并不完全相同。由于公共价值可以以各种不同的方式相互联系，其中一些邻近的公共价值会形成集群（Clusters）。在 Jørgensen 和 Bozeman（2007）看来，公共价值的邻近性提供了关于该类公共价值重要性的指示器（indicator），邻近的公共价值越多，起点就越丰富，价值的意义也就越大。当某一类公共价值具有大量的邻近公共价值时，说明在整个公共价值集群中，这类公共价值占据着网络关系中的中心位置，该类公共价值是非常重要也是非常值得关注的一类公共价值。更为重要的是，识别邻近的公共价值有助于研究人员更为详细地定义和理解该类公共价值。Nabatchi（2012）也认为，为了分析一个特定公共政策中的公共价值多元化问题，研究人员必须能够识别出相关的公共价值，描述并解释它们之间的关系，从而更好地理解公共价值。而且由于邻近的公共价值之间可能存在关联，因此它们经常同时出现或共变（Covary）（Jørgensen & Bozeman，2007），其中一个公共价值可能会对另一个公共价值产生积极影响，或者其中一个公共价值可能是另一个公共价值的先决条件。例如，开放促进了法治，开放和法治就是共生的公共价值（covalues）。

由于公共价值的数量是众多的，诸多学者都指出对公共价值进行分析的最大障碍是如何厘清众多公共价值之间的相互关系（De Graaf & Paanakker，2015；Jørgensen & Bozeman，2007；Nabatchi，2018），很多公共价值常常表述得含糊不清，因此通过邻近性梳理公共价值的关系就显得格外重要。将邻近的公共价值放在一起进行讨论，可以避免片面、僵化、孤立地理解公共价值，比单独分析某一个公共价值更容易理解其所处的情景。根据公共价值邻近性和集群性的特征，Jørgensen 和 Bozeman（2007）将公共价值分为七种类别，并确定了每一种公共价值类型下的公共价值集（Public Value Set）。Jørgensen 和 Bozeman（2007）认为，尽管他们通过文献所梳理的公共价值清单并不是一个令人满意的终点，但对于公共价值邻近性及集群性的分析却为后续研究提供了很好的启发。公共价值的概念从规范研究走上实证研究是大势所趋，而实证分析需要对数量众多的公共价值进行分类和梳理，因此本书研究在分析公共价值冲突关系前，将首先利用公共价值邻近性和集群性的特点对地方政府环境治理中的多元公共价值进行梳理和归类。

五　公共价值冲突发生的理论支撑

（一）认知失调理论（Cognitive Dissonance Theory）

认知失调理论最早起源于社会心理学，随着行为公共管理学（Behavioral Public Administration）的逐渐兴起，在公共管理领域的研究中也得到了广泛应用（Beasley & Joslyn，2001；Oxoby，2004；Rabin，1994）。认知失调理论认为，认知元素之间可能存在着"不适合"（Unfitting）的关系，失调是一种消极的驱动状态，当一个主体同时持有两种不一致的认知（想法、信仰、观点）时，失调状态就会发生（Festinger，1957）。根据 Aronson（1997）的观点，如果仅考虑两种认知，其中一种与另一种存在对立的特征，那么这两种认知就是不协调的（Aronson，1997）。Otnes 等（1997）综合了以往政治学、心理学和社会学学者关于认知失调的研究后发现，认知失调是普遍存在的，当两个彼此相悖的态度或偏好都很强烈时，就会造成认知上的冲突（Otnes et al.，1997）。认知失调理论反对理性决策的一般模型（Akerlof & Dickens，1982），认为当人们要在两个具有对等价值的事物中作出选择时，认知上的不协调会带来一种不愉快的紧张感或负效用，认知失调理论讨论的核心问题就是认知元素之间的不平衡、不协调及冲突状态。Festinger（1957）认为认知失调产生于特定的情境中，这种情境传递了新的信息或观点，它们同早已存在的知识、观点或行为的认知产生了至少暂时的失调，进而致使人们在决策时面临着不一致或冲突的认知判断。

Festinger 的认知失调理论所讨论的认知元素包括价值观、情感、理念、观点等内容，这些认知元素之间存在着协调、失调和无关三种关系。认知失调分析的是一种认知元素间的不平衡、不对称及不和谐状态，当认知失调产生时，会给经历认知失调的主体带来不愉悦的精神及情感体验，因此该主体就会出现减少失调或避免失调的压力，进而会影响到该主体的态度和行为逻辑。为了减缓认知失调状态，该主体可能会调整自己的认知偏好，从而与其行为逻辑保持一致，或者是调整其行为逻辑，从而与认知偏好保持一致。在 Festinger（1957）看来，认知元素完全不失调是几乎不可能的，认知失调情况普遍存在，只是失调的程度不同而已。并且两种认识元素之间的冲突程度是这两种元素对于主体重要性的一个函数，也就是说两个元素对于主体的重要性越大，它们之间的冲突程度可能就越大（Festinger，1957）。Festinger 的认知失调理论不仅清晰阐明了不同认知元素之间产生失调的原因，而且首次以"失调程度"的量化思维分析了认知失调的大小，为后续的相关实证分析提供了研究思路，也为本书研究中对于公共价值冲突大小的测量提供了理论支撑。

认知失调理论非常有力地解释了公共价值冲突发生的认知逻辑，因为多元化的公共价值反映的是公共管理者所秉持的规范、原则和理想，是公共管理者在公共政策制定和公共服务供给过程中所呈现出的多元化的认知取向，当不同的公共价值彼此之间不可相容、相互冲突时，就会造成公共管理者认知上的失调。价值偏好上的冲突其实属于认识失调的一种类型，是价值类认知元素失调的具象化表现。当不可兼容的两类公共价值都是地方政府重要的公共价值追求时，认知上的不协调就会带来一种不愉快的紧张感或负效用，并且这两种公共价值对于地方政府越重要，彼此之间的冲突关系表现得越明显，给地方政府所造成的决策困境就会更加突出。

（二）矛盾态度理论（Ambivalent Attitude Theory）

传统研究认为人类的行为态度是一元化的（Monistic），即人们的偏好是明确的，对于一个特定事物，喜欢与不喜欢的态度是明确的（Eagly & Chaiken，1993），因此通过分析人类的态度便可直接预测人类的行为（Jonas et al.，1997）。但 Otnes 等（1997）综合了以往政治学、心理学和社会学学者关于态度的研究后发现，人们的态度偏好往往不是唯一的，对于同一客体往往也会同时产生积极和消极两个方面的态度，矛盾态度是普遍存在的，当两个彼此相悖的态度或偏好都很强烈时，就会造成心理上的冲突。因此 Otnes 等（1997）将矛盾态度定义为是某一主体在特定时期所形成的多种相互矛盾的态度倾向与情感状态。Kaplan（1972）的研究也指出，由于态度是一种对事物作出某种反应的倾向，所以传统的研究普遍将态度视为一个简单的一维概念，但事实上，人们的态度往往多元的，个体的矛盾态度非常普遍，在很多情况下，个体会同时表现出正面和反面的态度。Kaplan（1972）在理论分析的基础上，进一步提出了修正后的语义差异分离技术（Semantic Differential Technique）用以测量个体的矛盾态度。矛盾态度理论和价值多元论在逻辑上存在着一定的相似性，都否定一元态度或偏好的观点，他们认为人们的偏好是一个二元或者多元的变量，基于此视角去洞察人们的行为，可以更为准确地透视人们的决策心理和冲突态度。

矛盾态度理论的核心观点在于偏好的共存性（Coexistence）和冲突性（Conflict），所谓共存性，是指人们的偏好不唯一且多元偏好会同时存在，这样才会交互形成矛盾。冲突性是指当人们追求一个目标时，会破坏或干扰对于另一个目标的追求，不同的偏好之间存在不可兼容性。当不可兼容的偏好同时存在且都很强烈时，人们的态度就会变得模糊和冲突（Priester & Petty，1996；Thompson & Zanna，1995；Williams & Aaker，2002；Zemborain & Johar，2007）。矛盾态度理论所分析的矛盾存在两种情景，一种是个体对同一件事物同时持有正面和负面两种态度；另一种是个体对两件相反的事物同时持有正面的态度，并且两种态度的程度都很高，这两种态度都会造成个体的矛盾态度（Ng et al.，2012）。持有矛盾态度的个体会对外界的信息选择和处理持有不同的方式，因为矛盾本来反映的就是一种冲突的态度。早期关于矛盾态度理论的研究主要聚焦在心理学、社会学、营销学等领域，近年来逐渐扩展到了公共管理领域（Davis & West，2009；包国宪、关斌，2019a），Davis 和 West（2009）的研究就发现，多元化的公共价值会给公共管理者的认知世界带来矛盾态度，而公共管理者的矛盾态度不利于公共政策的制定与执行。

六 公共价值冲突的内涵

Stewart（2006）就指出，传统关于政策过程的研究很少突出价值的作用，以至于人们很少关注价值之间的冲突，然而，有迹象表明这些冲突在行政过程中普遍存在。Wagenaar（1999）宣称："公共项目的结构是这样的，他们经常让管理者面对困难的价值选择。"Spicer（2001）认为，有充分的理由认为，价值冲突在公共行政中尤其普遍，在公共行政中，寻求调和多种价值的决策方向，往往会向管理者发出相互冲突的信号。相互冲突的价值反映的是一种价值间的不兼容状态，即对于一种价值的追求限制了其他价值的实现，我们越想达到这些价值，我们就越不能达到其他价值（Spicer，2001）。价值固有冲突或在某些情况下不相容的现象并不鲜见，例如，Okun（1975）在他的经典著作中指出，在公共政策中，平等和效率必然是相互冲突的，Nieuwenburg（2004）指出，公共治理的"手段"（过程价值）可能与公共行为者追求的"目标"（结果价值）相冲突。例如，透明度是落在民主政府头上的一项义务，在那些需要保密作为成功执行的必要条件的政策领域（特别是外交事务），这一义务将被违反。

公共价值冲突之所以存在，是因为公共价值的多元化属性（Jørgensen & Bozeman，2007），因为并不存在一种高于一切的，可以统领所有公共事务的公共价值（De Graaf et al.，2016），情景不同、主体不同、利益格局不同皆会导致公共价值出现差异和冲突（Huberts，2014；O'Kelly & Dubnick，2005；Zeger Van der Wal et al.，2011）。不同主体对于多元化的公共价值会呈现出不同的理解和偏好（何文盛，2015），即便是同一主体在面临同一公共决策问题时，往往也会呈现出多元的公共价值偏好（De Graaf et al.，2016；Martinsen & Jørgensen，2010），人们想要追求的公共价值并不唯一，当不同的公共价值偏好无法同时满足或不可通约时，公共价值冲突就会发生（Guan et al.，2021；包国宪、关斌，2019a；关斌，2020）。公共价值冲突在公共政策制定和公共服务供给中扮演着重要的角色（王学、张弘，2013），并且会随着公共行政过程的复杂性和社会环境的快速变革而越来越强（Head & Alford，2015）。

公共价值的多元化属性及其不可兼容性是公共价值冲突发生的前提，而特定主体对于不同公共价值偏好的矛盾和对立则是公共价值冲突发生的基础。Berlin（1969）就指出，价值作为一种客观实在，本身无所谓冲突，一种价值和另一种价值就其本质而言并行不悖，之所以发生冲突在于人们的价值偏好和价值取向不同。公共价值冲突就是不同公共价值偏好之间的彼此否定和相互竞争（De Graaf et al.，2016），其实质并不是"价值"的冲突而是公共价值偏好或公共价值选择之间的冲突。正如 Kettl（2011）所言，政府为公共利益服务的根本挑战是在追求各种不可避免的矛盾标准之间取得平衡。因此，在有价值的原则之间进行权衡是任何设计过程中不可避免的事实（Le Grand，2009）。例如，对某些个人需要作出充分反应的服务，在更广泛的社区利益方面可能不是非常有效，类似地，有效运作结构的想法可能违反法律或法规。

De Graaf 和 Paanakker（2015）以善治为例阐释了公共价值冲突，他指出：尽管善治表达了一种没有人反对的公共价值清单（合法性、完整性、民主和有效性/效率），但一个反复出现的问题是，并不是所有这些价值都能同时实现，无论它们多么可取和多么重要。人们最经常感觉到的冲突一方面是程序的合法性和透明度，另一方面是作为执行价值的效力和效率的实现，为了追求目标，公共治理行动者有时不得不违反一项义务。正如 Grindle（2004）所说："所有美好的事物不可能同时被实现"，问题就在于对"善"的追求具有冲突的内在特征（Zeger Van der Wal et al.，2011）。在日常事务中，公共管理领域的决策涉及与多重、多样且常常相互冲突的价值观进行斗争。类似地，Kettl（2011）也持有类似的观点，即政府服务于公众利益的根本挑战在于如何平衡对不同标准的追求，然而这些标准必然是相互矛盾的，也正因为如此，在有价值的原则之间取舍是任何设计过程的必然命运。Perry（2014）就曾举例说明，在预算限制和利益相关者期望不断变化的动荡时期，有效运作结构的想法就可能违反法律，因此公共决策者面临着相互矛盾的公共价值和利益之间的权衡。De Graaf 和 Paanakker（2015）的研究同时还表明，公共价值冲突以多种形式存在于个人（公共行为者）、政府（正式机构）和政策形成（价值分配）层面。

近年来，有关公共价值冲突的经验研究逐渐兴起，相关研究为公共价值冲突的存在提供了有力的经验证据。例如，Oldenhof（2022）运用实验研究方法，通过医疗保健中的政策实验分析公共价值冲突，其研究结果表明，专业人士、公民和政策制定者对政策实验价值的重视程度不同，这表现在多重价值冲突中。而且为了应对这些冲突，利益相关者采取了殖民化、妥协、优先化、捷径、组织融合和试点等不同策略。Guan（2023）采用实证研究方法分析了中国地方政府环境治理中的公共价值冲突问题，其研究发现，地方政府在环境治理中面临着一定程度的围绕经济发展与生态环境方面的公共价值冲突，并且这种公共价值冲突对于地方政府的环境治理绩效产生了显著的负面影响。又如，Martinsen 和 Jørgensen（2010）的研究发现，欧盟委员会在问责制改革中试图追求透明性和行政效率两种公共价值，但事实证明欧盟委员会对这两种公共价值的偏好不可能同时实现。DeGraaf 和 Huberts（2016）基于荷兰某一市级政府和医院的案例研究同样表明政府选定的 10 个公共价值之间存在明显的冲突。类似地，De Graaf 和 Van Der（2010）分析了荷兰财长在信贷政策中对于法治和效率两种公共价值偏好之间的冲突问题。此外，公共价值中公平和效率之间的冲突问题、合法和透明之间的冲突问题、绩效价值和程序价值之间的冲突问题也受到了学者们的关注（De Graaf & Paanakker，2015；Fernández-Gutiérrez & Van de Walle，2018）。在公共价值多元主义情境下，基于公共价值冲突视角审视地方政府在特定情形下的矛盾行为，有助于我们理解其所处的现实困境及其行为逻辑（De Graaf & Meijer，2019；Mériade & Qiang，2015）。

陈振明和魏景容（2022）认为，公共价值冲突、公共价值选择及相应的行为策略是未来公共价值领域中的一个新兴研究方向。公共政策本身就是一个对公共价值进行识别和排序的过程（王学军、张弘，2013），而不同主体间的公共价值取向差异以及同一主体在不同情景下的公共价值偏好差异为公共价值冲突的发生埋下了伏笔。公共价值的冲突性特征还通过复杂组织（Hybrid Organization）、价值竞争（Competing Values）和模糊性（Ambiguity）三个方面反映出来（Van der Wal & Van Hout，2009）。Davis 和 West（2009）指出为了有效应对公共价值冲突，需要用非固定的价值系统取代静态的公共价值建构与分类。同时公共组织应该注意强调初始价值（initial values）和核心价值（core values）的重要性，核心价值是那些不可协商的价值（nonnegotiable values），这些核心价值构成了公共组织的定位，并有助于公共组织解决公共价值冲突（Davis & West，2009）。

公共行政中存在价值冲突是不争的事实，随着公共决策问题复杂性和难度的不断增加，价值冲突在公共事务中越发普遍（Head & Alford，2015）。如何调和相互冲突的公共价值是公共组织在公共政策制定和公共服务供给中面临的重大挑战（王学军、张弘，2013）。由于政策分析不仅是基于事实的判断，更是基于价值的判断，因此在诸多公共决策和公共事务中，都会面临诸如"效率"与"公平"间的价值冲突问题（吴文强、郭施宏，2018），这不仅会让地方政府陷入价值上的两难困境，还会使地方政府承受道德上的巨大压力。例如，孙斐（2015）基于四川省资中县政府的质性研究表明，地方官员需要经常面临公平与效率、发展与稳定等多元化价值之间的冲突问题，因此地方官员常常是在道德上令人厌恶的情境下作出决策，而不是在道德上令人愉悦的情景下作出决策。道格拉斯·摩根等（2013）基于中国西部县级政府官员的访谈发现，当上级政府发来优先权不同、价值内容相互矛盾的指令时，他们就会承受巨大的焦虑感和挫折感。

第三节　不同研究视角下的地方政府环境治理

一　基于政治集权下的政治激励视角

基于政治激励视角的研究认为以 GDP 为中心的政绩考核体制给予地方官员晋升激励，地方官员热衷于追求经济增长以获得晋升机会，从而放松环境规制弱化环境治理。例如，于文超和何勤英（2013）的研究发现，地方官员有关经济发展的政绩诉求会影响到辖区内环境污染事故的发生，并且这种影响在沿海地区更加突出。韩超等（2016）发现，地方政府的环境规制行为显著受到了经济发展动机的影响，晋升激励制度影响了地方政府环境规制中的行为偏好，进而导致环境规制出现了独立性缺失。Kostka（2013）的研究表明，经济发展与环境保护之间的矛盾会在一定时期内长期存在，在政治晋升激励的作用下，地方官员有动机放松环境规制以谋求经济的快速发展，因此省级领导会通过任免权来选取最利于当地经济发展的环保官员。由于 2007 年环保法已将环保职能纳入官员政绩考核体系，近些年来中央对地方官员的环保考核力度逐年加大，"一票否决"制直接决定了官员的晋升可能，但地方政府轻环保、重发展的问题依然突出，因此从官员晋升激励视角分析环境治理效率低下问题，解释力度已然不足。

二　基于财政分权下的财政激励视角

基于财政激励视角的研究认为财政分权下的财政激励给予地方政府重视财源建设，开展逐底竞争（Race to the Bottom）的动力（Guan，2023），进而负面影响了环境治理的效果。例如，席鹏辉（2017）研究了我国地方政府增值税分成变化对于环境污染的影响效应，并分析了财政激励对于地方政府环境治理决策行为的影响，其研究发现，地方政府承受的财政压力显著增加了地区的工业污染水平，主要原因是财政压力进一步强化了财政激励效应，诱导地方政府通过放松环境规制吸引更多的污染密集型企业。黄寿峰（2017）利用2001—2010年我国省级面板数据，基于空间杜宾模型，实证分析了财政分权对于地方政府大气污染治理的影响，其研究表明，财政分权所产生的财政激励效应会显著加剧辖区的雾霾污染情况，并且这种效应会扩散到周边地区，因为地方政府在环境治理中存在着显著的"竞次"趋势。尽管基于财政激励视角的研究捕捉到了地方政府为了追求经济发展而放松环境规制的动因，但此类研究倾向于用微观经验证据直接验证财政分权与地方政府环境治理的关系，对于影响机制的"黑匣子"没有作进一步分析。

三　基于自上而下的行政驱动视角

基于自上而下行政驱动视角的研究普遍将地方政府的环境治理视为一个行政驱动的过程，即地方政府环境治理的成效受到中央环保督察、中央环保约谈等的影响，地方政府的环境治理具有显著的"运动性治理"特征。例如，阎波等（2020）的研究就表明，我国地方政府的大气污染治理具有明显的"运动式"治理特征，而且在运动式治理中还存在探索型、协同型和突击型三种不同的类型。Denise van der Kamp（2021）的研究指出，委托代理问题在地方政府的环境治理领域格外突出，为了有效应对这个问题，中国政府使用自上而下的中央环保督察运动来克服地方政府的环境规制不力问题，但是其研究也认为，自上而下的运动式治理的威慑效果是有限的，如果没有持续不断的监督，地方政府几乎没有执行环境规制的动力，因此对于环境治理，不能指望将资源集中在一场运动中来解决，而是需要持之以恒地进行监督和控制（Van der Kamp，2021）。类似地，吴建祖和王蓉娟（2018）的研究表明，自上而下的中央环保约谈是一种环境执法的新型监督方式，其基于我国283个地级市的数据分析表明，中央环保约谈对于地方政府的环境治理效率具有一定的提升作用，但这种作用仅仅在当年较为明显，随后逐年减弱，治理效果不具有长期性。基于此类视角的研究着重分析了上级政府行政驱动方式在环境治理领域的运行效果，但对于地方政府环境治理中的痛点和瓶颈问题缺乏足够的分析和讨论。

四 基于自下而上的公众参与视角

自下而上的公众参与被认为是健全地方政府环境治理体系、提升地方政府环境治理能力的重要途径（曹海林、赖慧苏，2021）。公众参与环境治理强调公民诉求、公民抗议、公民投诉以及公民意见的重要性。曹海林和赖慧苏（2021）通过对国内外公众参与环境治理的研究进行综述后发现，我国公民参与环境治理的动机主要是维护公民自身权益和追求生态环境的可持续性发展，公众参与环境治理的类型可以分为反抗型、政治型和日常型三种。同时，也有研究发现，在近年来中央环保督察制度的引导下，公众参与环境治理的动力在逐步增强，因为中央环保督察的一个重要环节就是征求公民意见和受理公众投诉（Van der Kamp，2021），通过公开征求公民投诉，然后结合自上而下的监督措施，不仅可以有效威慑地方官员严格执行环境治理，同时还可以对公民诉求作出有效回应。郑思齐等（2013）的研究发现，随着公民受教育水平的不断提高和公众参与意识的不断增强，公民对于地方政府环境治理问题的关注度和参与热情也在不断提高，其基于我国86个城市面板数据的研究结果表明，公众对于环境治理的关注度可以显著推动地方政府通过优化产业结构、增加环境治理投资的方式来改善环境治理状况，并且一个城市公众环境关注度越高，就可以越早进入环境治理与经济发展的双赢阶段。Chen等（2015）的研究表明，尽管公众参与环境治理对于健全环境治理体系至关重要，然而在中国，公众参与尚未很好地制度化，公众在环境治理中的作用有限。中国的政策制定者和研究人员目前面临着如何充分有效地让公众参与进来的操作难题。

第四节   地方政府环境治理中的公共价值偏好

根据 Wang 和 Wang（2020）的定义，公共价值偏好是一种可测量的、相对稳定的认知，它引导个体参与公共行动，就共同的利益作出决策，或者在公共领域和治理网络中管理与其他参与者的关系。这些可测量的认知有助于政府判断哪些价值观在公共事务中比其他价值观更重要（Wang & Wang，2020）。公共价值的多元化属性是公共价值偏好存在差异的前提，对于公共价值偏好的不同可能会作出基于价值的不同决定（Witesman & Walters，2015），而公共价值之间的不可通约性进一步导致了公共价值冲突的出现（Guan et al.，2021）。对于地方政府公共价值偏好的测度是分析公共价值冲突关系的基础，基于价值多元论、认知失调理论和矛盾态度理论可以看出，地方政府公共价值冲突反映的是彼此相悖的公共价值偏好之间的冲突。因此本书研究在分析地方政府环境治理中的公共价值冲突时，需要首先识别地方政府在环境治理中的多元化公共价值偏好，进一步分析公共价值冲突的类型和内容。

Jørgensen 和 Bozeman（2007）通过对 230 篇公共价值文献进行系统梳理总结出了公共价值集（Jørgensen & Bozeman，2007），这些公共价值集对于识别公共价值类型，理解公共价值偏好具有很好的帮助（王学军、张弘，2013），相关研究也表明该公共价值集适用于我国当前公共政策中关于公共价值的分析（包国宪、关斌，2019a；关斌，2020；王学军、张弘，2013）。为了深入分析地方政府在环境治理中面临的公共价值冲突，本书研究需要首先识别地方政府面临的多元化的公共价值，沿用 Jørgensen 和 Bozeman（2007）的分析思路，并借鉴 Wang 和 Wang（2020）对于公共价值偏好的定义，研究基于国内外文献综述，参照公共价值的邻近性和集群性特征，系统归纳和整理了地方政府环境治理中面临的八类公共价值集（见表 2-1），每一类公共价值集的构成及其内涵详细分析如下。

一 生态环境类公共价值集与经济发展类公共价值集

生态环境类公共价值集和经济发展类公共价值集是地方政府环境治理中的两类主要公共价值。生态环境类公共价值集具体包括可持续性、生态环境保护和环境质量三项公共价值。根据 Jørgensen 和 Bozeman（2007）的解释，可持续性（Sustainability）强调关心后代，就是要把清洁的环境和丰富的资源留给人类的子孙后代，而不是随意地消费和破坏几百万年前创造的东西（Jørgensen & Bozeman，2007）。生态环境保护已被众多研究证明是政府一项重要的公共价值追求（Nabatchi，2012，2018；樊梅，2017）。类似的，环境质量也是我国环境治理一般公共行政过程中的主导型公共价值之一（保海旭、包国宪，2019）。这类公共价值强调经济社会的可持续性发展，追求生态环境的改善。

经济发展类公共价值集包括经济增长（Economic Growth）、经济绩效（Economic Performance）、生产力（Productivity）和经济价值（Economic Value）四项公共价值。其中经济增长被认为是一种工具价值，也是一种实现更广泛的公共价值的方式，常常被视为是幸福甚至幸福的替代品（Bozeman & Sarewitz，2011）。类似的，经济绩效是用来反映政府推动社会生产发展的结果性价值（Nabatchi，2012）。生产力是典型的新公共管理主张的价值观，强调经济思维和成本意识（Jørgensen & Bozeman，2007）。此外，樊梅（2017）基于我国东、中、西部共 10 省 2000—2013 年的政府工作报告的研究发现，经济价值始终是我国改革开放以来最重要的公共价值目标。Bozeman 和 Sarewitz（2011）也指出经济价值符合公共价值的特点。总体来看，经济发展类公共价值追求社会生产力的提高，强调经济的快速增长。

二　长期绩效类公共价值集与短期绩效类公共价值集

长期绩效类公共价值集包括对未来的关注（Voice of the Future）、可持续性（Sustainability）、稳健性（Stability）和连续性（Continuity）。Jørgensen 和 Bozeman（2007）认为，对未来的关注（Voice of the Future）是一个具体的公共价值，关注长远目标并追求长远成效，要求政府找到其他方法来纠正目前和未来之间的不平衡。可持续性在此处是一种更广义的价值，即追求公共利益的可持续性。稳健性和连续性是两个相关的公共价值，与可持续性相似，也强调公共利益和公共产出的稳定连续，具有长远持久的特征。长期绩效类公共价值的共同特点是强调政策执行的稳健推进、循序渐进和持之以恒，这与中央政府强调的环境治理不能急功近利，要久久为功的价值取向是一致的。

短期绩效类公共价值集包括效率（Effectiveness）、及时性（Timeliness）和快速响应（Timely Responsiveness）。效率被广泛认为是一个重要的公共价值（Andrews & Entwistle，2013；De Graaf & Paanakker，2015；Fernández-Gutiérrez & Van de Walle，2018），它在新公共管理中被置于首要地位，正如 Bozeman（2007）所说："根据几乎所有对新公共管理的描述，驱动价值都是绩效和效率。"效率强调短期内的实质性成效，提高效率一直是许多公共管理改革的核心（Rutgers & van der Meer，2010）。及时性和快速响应相似，都追求快速行动，强调时效性（Jørgensen & Bozeman，2007；Wang & Wang，2020；关斌，2020）。总体来看，短期绩效类公共价值强调行政效率，强调政策执行的速度与短期成效，反映了地方政府环境治理中对于短期成效、眼前政绩追求的偏好。

三　法治公正类公共价值集与灵活变通类公共价值集

法治公正类公共价值集具体包括合法性（Legitimacy）、法治（Rule of Law）、公正（Impartiality）、中立（Neutrality）、正直（Integrity)、合规（Compliance）几项公共价值。合法性强调要由法律规范来约束公共行政过程，而不是任意行使自由裁量权（Jørgensen & Bozeman，2007），也就是政府官员要对他们的行为方式负责、对手段和目的负责（De Graaf & Paanakker，2015）。法治（Rule of Law）的核心内容是确保行政行为的合理性和严格的合法性（Van der Wal & Yang，2015），以及遵循法律和制度的规范（Wang & Wang，2020），抵制滥用权力等（Jørgensen & Bozeman，2007）。公正（Impartiality）和中立（Neutrality）是两个相互关联的公共价值，即公共行政必须保持客观性和公正性，管理者不涉及个人感情或利益（Moon et al.，2016；Van der Wal & Yang，2015）。正直（Integrity）要求坚持某一观点或原则，不为个人的动机、利益、流行的观点、变化的时尚、诽谤等所动摇。合规（Compliance）是与诚实和合法相关的道德价值（Mériade & Qiang，2015）。总体来看，法治公正类公共价值集强调地方政府"一切按制度办事"，追求环境规制的严格性与严肃性，要求地方政府按照绝对的原则和制度开展环境治理工作，确保环保工作的开展扎实到位。法治公正是环境治理中的硬性准则，追求坚持制度为本并以规定章程为中心，是环境治理取得良好效果的制度保障。Hood（1991）认为，任何公共管理体系都可以根据三种基本价值观进行评估，根据他的框架，法治公正属于 theta 型价值（theta-Type Values）。

灵活变通类公共价值集具体包括平衡利益（Balancing Interests）、妥协（Compromise）、灵活性（Flexibility）、规则弯曲（Rule Bending）等公共价值。根据 Jørgensen 和 Bozeman（2007）的解释，平衡利益要求政府平衡好两方或者多方之间的关系，找到令各方都满意的解决办法，并强调通过平衡利益来确保稳定。妥协（Compromise）之所以能成为一种公共价值是因为建立在妥协基础上的决策比建立在指令基础上的决策更持久（Jørgensen & Bozeman，2007）。规则弯曲是指"通过不完全遵守规则、要求、程序或规范来绕过正式声明的义务"（Sekerka & Zolin，2007），是一种有意的、自愿的和明知的"偏离规则和程序"（Borry，2017）。在 Borry（2017）看来，规则弯曲虽然违背官僚机构的正式结构，但却意味着创新、灵活和更好地完成工作。Brockmann（2017）也指出规则弯曲可能对组织有益，因为它可以改善组织流程和程序，是一种政府组织变革的动力。De Graaf 和 Paanakker（2015）针对荷兰市议员的访谈就发现，政府官员经常没有完全按照规则行事，但他们相信他们做了正确的事情，因为正式规则可能会阻碍目标的实现，他们为了实现目标和追求重大的社会利益而不得不违反一项义务。规则弯曲（Rule Bending）是追求该类目标时常会发生的一种现实情况（Borry，2017）。灵活性（Flexibility）强调适应性，是在必要时顺应潮流的能力（Jørgensen & Bozeman，2007），灵活性要与增加的自由裁量权吻合（Portillo，2012），强调政府的公共决策必须考虑特定的情境，不应该过分受制于抽象原则的限制，要从全面、整体和适度的视角分析和解决问题（Jørgensen & Bozeman，2007）。整体来看，灵活变通类公共价值强调在执行制度和政策时，要随着实际情况的变化灵活改变方案，照顾大局而在部分问题上灵活变通。该类公共价值追求"适应性管理"，强调对于灵活管理方法的需求（Duit，2016），要求能够随机应变、灵活变通地处理实际问题，过于机械僵硬、刻板成规的行为只会损害公共利益的实现。根据 Hood（1991）的分析框架，灵活性属于 lambda 类型的价值（lambda-Type Value）。

四　公民本位类公共价值集与政府本位类公共价值集

公民本位类（Citizen Centered）公共价值集包括民主（Democracy）、人民的意愿（Will of the People）、人的尊严（Human Dignity）、公民参与（Citizen Involvement）、回应（Responsiveness）等公共价值。Wang 和 Wang（2020）指出，公民本位的公共价值核心强调以公民为出发点和落脚点。在该类公共价值集中，民主是一种强调公民地位和公民权利的基本公共价值（De Graaf & Paanakker，2015；Perry et al.，2014），是公民本位公共价值的核心。另外，根据

Jørgensen 和 Bozeman（2007）的解释，人民的意愿强调公民有权对政策施加影响，人的尊严强调公民的自我发展和公民个人权利的保护，回应则意味着公共行政应更积极地服从公众的要求和听取公众的意见，即对公民意见作出更具体的回应。此外，公民参与被视为一种更高的价值，它凸显民意，强调倾听民意和公民对话（Jørgensen & Bozeman，2007）。在 Nabatchi（2012）看来，公众参与有助于管理者完善决策分析框架，更好地识别和追求公共价值，其不仅是一种独立的公共价值，甚至被认为是民主的基础。

政府本位类（Government Centered）公共价值集包括政权尊严（Regime Dignity）、政治忠诚（Political Loyalty）、精英决策（Elite Decision-Making）和政府利益（Government Interest）。其中，政权尊严是指政府作为一个权威机构必须以一种值得尊重的方式行事（Jørgensen & Bozeman，2007），正如 Neumann（1979）所说："政治家就是政治家，他们成功地治理国家，不是因为他们奴性地屈服于公众意见。"Van der Wal 和 Yang（2015）认为，政治权威应该只属于那些能够证明在道德和智力上具有资格的人，因此行政权力需要掌握在个别官僚手中。其次，政治忠诚是指公共行政人员必须以负责任的方式对待政治家，必须对他所在的工作系统保持忠诚（Jørgensen & Bozeman，2007），Yang（2016）基于对中国和荷兰公职人员价值观的调查发现，中国公务员特别强调和偏好政治忠诚，而且这种忠诚表现为政党忠诚和等级忠诚，忠诚被视为一种美德和正义，形成了一种对上级命令的服从和对上级的尊重，政治忠诚意味着可以换取"更高的职位、特权和资源分配"。Van der Wal 和 Yang（2015）的调查研究也发现，东方文化中的公务员偏好"服务上级"，强调要让组织和领导满意。另外，政府利益是指保证政府机构自身的利益（Wang & Wang，2020），主要原因在于政府具有自利性（Frederickson，1997），政府有强烈的动机维护自身利益（Christensen，1997），政府的自利偏好表现为政府官员个人利益、政府机构利益以及政府所代表的阶层的利益三个层面。根据 Wang 和 Wang

（2020）的定义，精英决策（Elite Decision-Making）是指公共事务需要由精英阶层来决定。Ahlers 和 Shen（2018）的研究指出，政府往往只愿意接受有限的公众参与和意见，而且他们必须保留做出最终决定的权利。总体来说，在中国地方政府中，政府本位的公共价值反映的是一种"唯上是从"的价值偏好。

表 2-1 　　　　　　　　**地方政府环境治理中偏好的公共价值集**

公共价值集	公共价值	文献来源
生态环境类公共价值集	可持续性（Sustainability）	Jørgensen 和 Bozeman（2007）；包国宪和关斌（2019）
	生态环境保护	Nabatchi（2012）；樊梅（2017）；Nabatchi（2018）
	环境质量	保海旭和包国宪（2019）
经济发展类公共价值集	经济增长（Economic Growth）	Bozeman 和 Sarewitz（2011）
	经济绩效（Economic Performance）	Nabatchi（2012）Stazyk 和 Davis（2020）
	生产力（Productivity）	Jørgensen 和 Bozeman（2007）；包国宪和关斌（2019）
	经济价值（Economic Value）	樊梅（2017）；Bozeman 和 Sarewitz（2011）
长期绩效类公共价值集	对未来的关注（Voice of the Future）	Jørgensen 和 Bozeman（2007）
	可持续性（Sustainability）	Jørgensen 和 Bozeman（2007）
	稳健性（Stability）	Jørgensen 和 Bozeman（2007）；关斌（2020）
	连续性（Continuity）	Jørgensen 和 Bozeman（2007）
短期绩效类公共价值集	效率（Effectiveness）	Andrews 和 Entwistle（2013）；De Graaf 和 Paanakker（2015）；Fernández-Gutiérrez 和 Van de Walle（2018）；Bozeman（2007）；Rutgers 和 van der Meer（2010）
	及时性（Timeliness）	Jørgensen 和 Bozeman（2007）；关斌（2020）
	快速响应（Timely Responsiveness）	Wang 和 Wang（2020）

续表

公共价值集	公共价值	文献来源
法治公正类公共价值集	合法性（Legitimacy）	Jørgensen 和 Bozeman（2007）；De Graaf 和 Paanakker（2015）
	法治（Rule of Law）	Van der Wal 和 Yang（2015）；Jørgensen 和 Bozeman（2007）；Wang 和 Wang（2020）
	公正（Impartiality）	Jørgensen 和 Bozeman（2007）；Van der Wal 和 Yang（2015）
	中立（Neutrality）	Jørgensen 和 Bozeman（2007）
	正直（Integrity）	Jørgensen 和 Bozeman（2007）
	合规（Compliance）	Mériade 和 Qiang（2015）
灵活变通类公共价值集	平衡利益（Balancing Interests）	Jørgensen 和 Bozeman（2007）
	妥协（Compromise）	Jørgensen 和 Bozeman（2007）
	灵活性（Flexibility）	Portillo（2012）；Jørgensen 和 Bozeman（2007）
	规则弯曲（Rule Bending）	Sekerka 和 Zolin（2007）；Borry（2017）；Brockmann（2017）；De Graaf 和 Paanakker（2015）
公民本位类公共价值集	民主（Democracy）	Perry 等（2014）；De Graaf 和 Paanakker（2015）
	人的尊严（Human Dignity）	Jørgensen 和 Bozeman（2007）
	人民的意愿（Will of the People）	Jørgensen 和 Bozeman（2007）
	公民参与（Citizen Involvement）	Jørgensen 和 Bozeman（2007）；Nabatchi（2012）
	回应（Responsiveness）	Jørgensen 和 Bozeman（2007）；Wang 和 Wang（2020）
政府本位类公共价值集	政权尊严（Regime Dignity）	Jørgensen 和 Bozeman（2007）；Van der Wal 和 Yang（2015）
	政治忠诚（Political loyalty）	Jørgensen 和 Bozeman（2007）；Yang（2016）；Van der Wal 和 Yang（2015）
	精英决策（Elite Decision-Making）	Wang 和 Wang（2020）；Ahlers 和 Shen（2018）
	政府利益（Government Interest）	Wang 和 Wang（2020）

第五节　现有研究评述及本研究的立足点

一　对现有研究的评述

（一）缺乏从公共价值视角对于地方政府环境治理的研究

现有关于地方政府环境治理的研究大都基于政治激励视角和财政激励视角，鲜有研究关注到公共价值的影响及作用。基于政治激励视角的研究认为以 GDP 为中心的政绩考核体制给予了地方官员晋升激励，地方官员热衷于追求经济增长以获得晋升机会，从而放松了环境规制并弱化了环境治理（韩超等，2016；于文超、何勤英，2013）。基于财政激励视角的研究认为财政分权下的财政激励给予了地方政府重视财源建设、开展逐底竞争（Race to Bottom）的动力（黄寿峰，2017；席鹏辉，2017），进而负面影响了环境治理的效果。以上研究忽略了公共价值的作用及影响，倾向于直接检验财政分权和政治激励对地方政府环境治理的影响，对于地方政府出现偏差行为的深层次原因没有作进一步分析。实际上，价值判断和价值偏好往往显性或隐性地影响着大量的行政决策和治理行为。公共行政人员需要经常在不相容和不可通约化的公共价值之间做出艰难的选择或判断。

公共价值冲突在公共行政中尤其普遍，寻求调和多种价值之间的冲突常常给管理者带来矛盾的信号。如何协调和应对公共价值冲突，也成为当前地方政府面临的重大挑战。王学军和王子琦（2019）就指出，传统的政策分析通常将政策失败问题归咎于不同主体间的利益冲突，但实际上公共价值冲突在解释政策失败上同样具有重要作用。地方政府作为公共行政和公共管理的主体，常常要面对复杂的治理局面并会产生多元化的公共价值偏好，公共价值偏好不仅是影响其行为决策的重要因素，也是决定政府绩效的重要条件。但遗憾的是，现有关于地方政府环境治理的研究普遍缺乏对于公共价值冲突的关注，也忽略了对于多重压力与公共价值冲突间关系的考量。也正因如此，公共价值冲突可以为分析地方政府环境治理问题提供一个全新的视角。

（二）缺乏关于公共价值冲突的经验证据和实证分析

学者逐步意识到了公共价值冲突的存在，但大都只进行了概念思辨，少有结合具体公共管理问题开展的实证研究。正如 De Graaf 和 Paanakker（2015）所说的，对公共治理中价值多元主义的实证研究"少得出奇"（Surprisingly Scarce），而且似乎缺少关于价值冲突的可靠实证证据。在 Jørgensen 和 Bozeman（2007）关于公共价值的论述中，首次提到了如何应对公共价值冲突的问题，因为在 Jørgensen 和 Bozeman 看来，公共价值是多元化的，如何平衡和选择多元化的公共价值会造成潜在的冲突，如公开（Openness）和保密（Secrecy）之间就存在潜在的冲突，由于公开和保密可能对法治和效力产生不同的影响，这就意味着在一般情况下讨论公开和保密孰轻孰重是困难的。在王学军和张弘（2013）关于公共价值的分类中，共识主导的公共价值是对公共行政过程的约束，是诸如公平、高效、透明、责任等规范和标准，其不仅是多元的，而且是不可通约的，当多元化的公共价值之间彼此不可调和，或者无法同时实现时，公共价值冲突就会发生。

从上述文献可以看出，公共行政中的价值冲突问题已经是一个被广泛证明的真实存在的客观问题，价值冲突不仅会影响公共行政人员的决策行为，还会增加公共行政人员的道德负担。公共价值冲突在公共政策制定和公共行政过程中极其普遍，Martinsen 和 Jørgensen（2010）、王学军和张弘（2013）、何文盛（2015）、Mériade 和 Qiang（2015）、De Graaf 和 Huberts（2016）、Fernández-Gutiérrez 和 Van de Walle（2018）、De Graaf 和 Meijer（2019）等研究都意识到了公共价值冲突的存在，但现阶段却鲜有结合具体公共管理问题开展的实证研究，主要原因是受早期公共价值理论框架的限定，能够开展实证研究的问题域十分有限（王学军、王子琦，

2019），已有研究更多倾向基于规范研究的路径，基于理论建构和逻辑思辨分析公共价值冲突问题，致使现阶段公共价值冲突的概念内涵非常晦涩抽象，难以有效与公共管理实际问题结合起来。陈振明和魏景容（2022）指出，迄今为止，由于缺乏足够的实证分析与假设检验，公共价值的理论基础并不牢靠，学界还缺乏一个系统、完整、清晰的公共价值理论体系，国内公共价值领域的研究仍处于起步阶段，与实践的联系和对接也亟待加强。Perry（2014）也指出，当前公共价值的概念之所以会模糊不清，并不是因为公共价值本身存在混淆和分歧，而是人们并不清楚这种价值在实践行为中的具体意义。有鉴于此，关于公共价值冲突的研究必须脱离单纯的概念思辨范畴，要不断强化其与具体的公共管理问题的结合，置身于具体的实践情景中予以讨论和分析。

（三）缺乏对于公共价值冲突发生机理和作用机制的分析

现有研究缺乏对于公共价值冲突来源和机理的研究，对于公共价值冲突的作用认识不全面，也缺乏对其协调路径的探讨。已有研究普遍认为，任何公共政策的设计中都可能面临公共价值之间的冲突（De Graaf & Van Der Wal，2010；Jacobs，2014），当公共价值冲突被严重激化时，会降低政府在决策时处理情景线索和信息的能力，导致政府的不准确和轻率决策，最终破坏公共项目的推进，减损政府绩效。何文盛（2015）以兰州威立雅水务的案例研究发现，当发生公共价值冲突时，不仅会出现社会资源配置的低效率和分配不公等现象，还会破坏公民的个人利益，同时由于地方政府在危机处理中未能有效体现"责任与回应性"的公共价值，也对其公信力产生了负面影响。宁靓和赵立波（2018）的研究发现，当PPP项目中发生公共价值冲突时，容易引起公众抵制项目推进，可能造成重复性谈判带来的项目成本增加，风险分配不均以及项目失败等问题。包国宪和关斌（2019a）的研究发现，在我国地方政府环境治理中，地方政府承受较大的财政压力，会诱发"可持续性及对未来的关注"与"生产力及经济效益"两类公共价值之间的冲突问题，地方政府势必会以表面的服从来创造出一种和谐局面进而掩盖潜在的不一致行为，从而导致环境执法落实不到位。

综上所述，已有研究主要从理论推演上讨论了公共价值冲突可能产生的消极和负面作用（De Graaf et al.，2016；De Graaf & Van Der Wal，2010；何文盛，2015），缺乏对于公共价值冲突作用影响的实证检验，也缺乏对于公共价值作用的全面认识。同时现有研究对于公共价值冲突前因后果及其作用机理的分析相对简单，更多依赖于理论推演，经验分析严重匮乏，对于公共价值冲突存在的证据以及诱发因素的分析都停留在理论层面，缺乏公共管理实践证据的支撑。此外，现有研究也没有进一步探索针对公共价值冲突的化解措施和协调路径，对于政策建议实际效果的分析和评判略显不足，难以形成针对公共价值冲突治理对策的系统框架。

二　本研究的定位及试图填补的缺口

第一，立足我国地方政府，聚焦分析地方政府在环境治理中多元化公共价值偏好之间的冲突问题。国内外已有研究多立足于治理理论的多元主体视角，对于公共价值冲突的分析不自觉地陷入了多元利益冲突的逻辑中，相对缺乏从微观层面上探究地方政府公共价值认知偏差引发的冲突问题，忽略了地方政府作为公共政策和公共行政的主体，其多元化的公共价值偏好之间的冲突才是影响其行为决策的重要因素。本书研究尝试填补这一缺口，将研究对象聚焦于地方政府，因为地方政府是当前我国环境治理的主体责任单位，在财政分权的背景下，地方政府的行为逻辑对于环境治理绩效的影响非常突出，聚焦分析地方政府多元公共价值偏好之间的冲突问题，在我国具有更强的现实意义。

第二，从"压力型"体制视角分析公共价值冲突的生成背景，深入分析并检验公共价值冲突各自的诱发因素。已有研究缺乏对于公共价值冲突发生机理的深入分析，仅仅基于理论思辨从价值间的表面联系阐释了公共价值冲突的表象，而缺乏对于公共价值冲突发生情景的讨论，不仅割裂了公共价值冲突与其生成背景之间的联系，也缺少对于公共价值冲突诱因的实证检验，致使公共价值冲突的概念模糊不清且无法具体地指代现实。本书研究基于价值多元论、认知失调论和矛盾态度理论，立足"压力型"体制的分析视角，从现阶段我国地方政府承受的多重压力入手，尝试实证分析财政压力、绩效压力、竞争压力、公共舆论压力对地方政府环境治理中四类公共价值冲突的诱发和激化作用，以期对地方政府环境治理中面临的公共价值冲突做出更为细致的分类和剖析，描绘出四类公共价值冲突发生的具体情景，找到不同类型公共价值冲突的诱发因素，从而为学界进一步探讨公共价值冲突的类型和发生机理提供一定的思路借鉴。

第三，实证检验公共价值冲突对于地方政府环境治理效率的影响，细分不同类型公共价值冲突对于环境治理的不同影响。已有研究大都基于逻辑推演分析了公共价值冲突对于政府绩效可能存在的负面影响，缺乏对于公共价值冲突作用的全面分析和实证检验，致使人们对于公共价值冲突影响的不全面，也不利于形成有针对性的关于公共价值冲突的治理策略。研究试图填补这个重要的研究缺口，尝试在对公共价值冲突进行分类的基础上，细致检验不同类型公共价值冲突对于环境治理效率的不同影响，从而得出更为全面的分析结论，不仅可以有效回应现有研究的不足，还可以帮助人们更为合理全面地认识公共价值冲突的作用影响。

第四，探索公共价值冲突的协调路径，实证检验其调节效应。已有研究逐步意识到了公共价值冲突的存在，但缺乏对于公共价值冲突协调路径的分析，尤其缺乏对于地方政府环境治理中公共价值冲突协调路径的分析。本书研究试图在探明公共价值冲突前因后果的基础上填补这一缺口，将针对四种不同类型的公共价值冲突，探索协调路径并对其进行实证检验。对于公共价值冲突的负面作用，研究将从垂直管理、公众参与和绿色技术创新三方面找到其弱化机制，对于公共价值冲突的正面作用，从公共组织声誉威胁视角探索其强化机制，进而提出针对公共价值冲突诱发的"棘手问题"的解决策略。这不仅有利于识别地方政府的公共决策难点，还有利于把握地方政府的行为规律并指导其环境治理实践。

第六节　本章小结

本章是对研究的理论基础、核心概念以及相关国内外研究的一个系统性文献综述。从上述文献综述可以看出，尽管地方政府环境治理问题是近年来学术界的热点研究领域，但现有研究大都分析了地方政府在环境治理中"该怎么为"的方向，但却忽略了地方政府"很难为"的困境，对隐藏在现实情境背后的、深层次的公共价值层面的矛盾体察不足，因此没能把握到地方政府环境治理中真正面临的痛点。本章对研究所依据的公共价值理论、价值多元论、压力型体制理论、矛盾态度理论等理论基础进行了综述，并按不同主题综述了国内外相关研究进展，最后总结了现有研究的不足及试图填补的缺口（Gap）。在文献综述及述评的基础上，本书将在第三章进行理论分析和假设开发，建构出研究实证分析的概念框架并开发相应的研究假设，从而在理论层面上形成回答五个关键研究问题的分析思路。

第 三 章

理论分析与假设开发

　　本章将围绕本研究所提出的五个关键研究问题，建构研究的理论分析框架并开发相应的研究假设。研究的理论分析框架共包括五个部分，首先是分析地方政府承受的多重压力与环境治理效率间的关系，即在理论层面论证多重压力是否会对地方政府环境治理效率产生影响，用以回应研究问题一；其次是分析地方政府承受的多重压力与公共价值冲突之间的关系，即提出多重压力诱发四种公共价值冲突的研究假设，用以回应研究问题二；再次是分析公共价值冲突对地方政府环境治理效率的影响，即分别论证四类公共价值冲突对于环境治理效率的不同影响，用以回应研究问题三；复次是分析公共价值冲突的中介机制，即从理论层面上分析多重压力影响地方政府环境治理效率的作用机理，用以回答研究问题四；最后是分别从环保垂直管理、公众参与、绿色技术创新和声誉威胁四个方面提出调节公共价值冲突发生及其影响的研究假设，用以回答研究问题五。

第一节　多重压力与地方政府环境治理

一　财政压力对地方政府环境治理效率的影响

政府财政压力是指政府财税收入和财政支出的不均衡性所导致

的公共财政缺口（Bailey，1999），主要用来衡量政府财政收支不平衡的程度（陈晓光，2016）。上文提到，三次财税体制改革后，地方政府与中央政府实现了税收分成，但我国分税制改革具有明显的"事权向下，财权向上"的特征，即中央政府的财力相对集中，而地方政府仍保留了分成之前的财政支出主体责任。这种财权和事权的不对等，让地方政府的财政自给能力面临着较大挑战，自然形成了一定程度的财力缺口。与此同时，伴随着我国经济发展进入新常态，GDP 增长与财税收入增长都出现了结构性减速，但地方政府公共支出的项目和规模却日益增大，加之 PPP 项目及前期政府债券带来的债务压力，使得地方政府有限的财政资源与财政支出刚性压力之间的冲突进一步尖锐化。因此现阶段我国地方政府无论经济发展水平高低，普遍面临着一定的财政压力（陶然等，2009）。

秦士坤（2020）基于新口径的测算发现，现阶段我国地方政府财政压力呈现空间集聚性特征，并已形成持续性风险高发区域。财政压力的增大会影响地方政府的一系列行为，并可能出现负面效应，包括推高房地产价格（王雅龄、王力结，2015）、对国有企业过度投资（曹春方等，2014）、扭曲行业发展重心（Han & Kung，2015）等。同样，地方政府的财政压力也会影响其环境治理行为。Liang 和Langbein（2015）的研究发现，稳定的财力是提高地方政府环境治理效率的必要条件，财政收入宽松的地区会更加积极地开展环境治理。所谓环境治理效率（Environmental Governance Efficiency），是指以政府环境治理的产出效果来衡量环境治理投入的有效利用情况（Scott，2016；Young，2016；包国宪、关斌，2019a；董秀海等，2008），由于其同时考虑了环境治理的投入和产出情况并具有科学严谨的测量方法，因此现阶段被广泛用于评价地方政府环境治理的成效（包国宪、关斌，2019a；吴建祖、王蓉娟，2019）。

财政压力之所以会影响地方政府的环境治理效率，主要原因有两方面。一方面，财政压力会直接限制地方政府对于环境治理的资源投入，进而抑制其环境治理效率的提升。当地方政府承受的财政压力较大时，其在环境治理中可供投入的监管人力、物资设备非常有限，在环保产业的绿色补贴、针对关停企业下岗工人的就业保障方面较为窘迫。随着地方政府环境治理逐步向纵深发展，前期投资少、见效快的污染问题已经得到了有效解决，与之相对应的是系统性和复杂性问题越来越多。在现阶段的地方政府环境治理中，城市生活污染问题、新型工业污染问题、生态系统功能失衡问题、区域性流域性污染问题等已经被逐步提上日程，这些污染问题相比传统工业污染的末端治理，需要更大的资金投入和技术支撑，但财政压力却迫使地方政府减缓对于上述领域的投入。此外，环境污染具有显著的负外部性特征，污染问题往往涉及较多的区域或较广的流域，但污染防治工程或项目却常常落脚于具体的行政辖区，这种区域间环保财权和事权的不对等会让财政压力较大的地方政府更加疲于进行环境治理的相关投资。

另一方面，当财政压力较大时，地方政府会更加关注财源的建设和稳定。相比通过发行城投债的方式进行融资举债，或者通过土地征用和出让的方式来获取收入，地方政府通过保护传统纳税大户企业的方式来稳定税源，则更加稳妥与安全。席鹏辉等（2017）研究发现，传统纳税大户企业往往具有较高的环境议价能力，地方政府对于纳税大户的保护会显著削弱地方政府环境规制的效果。此外，在财政压力的驱动下，地方政府还倾向于通过放松环境规制来引入产能过剩企业以扩大税基，进而增加了地区的污染效应。Wildasin（1998）就认为地方政府会为竞争财源而出现环境"逐底竞争"（Race to the Bottom）行为，即地方政府为了吸引新的企业和创造更多的税收来源，会主动放低环境监管标准，从而负面影响当地的环境质量。大量立足中国情景的实证研究也表明财政激励是污染高增长的重要源泉（Weingast，2009；Xu，2011；Zhang & Zou，1998；张晏、龚六堂，2005）。不仅如此，在开展"逐底竞争"的同时，地方工业企业中的纳税大户也可以有效规避环境监察和处罚（席鹏辉，2017），进而侵害地方政府严格全面的执法监管，致使地方政府可供投入的本身并不充足的资源也无法发挥出真正的治理效果（Yee et al.，2014），鉴于此，财政压力是影响地方政府环境治理行为的重要因素，地方政府财力的不足不利于提高其环境治理效率。因此本书提出假设 H1a。

　　H1a：财政压力与地方政府环境治理效率显著负相关，地方政府财政压力越大，越不利于其环境治理效率的提升。

二　绩效压力对地方政府环境治理效率的影响

　　绩效压力（Performance Pressure）是指组织承受的关于完成预期绩效目标以获得正面评价及避免负面后果的紧迫感（Mitchell et al.，2019），绩效压力源于考核要求与目标可取性之间的不平衡性（Eisenberger & Aselage，2009）及组织对于交付高绩效产出必要性的承诺（Gardner，2012）。已有研究发现，绩效压力具有双刃剑效应（Double-Edged Sword）（Gardner，2012；Mitchell et al.，2019），在提高组织内在动机和创造力的同时，也会诱发组织作出减损绩效的行为，对组织既存在激励作用也存在破坏作用。现阶段我国环境治理实行的是"指标下压"型目标责任考核制度（王勇，2014），即由中央政府向下级政府下达指标、层层分解任务并实施一系列考核措施，其本质是科层制下中央政府基于行政命令手段，自上而下逐级委派、层层部署以完成既定环保目标。例如，国务院《"十三五"节能减排综合工作方案》下达了各省（自治区）GDP 能耗降幅目标和主要污染物减排指标，各地区在中央出台工作方案后都会将任务目标进一步分解下达到市级政府。节能减排五年规划是我国实行的目标责任考核最为严格的公共政策之一，中央明确要求"要严格落实目标责任，国务院每年组织开展节能减排目标责任评价考核，并将考核结果作为领导班子和领导干部年度考核、绩效考核、任职考察、换届考察的重要内容"[①]。

　　[①]　《国务院关于印发"十三五"节能减排综合工作方案的通知》〔国发〔2016〕74 号〕。

通过强化上下级政府之间的委托代理关系，目标责任考核推行了一种强调绩效结果的科层问责及奖惩机制（阎波、吴建南，2013），是我国地方政府环境治理中绩效压力的重要来源。通过签订"目标责任书"的方式，下级政府对于完成既定绩效目标负有不可推卸的责任，本质上是一种绩效承诺，既定绩效目标未完成，就会被"一票否决"，即在一定时间内不得参加评优选先、不得晋升职务或不得提拔提职。此外，在压力型体制的作用下，自上而下的数量化任务分解过程中，极易出现绩效目标"层层加码、级级提速"的现象（杨雪冬，2012），上级政府急功近利的决策会给基层政府施加过多的负担，绩效目标和实际能力之间的不对等会进一步放大组织的绩效压力（Eisenberger & Aselage，2009）。除了目标责任考核带来的绩效压力外，地方政府还存在"自我加压""主动加码"现象，本质是在政治激励的作用下，通过呈现积极性和主动性，力争获得上级政府的积极赞誉。近年来，环保问题已被中央政府提升到了空前的历史高度，高压环保折射的中央政府的意志和决心，会向地方官员发出政策优先级的信号（Harrison & Kostka，2014），并成为地方官员解读政治激励的重要内容，在政治激励的作用下，地方官员会通过提高政治站位、迎合中央考核侧重点、以突出的绩效塑造正面形象来获得上级政府的关注和赞赏。因此，现阶段我国地方政府在环境治理中对于突出的工作表现有着一定的偏好，这被人们形象地称为"一手高指标，一手乌纱帽"，对于高绩效目标的挑战也是绩效压力产生的重要原因（Mitchell et al.，2019）。

绩效压力能够有效激励地方官员提高工作的主动性以达成绩效目标。作为一种施加给组织的用以完成既定绩效目标的外力，绩效压力具有显著的提升内在动力的效应（Gardner，2012），适当的绩效压力可以引导地方政府积极开展环境治理工作，实现环境治理从"不作为"到"积极作为"的转变，有效改善地方生态环境，激励地方政府提高环境治理效率。尽管绩效压力能够增强地方政府责任意识，有效激励其提升绩效水平，但 Gardner（2012）的研究发现，绩效压力在提高组织积极性的同时，也具有惊人的破坏力。Mitchell 等（2019）将这种破坏力归咎于绩效压力诱发的失调行为，即面对交付高质量结果的责任，紧张、焦虑、不稳定的状态所导致的组织行为的偏离。此外，Penney 和 Spector（2005）还分析了绩效压力下的反生产行为（Counter Productive Work Behavior），即欺骗与逃避、角色冲突及模糊、异常工作等一系列破坏组织生产力的行为。结合我国地方政府环境治理现状来看，在中央高压考核下，部分地方政府简单粗暴地集中停产停业，以突击战的形式投入大量的人力物力，当实际能力和现状不足以在短时间内完成既定目标时，又会采用欺下瞒上甚至寻租的手段来应付绩效考核，这些行为的出现都会减损环境治理效率的提升。

　　Van Thiel 和 Leeuw（2002）的研究也指出政府需要在绩效压力不足和压力过大之间找到平衡，因为过高的绩效压力还容易导致非合意的后果（Unintended Consequences）和绩效功能失调（Performance Dysfunction），非合意的后果包括了组织僵化和瘫痪、缺乏创新和"隧道视觉"效应（Tunnel Vision），这些都会对公共部门绩效提升产生负面影响。其中"隧道视觉"效应是指政府组织追求狭隘的局部绩效而牺牲整体绩效，或是过度强调绩效目标中量化的部分而忽视非量化的部分（Radin，2006），结合我国地方政府环境治理实际来看，过高的绩效压力致使地方政府只顾完成纳入考核范围的环保指标，但却忽视地区生态环境的系统性修复和环境质量的整体性改善，不利于环境治理效率的提升。与非合意的后果不同，绩效功能失调主要表现为绩效考核诱发的博弈行为（Kelman & Friedman，2009），即通过类似寻租的手段将消耗了资源但实际完成情况并不理想的绩效结果予以夸大，在 Kelman 和 Friedman（2009）看来，博弈的极端形式就是数据造假和欺骗，尤其是美化官方统计数据，现阶段时常曝光的地方政府篡改、伪造环保监测数据的事件就是这类行为的有利印证。

　　最后，过高的绩效压力还会加速政府绩效考核中"结果导向"

和"过程约束"的分离。尚虎平（2017）指出，现阶段我国政府绩效管理贯彻的是结果导向的工具主义哲学，遵从的是"结果好一切都好"的绩效逻辑，周志忍（2017）进一步分析到，正是这种结果导向的绩效考核为下级政府完成目标留下了充足的空间和灵活性，因此，当绩效压力过大时会产生不合理的激励结构，致使地方政府陷入功利主义泥沼，忽略目标实现过程中的道德约束和合规要求，甚至"为达目的不择手段"，正因如此，在环保高压态势下，各地才大面积出现了环保一刀切、一律关停等现象，并且在中央三令五申的情况下仍然屡禁不止。此外，由于缺乏上级政府对于规则和过程的监控，面对骤然增大的压力，地方政府往往会在短时间内以突击战的形式投入大量人力物力财力，付出了高昂的成本但却难以取得持久长期的效果（王勇，2014）。综上所述，尽管绩效压力具有显著的积极效应，但过高的绩效压力也会在地方政府政策执行过程中留下行为偏差的空间，危及其环境治理效率，鉴于此，本书提出假设 H1b。

H1b：绩效压力对地方政府环境治理效率存在着"倒 U 型"影响，适度的绩效压力可以有效提升地方政府环境治理效率，但过高的绩效压力反而会对环境治理效率产生负面影响。

三　竞争压力对地方政府环境治理效率的影响

竞争压力（Competition Pressure）是指竞争对手之间由于社会比较而经历的一种威胁感或紧迫感（Buser et al., 2017；G. Kilduff et al., 2016；Kilduff et al., 2010；Luo et al., 1998），这种压力源自向上驱动对比而显现出的能力或者绩效的差异（Festinger, 1954；G. Kilduff et al., 2016；Tzini & Jain, 2018）。Galdon-Sanchez 和 Schmitz（2002）指出竞争压力的增大往往意味着参与者竞争地位的下降或与竞争对手差距的拉开。因此，地方政府竞争压力可以被理解为横向地方政府间由于相互攀比、竞争、赶超所形成的一种紧迫感和威胁感，源于地方政府试图追赶甚至超越对手的一种对抗性的意愿。从压力承受方的视角来看，地方政府竞争压力的大小主要取决于两方面，一方面是自身与竞争对手之间的差距，另一方面是自身所面临的竞争对手的数量。

从差距来看，竞争者往往会把关注点集中在与竞争对手的比较上，而不是放在自身完成的情况上，与竞争对手之间的差距影响了他们对于压力的感知（Garcia & Tor，2007）。Labianca 等（2009）的研究发现，即使是那些业绩优异的组织，也会感受到竞争压力，压力并不来源没有完成预期目标，而是向上比较的结果，对比形成的差距越大，自身承受的紧迫感和威胁感越大，同时也意味着追赶竞争对手的负担越大，因此会造成较大程度的心理失衡。因此分析与竞争对手之间的差距也是判断竞争压力的一种重要做法（Garcia et al.，2006）。从竞争对手的数量看，某一主体所承受的竞争压力往往与他们面临的竞争对手数量高度相关（Alexeev & Song，2013；Boudreau et al.，2016），而且主要受与该主体地位和特征相似性较高的对手数量的影响（Kilduff et al.，2010），因为相似性意味着竞争对手需要争夺相同的稀缺资源并且具有较高的参照性（Kilduff et al.，2010）。Lü 和 Landry（2014）基于锦标赛理论的研究发现，随着竞争候选人数量的增加，地方官员承受的竞争压力明显增大。不仅如此，这种由对手数量增多带来的竞争压力会引发竞争者更大的风险取向（Connelly et al.，2014），并导致更小的获胜机会（Meng，2020）。

地方政府竞争行为与其环境治理策略间的互动关系已经得到了学界的广泛关注并形成了两种主要假说：其一是逐底竞争（Race to the Bottom）假说，即地方政府通过竞相降低本地环境规制标准的方式，开展流动性要素竞争，使本地区的监管水平显著低于邻近区域，形成类似囚徒困境的趋劣现象（Woods，2006）；其二是逐顶竞争（Race to the Top）假说，即地方政府为争夺和吸引"偏好优质环境的流动性要素"，会竞相提升环境规制水平（Fredriksson & Millimet，2002）。尽管以上两种假说都得到了广泛的实证检验，但忽略了不同地方政府所承受竞争压力的异质性。正如 Kilduff 等（2010）所说，竞争是主观的，它取决于特定主体的主观认知和判断。即使是处于同一竞争环境中，不同的主体所承受的竞争压力也是不一样的。因此本书研究认为，面对横向府际竞争，地方政府并非会表现出单调的"逐底竞争"或者"逐顶竞争"，而是取决于其所承受的竞争压力大小，竞争压力对于环境治理的影响并非简单的线性关系，而是非线性关系。一定程度的竞争压力，会充分刺激地方政府赶超竞争对手的斗志，从而出现为了经济发展赶超的"逐底竞争"现象，但是当竞争压力过大时，地方政府会出现"退赛现象"，转而追求异质性竞争优势，竞争压力的异质性重塑了地区间不同的环境治理策略。

Overton（2017）指出竞争增强了地方政府对于公共物品供给的敏感性并限制了政府权力的垄断性，激烈的竞争可以推动绩效的改进（Coffey & Maloney，2010）。正如 Boudreau（2016）分析的那样，如果缺乏竞争压力，竞争者通常没有动力调整决策或改进工作，因为较小的竞争压力意味着地方政府面临的竞争对手较少，并且和竞争对手差距不大，由于对比带来的紧迫感也不是很强，因此地方政府没有动力开展"逐底竞争"。当竞争压力较大时，竞争压力就会显著激化地方政府的赶超动力，此时和竞争对手对比所产生的竞争压力会产生明显的激励作用（Shen & Zhang，2018；Shi et al.，2016），可以刺激竞争主体更多的反事实思考和情感反应，加剧心理风险并激化更大的绩效取向，进而可能导致不道德行为的出现（G. Kilduff et al.，2016；Tzini & Jain，2018），Tzini 和 Jain（2018）的研究表明，在绩效评估下，与竞争对手差距的拉大会明显激化竞争者的不道德行为。此外，Coles 等（2018）还指出，较大的竞争压力还会增加管理者的风险承担，增加其冒险行为。此时地方政府容易通过放松环境管制来吸引更多投资，为污染企业的入驻"开口子"，以期追求更高的经济绩效，从而出现环境规制中的"非完全执行"现象，负面影响环境治理效率。因此，在一定范围内，随着竞争压力的增大，地方政府容易以牺牲环境为代价来赶超经济发展目标。

尽管在竞争压力的作用下地方政府会因为"逐底竞争"而损坏环境治理，但情况并非一直如此，这种负面影响只存在于一定的边界范围内，竞争压力过大，会引发地方政府的"退赛效应"，从而导致实际情况出现反转。之所以出现这种情况，原因可以从三个方面予以分析。首先，过高的竞争压力具有负面激励效应（Negative Incentive Effect）。Coffey 和 Maloney（2010）的研究发现，竞争并不一定总是会发挥激励作用，当竞争压力太大，部分竞争者觉得自己获胜的机会减少时，他们会减少所投入的努力。Boudreau 等（2011）的研究也证实了竞争中这种负面激励效应的存在，过大的竞争压力会降低竞争者的努力并弱化他们赶超的动机。因为当竞争强度超过一定水平后，额外努力的边际回报会随着获胜机会的下降而减少（Boudreau et al.，2016），当在竞争中赶超的可能性很小时，竞争并不会起到激励作用（Brown，2011；Mobbs & Raheja，2012）。其次，过高的竞争压力会引发功能失调（Dysfunctional Competition），Brown（2011）的研究发现，如果竞争中存在具有卓越能力的超级巨星（Superstar），"一般"的选手们（"Average" Contestants）会感受到极大的竞争压力，此时他们的表现会比没有超级巨星时更差，因为当竞争压力过大时，他们会降低自己的期望，不仅不会全力以赴（Moon et al.，2016），而且无法发挥出最佳的能力水平（Boudreau et al.，2016），因此竞争压力过大时，相对绩效排名的作用会被弱化（Brown，2011），导致功能失调的竞争（Moon et al.，2016；Tzini & Jain，2018），此时地方政府间晋升锦标赛的作用会被弱化。

最后，过高的竞争压力还会诱发逃避行为，当竞争压力过大时，会引诱特定主体作出回避竞争压力的认知判断，增加了其"退赛"（Dropping out of the Tournament）的可能性，从而逃避竞争，因为"优胜劣汰"竞争中的选择效应增加了弱小竞争者的逃避行为（Combes et al.，2012）。Messersmith 等（2011）就指出，那些在竞争中无法获胜的"输家"，可能会在竞争中退出来而去寻找其他机会。因此，当地方政府承受的竞争压力过大时，也就是在"为了发展而竞争"的锦标赛中，地方政府赶超竞争对手的希望非常渺茫时，地方政府不会为了赶超经济发展而全力以赴，也不愿意在经济赶超无望的情况下，通过放松环境规制来吸引生产资源。此时地方政府在环境治理中，对于经济绩效的考虑较少，环境规制力度和措施反而会更为到位，也倾向于通过突出的环境治理绩效来展示异质化优势，发起异质化竞争，所以环境治理水平和效果也会有所改善。综上所述，本研究提出假设 H1c。

H1c：地方政府竞争压力对于环境治理效率存在着"U 型"影响，在一定范围内，竞争压力负向影响环境治理效率，但当地方政府承受的竞争压力过大时，会导致地方政府出现"退赛"行为，竞争压力与环境治理效率间反而会呈现出正相关关系。

四　公共舆论压力对地方政府环境治理效率的影响

Minar（1960）将公众舆论定义为绝大多数人对重要公共问题的态度、感受或想法。在 Minar 的定义中，特别强调了公共舆论的形成是基于"绝大部分人"（the large body of the people）的意见，正是因为其反映了多数民众的意见，因此构成了一种来自公众层面的社会力量，并且可以对政治产生影响（Minar，1960）。对于政府而言，公共舆论构成了一种来自低层的、自下而上的压力（Chen et al.，2016），也是一种迎合公民意愿的压力（Canes-Wrone & Shotts，2004）。公共舆论促进了社会融合和社会稳定，确立优先次序，并赋予合法性（Noelle-Neumann，1979）。公共舆论会对政府行为和公共政策产生有意义且重要的影响（Burstein，2003；Dür & Mateo，2014；Dutwin，2019；Rasmussen et al.，2018）。例如，Dür 和 Mateo（2014）的研究发现，公共舆论压力推动了欧盟委员会对《反假冒贸易协定》的批准。Christenson 和 Kriner（2019）的研究发现了公众舆论制约总统行使单边权力的系统证据。在西方选举制国家中，由于政策制定者能否继续执政取决于他们在选民中的支持率，因此他们有着回应公共舆论的紧迫感（Rasmussen et al.，2018）。在我国，由于存在自上而下的舆论监测和回应监督机制，地方政府也有着显著的回应公共舆论的压力（Chen et al.，2016）。在地方政府环境治理中，公共舆论压力作为一种来自公民社会的自下而上的力量，会对地方政府环境治理效率产生影响，具体原因有三方面。

首先，公共舆论压力的增大提高了地方政府对于环境治理的重视程度。公共舆论压力的增大意味着围绕环境问题的公民声音增多。公民声音的变强会促使政府更为谨慎地关注并处理公民意见（Rasmussen et al.，2018）。公共舆论是个人意见的集合，是一种被动员起来的公民利益的公开性表达（Minar，1960），具有强大的社会基础。公众舆论可以对政府组织以及地方官员施加压力，当公众舆论指向环境保护领域时，地方政府无法做到视而不见。Zheng等（2014）的研究指出，公民对于环境问题的较多关注可以改善辖区内的环境治理，因为舆论压力给地方政府带来了回应公民诉求的紧迫感。不仅如此，公共舆论还是一种被放大的公民参与环境治理的方式，不仅包含了社会公众的普遍共识，还融合了社会精英的意见（Noelle-Neumann，1991），面对公共舆论，政府除了形式上的意见回应，还需要有实际行动上的回应。郑思齐等（2013）基于我国86个城市的研究发现，公众对于环境问题的关注可以有效增强地方政府对于环保问题的注意力，并且可以促使地方政府加大环境保护投资和加快调整产业结构，最终有效缓解城市污染。

其次，舆论压力可以显著强化地方政府的环境规制力度和对于企业污染行为的治理强度。Tang和Tang（2016）的研究指出，政府倾向基于公共舆论采取行动，公共舆论压力迫使政府对于企业污染行为采取直接的治理行动，产生了明显的监督作用。不仅如此，公共舆论压力还承载了公民的利益诉求，映射了来自公民的抗议。Minar（1960）指出，公共舆论承载了维护公民利益的申请，当形势危急时，公共舆论会以一种抗议的方式向政府施压。公众有限度的"忠诚的抗议"（loyalist Protests）传递了有价值的信息，暴露了公众对于政府环境治理的不满，不仅可以通过民主的集体力量倒逼政府采取行动，还可以让政府获取更多的信息，更好地了解环境状况和问题，并确保环境优先事项被传达给决策者（Mak Arvin & Lew，2011）。Wu 等（2018）通过对 2004—2015 年中国 31 个省份的面板数据进行分析发现，来自公民的意见表达对于控制非约束性环境污染物排放，提高环境治理绩效具有显著作用，Mak Arvin 和 Lew（2011）的研究也发现，通过将公民意见和公众抗议传达给政府，更大的民主力量可以在中等收入国家带来更清洁的空气。

最后，公共舆论压力可以激活上级政府对于下级政府环境治理的监督效应，并为上级政府问责行为的开展奠定基础。严格意义上来说，公众舆论不是一种直接的监管力量（Vallentin，2009），但在互联网和媒体的作用下，公共舆论的影响范围极大，可以快速激活上级政府的干预意向和监管行为。随着地方政府环境治理逐步进入深水区和攻坚期，单纯依靠常规的监督考核是远远不够的，而公共舆论恰恰拓宽了公众参与环境治理的政治空间，并可以通过集体意见的方式将压力传递给政府。公共舆论的增强映射了公民对于地方环境问题的不满和对环境质量改善的需求，舆论声音的增强会引起上级政府的注意。Distelhorst 和 Hou 等（2014）研究指出，中国政府具有明显的出于维护稳定而回应公民诉求的动机。舆论压力的增大会激活上级政府通过监督和命令的方式督促地方政府的环境治理行为。正是由于自上而下的监督力量强化了地方政府对于公民诉求的考量与回应（Chen et al.，2016），因此，当公共舆论压力较大时，地方政府会加强环境治理的力度并追求环境治理成效的改善。鉴于此，本研究提出假设 H1d。

H1d：公共舆论压力与地方政府环境治理效率显著正相关，地方政府面临的公共舆论压力越大，环境治理效率也会越高。

多重压力与地方政府环境治理效率间的关系是本书研究的第一部分研究假设，具体包括了财政压力对环境治理效率的影响（H1a）、绩效压力对环境治理效率的影响（H1b）、竞争压力对环境治理效率的影响（H1c）、公共舆论压力对环境治理效率的影响

（H1d）。四条假设的关系如图 3-1 所示。

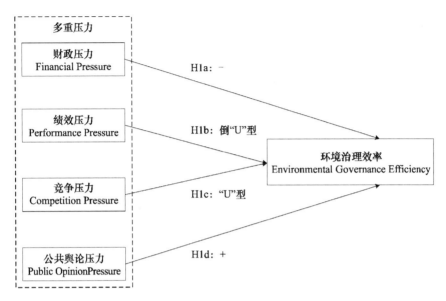

图 3-1 多重压力对地方政府环境治理效率的影响

第二节　多重压力与地方政府环境治理中面临的公共价值冲突

一　财政压力与第一类公共价值冲突

政府作为公共决策的主体，在绝大多数情况下都会认同或偏好不止一种公共价值（Martinsen & Jørgensen，2010），而这些公共价值经常以相互矛盾或冲突的形式表现出来（Spicer，2009），公共价值冲突反映的是多元化价值之间彼此不可相容、不能调和或不可通约（Incommensurable）的状态。基于上文的分析可知，财政压力会影响地方政府的环境治理行为，当地方政府面临较大的财政压力时，可能会出现为了吸引税源而"重发展、轻保护"现象。本书在文献综述部分总结了地方政府环境治理中的八类公共价值偏好集，基于这些公共价值偏好集来分析地方政府"重发展、轻保护"的问题，可以发现其背后原因是"生态环境类"公共价值集与"经济发展类"公共价值集之间产生了冲突，本书将其简称为第一类公共价值冲突。生态环境类公共价值集包含了可持续性、生态环境保护和环境质量三项公共价值，强调经济社会的可持续性发展，这与党中央强调的"发展不能损害后代人的长远利益"的价值取向是一致的。经济发展类公共价值集追求经济增长、经济绩效、生产力和经济价值四项公共价值，追求社会生产力的提高，偏好经济的快速增长。地方政府"在发展中解决问题"的价值取向就是这类公共价值的形象反映，正如 Meng（2020）所发现的，即使是在当前，发展思维仍然主导着中国的社会决策。

地方政府对于什么是公共价值，应该追求什么样的公共价值有着自己的理解和偏好，对于上述两类公共价值集，不同地方政府的偏好程度是不一样的，在认知失调的作用下，公共价值冲突最终发生。认知失调论（Cognitive Dissonance Theory）最早起源于社会心理学，随着行为公共管理学（Behavioral Public Administration）的逐渐兴起，在公共管理领域中也得到了一定应用。认知失调理论认为，认知元素之间可能存在着"不相称"（Unfitting）的关系，失调是一种消极的驱动状态，当一个主体同时持有两种不一致或无法协调的认知（想法、信仰、观点）时，失调状态就会发生（Festinger，1957）。而且在 Festinger（1957）看来，两种认识元素之间的失调程度是这两种元素对于主体重要性的一个函数，也就是说两个元素对于主体的重要性越大，它们之间可能发生的冲突程度就越大（Aronson，1997）。现阶段，在中央高压考核、民众诉求集中的现实情况下，地方政府对于环保工作的重视程度越来越高，其在公共决策中，越来越强调对于"生态环境类"公共价值的追求，但受既定产业结构和科技水平的影响，"生态环境类"与"经济发展类"两种公共价值集之间存在着一定的不可兼容性。地方政府为了推行环境保护和生态改善政策，需要在短时间内关停一部分高污染企业，进行行业整顿和产业结构调整，这些势必会对经济发展造成一定程度的负面影响，Popp 和 Newell（2012）研究指出，即使环境治理带来了产业技术的进步，但也不能抵消全要素生产率的损失。因此地方政府在开展环境保护的同时，在不同程度上都会体现出对于经济发展影响的顾虑，表现在公共价值上，就是对于"经济发展类"公共价值的追求。

尽管现阶段地方政府十分重视环保工作，但当地方政府面临较大的财政压力时，出于多方位的考虑，对于"经济发展"类公共价值集的偏好程度也会较高，因为其认为在环境治理中，首要任务不仅是实现环境改善和可持续发展，地区经济发展、民众收入提高、基础设施完善、税收来源稳定、地区利益格局稳定仍然是重要的公共价值追求。地方政府偏好于继续保持和平衡现有的利益格局，极力避免强力度环境规制所引发的政企冲突和政民冲突，此时地方政府在决策中对两种公共价值偏好程度都较高，试图同时追求两种公共价值，或者说其在追求"生态环境类"公共价值的同时，不想妨碍对于"经济发展类"公共价值的实现，此时第一类公共价值冲突较强。相反，当地方政府所承受的财政压力较小时，其在环境治理问题上，对于公共价值的偏好较为集中，可以更好地聚焦在"生态环境类"公共价值的实现上，对于公共价值更容易达到共识，此时地方政府愿意牺牲一定的经济发展绩效来实现生态环境类公共价值的实现，因此地方政府面临的公共价值冲突也较低，鉴于此，本书提出假设 H2a。

H2a：财政压力与地方政府环境治理中面临的第一类公共价值冲突显著正相关，地方政府财政压力越大，第一类公共价值冲突程度越高。

二 绩效压力与第二类公共价值冲突

基于公共价值冲突视角审视地方政府在特定情形下的矛盾行为，

有助于理解其所处的现实困境及其行为逻辑。我国环境污染问题非一日之寒，而生态修复也非一日之功。环境治理涉及的经济发展方式的转变、产业和能源结构的调整、技术手段的创新以及人们生活方式的转变都是系统性的工程，需要保持政策执行的稳健性和持久性，非一蹴而就，短时间内就可以实现的。正如习近平总书记在推广浙江省美丽乡村建设经验时指出的一样："浙江省15年间久久为功，扎实推进'千村示范、万村整治'工程，造就了万千美丽乡村，取得了显著成效"，要"进一步推广浙江好的经验做法，因地制宜、精准施策，不搞'政绩工程'、'形象工程'，一件事情接着一件事情办，一年接着一年干"①。尽管中央反复强调环境治理需要久久为功的耐力与韧性，引导地方政府树立"功成不必在我，功成必定有我"的政绩观，但在高压考核的驱动下，地方政府为了应对考核压力，往往需要在短时期内完成一系列绩效目标，追求立竿见影的效果，为了凸显任期内政绩，地方政府一方面倾向于通过"一刀切"的办法对各种环境危害因素实施强力打压和刚性治理，短期内迅速扭转污染局面；另一方面偏好于"见效快、容易做，看得见"的措施和方法，但却缺乏针对长远效果的考虑。例如，西安市针对"散乱污"企业的清理取缔工作，只是将停车场、小吃店、网吧、宾馆等纳入"散乱污"的范围，却未触及大部分"散乱污"的采石和采矿企业；山东省潍坊市在围滩河治理中，采取"撒药治污"的方式，水质短期内得到改善，但却未在源头上实现治污和控污；类似的，吉林省辽源市在仙人河的黑臭水治理中，也只是采用了"建坝截污"的方式，追求短期成效，却忽略了长期存在的"污染搬家"风险。过于急功近利，势必会违背环境治理需要久久为功的客观要求，但一味强调循序渐进，短期内又无法完成不断拔高的绩效指标。随着

---

① 中共中央办公厅、国务院办公厅转发《中央农办、农业农村部、国家发展改革委关于深入学习浙江"千村示范、万村整治"工程经验扎实推进农村人居环境整治工作的报告》http://www.gov.cn/zhengce/2019-03/06/content_5371291.htm。

我国环境治理逐渐进入压力叠加的关键期和复杂难度增加的攻坚期，如何在环境治理中处理好"久久为功"和"立竿见影"之间的关系对地方政府提出了新的挑战。

基于上文综述总结的八类公共价值集来分析该问题，可以发现我国地方政府在环境治理中面临着"长期绩效类"公共价值集和"短期绩效类"公共价值集之间的冲突问题，本书将其简称为第二类公共价值冲突。短期绩效类公共价值包含了行政效率（Effectiveness）、及时性（Timeliness）和快速响应（Timely Responsiveness）三项公共价值，强调政策执行的速度与短期成效，反映了地方政府环境治理中对于短期成效，眼前政绩追求的偏好；长期绩效类公共价值集包括了对未来的关注（Voice of the Future）、可持续性（Sustainability）、稳健性（Stability）和连续性（Continuity）四项公共价值，强调政策执行的稳健推进、循序渐进和持之以恒，这与中央强调的环境治理不能急功近利，要久久为功的价值取向是一致的。受领导班子执政认知和地域差异的影响，不同的地方政府在环境治理中对于上述两类公共价值的认知和偏好存在差异。绩效压力之所以会激化公共价值冲突，本质原因是在高压情景下地方政府对于公共价值的认知出现了失调，由于上述两类公共价值都是现阶段我国地方政府重要的公共价值追求，当绩效压力较大时，地方政府对于"应该选择追求什么公共价值""不同公共价值之间如何协调"感到困惑，认知上的不协调会带来一种不愉快的紧张感或负效用，两种彼此相悖的公共价值认知和偏好导致了公共价值冲突的发生。

地方政府对于短期绩效类公共价值集的偏好会使其看重效率和速度，强调短期效益，注重显绩和产出。过分偏好于短期绩效类公共价值集，容易诱导地方政府作出一系列"短期行为"，该类行为以按时完成上级政府绩效考核为主要目标，追求短期达标，凸显任期内政绩。短期行为具有临时性的特点，倾向于采取一些不考虑长远影响，但简便易行且能立竿见影的措施。当地方政府更多偏好短期行为时，环境治理中标本兼治的目标就难以有效实现。结合 2019 年

5月中央环保督察组"回头看"的反馈意见，表 3-1 列出了地方政府如下几类典型的环境治理中"短期行为"。

表 3-1　　　　　　地方政府环境治理中"短期行为"典型事例

地区	环境治理行为描述	资料来源	反馈日期
贵州省贵阳市	针对洋水河流域总磷污染问题，2017 年 4 月投资 984.7 万元在洋水河末段建设絮凝除磷设施，短时期内降低了洋水河进入乌江干流时的总磷浓度，但未从根本上解决并控制总磷污染问题	《中央第五生态环境保护督察组向贵州省反馈"回头看"及专项督察情况》	2019-5-10
吉林省四平市	在生活垃圾处置方面，直接将 30 余万吨存量垃圾进行焚烧和填埋，但未配套建设异味导排和渗滤液收集处置设施，尽管短期内快速清理了存量垃圾，但长期环境安全隐患突出	《中央第一生态环境保护督察组向吉林省反馈"回头看"及专项督察意见》	2019-5-14
陕西省铜川市	针对"散乱污"企业的清理取缔工作，只是将停车场、小吃店、网吧、宾馆等纳入"散乱污"范围，却未触及大部分"散乱污"的采石和采矿企业	《中央第二生态环境保护督察组向陕西省反馈"回头看"及专项督察情况》	2019-5-13
山东省潍坊市	在围滩河污染治理工作中，未开展控源治污，而只是通过投放药剂的方式对污水进行了治理。围滩河在"撒药治污"后，短期内水质得到改善，但 1 个月后水质又开始恶化	《中央第三生态环境保护督察组向山东省反馈"回头看"及专项督察意见》	2019-5-10
吉林省辽源市	针对东辽河支流仙人河黑臭水问题，没有从污染源头开展整治工作，而是从 2018 年 5 月起，在河道下游"建坝截污"，短期内通过建坝方式截流污染水源，但最终"建坝截污"变成了"污染搬家"	《中央第一生态环境保护督察组向吉林省反馈"回头看"及专项督察意见》	2019-5-14
山东省泰安市	泰安市 2018 年 4 月申请将保护区面积由 25927 公顷调整为 14969 公顷，拟通过保护区"瘦身"的办法，完成保护区内景区营业、采矿采砂的取缔指标	《中央第三生态环境保护督察组向山东省反馈"回头看"及专项督察意见》	2019-5-10
陕西省西安市	西安市长安区在未完成污水处理的情况下，通过给皂河长安段河道加装"遮羞盖"方式掩饰问题，实际整改及治污工作却推进迟缓	《中央第二生态环境保护督察组向陕西省反馈"回头看"及专项督察情况》	2019-5-13

　　注：上述中央环保督察组对各省"回头看"的反馈意见详见生态环境部官网"监督执法"板块中的报道，http://www.mee.gov.cn/home/rdq/jdzf/zyhjbhdc/fkqk/。

地方政府环境治理中的"长期行为"对应于地方政府对于长期绩效类公共价值的偏好，长期行为强调环境治理的标本兼治，追求长远效应，偏向于通过量的积累实现质的突破，赢得实实在在的改变，长期行为符合中央关于"功成不必在我，功成必定有我"的政绩观导向。表3-2列出了几类地方政府环境治理中的"长期行为"的典型事例：

表3-2　　　　　　　地方政府环境治理中"长期行为"典型事例

地区	环境治理行为描述	资料来源
浙江省	2003年6月，浙江省启动了"千村示范、万村整治"工程，通过15年的接续奋斗，终于让乡村面貌焕然一新。2018年4月，习近平总书记作出批示指出："浙江省15年间久久为功，扎实推进'千村示范、万村整治'工程，造就了万千美丽乡村，取得了显著成效。"要"进一步推广浙江好的经验做法，因地制宜、精准施策，不搞'政绩工程'、'形象工程'，一件事情接着一件事办，一年接着一年干，建设好生态宜居的美丽乡村"	中共中央办公厅、国务院办公厅转发《中央农办、农业农村部、国家发展改革委关于深入学习浙江"千村示范、万村整治"工程经验扎实推进农村人居环境整治工作的报告》①
山西省右玉县	山西省右玉县委一届接着一届带领群众坚持治沙造林，改善生态环境。通过20任县委书记近70年的持续努力，右玉县森林覆盖率由新中国成立初的0.3%提高到2017年的54%，将近2000平方千米干旱寒冷的塞上荒原奇迹般变成了绿色海洋	《"右玉精神"的接力传递》（新华网，2017）
陕西省延安市	1999年以来，延安积极响应国家提出的"退耕还林还草、封山绿化、个体承包、以粮代赈"方针。退耕还林20多年来，延安各级干部以"功成不必在我"的胸襟久久为功，始终坚持生态优先的发展理念不动摇，一任接着一任干，一张蓝图绘到底。通过近20年的奋斗，全市植被覆盖率由2000年的46.35%提高到2017年的81.3%，年均降雨量平均增加了100毫米。截至2018年年底，全市退耕还林面积达到1077.47万亩，成为了"全国退耕还林第一市"	《贯彻落实习近平新时代中国特色社会主义思想、在改革发展稳定中攻坚克难案例·生态文明建设》（中央组织部组织，2019）

---

① 参见中央人民政府官网报道，http://www.gov.cn/zhengce/2019-03/06/content_5371291.htm。

为了进一步分析地方政府环境治理中公共价值冲突的演化，本书引入冲突反应模型（Conflicting Reactions Model，CRM）予以解释和讨论（Kaplan，1972；Thompson & Zanna，1995）。根据冲突反应模型的原理，当地方政府明显偏好于其中一类公共价值而对另外一类公共价值偏好程度较低时，公共价值冲突程度较低，因为偏好集中，所以行为逻辑较为稳定，此时公共价值越接近于共识状态。但当地方政府对于两类公共价值的偏好程度都较高时，其决策态度会明显陷入矛盾和冲突状态，既想追求一类公共价值，又不想放弃与其矛盾的另一类公共价值，即处于一种"既想……又想……"的状态，对于两种难分上下的偏好，胶着纠缠、矛盾对立的状态会让地方政府陷入公共价值两难境地，行为意向不稳定且难以抉择。

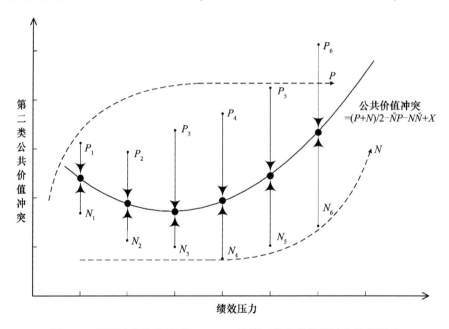

图 3-2　基于冲突关系模型（CRM）的第二类公共价值冲突演化图示

适当的绩效压力提高了地方政府对于环境治理重要性的认识，可以有效引导地方政府将偏好集中于中央政府的公共价值建构，按照中央部署，采用持之以恒，标本兼治，扎实推进，久久为功的方针开展环境治理，由于没有过高绩效压力的驱使，地方政府有足够的耐心，不需要刻意着眼于急功近利的表现，此时地方政府公共偏好集中，趋近于共识状态，面临的公共价值冲突较小。但当地方政府承受的绩效压力过大时，地方政府不仅要关注长远绩效，也要追求立竿见影的效果。在这种情境下，及时完成考核目标，以显著的短期成效赢得上级政府的赞誉也是重要的公共价值追求。Eaton 和 Kostka（2014）的研究发现，短期内巨大的压力会让中国地方政府为了尽快取得成果，不得不选择能够在其任期内产生成果的引人注目的项目，但这样又会使长期复杂的计划被搁置一旁，此时地方政府会一筹莫展。因此，这种情境下地方政府对于两种公共价值的偏好程度都较高，因此会面临较大的公共价值冲突，鉴于此，本书提出假设 H2b。

H2b：绩效压力对地方政府环境治理中面临的第二类公共价值冲突存在着"U"型影响，适度的绩效压力有利于引导地方政府公共价值偏好趋近共识状态，从而弱化第二类公共价值冲突，但过高的绩效压力会导致地方政府公共价值偏好分散，显著激化第二类公共价值冲突。

三　竞争压力与第三类公共价值冲突

地方政府竞争是中国经济自改革开放以后高速增长的一个重要动力，实现经济发展赶超不仅是我国地方政府间竞争的主题，也是国家层面上的宏伟目标。在我国地方政府间"为发展而竞争"的锦标赛中，上级政府通过 GDP 目标来传达经济增长的重要性，并在比赛中激励地方政府（Li et al.，2019），地方官员为了实现经济快速增长并获得晋升而展开竞争。Li 等（2019）也指出虽然经济增长目标本质上不是强制的也不是约束性的，但是竞争关系的存在使得地方政府仍然认真地对待增长目标，而且存在一种持续的自上而下的"放大"模式。目标设定是各级干部面临的中心任务之一，包括 GDP、投资和财政收入在内的各项经济指标的增长目标，每年在全国和地方人大会议上经过多轮讨论和辩论后公布，但在所有的增长目标中，GDP 增长目标无疑仍然是最重要的一个（Li et al.，2019）。

我国地方政府拥有相对自主的经济决策权，在地方政府竞争压力的影响下，地方政府有动机争夺一切资源以促进当地经济发展。Woods（2006）认为地方政府为了竞争流动性要素，会争相降低自身的环境规制水平。Kunce 和 Shogren（2007）研究发现在政府竞争的背景下，环境分权会促使地方政府的"竞次"现象，地方政府环境监管标准的降低会导致辖区环境治理的恶化。在近年来的中央生态环境保护督察工作中，中央环保督察组多次通报部分地方政府存在"松口子""打折扣""搞变通""放水"等情况，这本质上都是地方政府环境规制的"非完全执行"（Incomplete Enforcement）现象。Wu 等（2017）的研究发现，中国各地区间的环境规制水平存在差异，使得污染企业出现了从东部向西部地区转移的现象。尽管通过"松口子"可以积极吸引外商投资等经济发展的流动性要素（Bu & Wagner，2016），但却使地方在实现经济赶超的同时，负面影响了环境治理。但如果在激烈的竞争面前，地方政府一味"紧口子"，又会在激烈的经济竞争中丧失资源优势，从而使自身在晋升竞争中处于劣势。因此在竞争压力的作用下，地方政府陷入了公共价值层面的两难困境。

根据表 2-1 梳理的公共价值集来分析地方政府在竞争压力下的环境治理困境，可以发现背后原因是"法治公正类"公共价值集和"灵活变通类"公共价值集之间发生了冲突，本书将其简称为第三类公共价值冲突。上文提到，法治公正类公共价值集包括了合法性（Legitimacy）、法治（Rule of Law）、公正（Impartiality）、中立（Neutrality）、正直（Integrity）、合规（Compliance）几项公共价值，追求环境规制的严格性与强硬性，要求地方政府按照绝对的原则和制度开展环境治理工作，确保环保工作开展的扎实到位。根据 Hood（1991）提出的分析框架，法治公正类公共价值属于 Theta 型价值（Theta-Type Values）。与法治公正类公共价值不同的是，灵活变通类公共价值包括了平衡利益（Balancing Interests）、妥协（Compromise）、灵活性（Flexibility）、规则弯曲（Rule Bending）等公共价值，强调在执行制度和方案时，要随着实际情况的变化灵活改变规定，为照顾大局而在部分问题上灵活变通。该类公共价值追求"适应性管理"，强调对于灵活管理方法的需求（Duit，2016），要求随机应变，结合实际情况灵活调整策略。根据 Hood（1991）的分析框架，灵活性属于 Lambda 类型的价值（Lambda-Type Value），而且 Lambda 类型价值是任何治理体系都可以最大化的三种价值观之一，因为该类价值强调灵活性和变通性，是不可或缺的重要价值。最为关键的是，Hood（1991）认为 Lambda 型和 Theta 型公共价值（Theta-Type Values）间存在着潜在的冲突，也就是说政府为了追求灵活性，往往会将公共行政的有效性置于合法性之上。此外，当前流行的 SES（Social-Ecological Systems）弹性范式也始终将公共行政的灵活性和多样性置于有效性和合法性之上（Duit，2016）。正因如此，所有公共组织都必须在灵活性、适应性与同样重要的稳定性、可预测性和效率需求之间取得平衡（Duit，2016；March，1991；Wildavsky，1988；Wilson，2019）。灵活性杜绝墨守成规和路径依赖，但在保持组织弹性时，官员们将不得不制定策略来平衡和引导这些约束（Stark，2014）。Duit（2016）认为在某种程度上，弹性、合法性之间的冲突在任何公共行政中都是存在的。

地方政府竞争与环境规制是相互联系、相互影响的两方面，地方官员在追求竞争优势与强化环境规制之间的选择时可能摇摆不定。基于公共价值理论，在中央政府和人民群众对生态环境的关注程度不断提高的情况下，地方政府会倾向于加大环境规制的强度，倾向于追求和偏好"法治公正类"公共价值集。但当地方政府面临的竞争压力较大时，如若加大环境治理力度，则可能削弱地方政府的竞争优势。最主要的表现是部分工业企业为了节省对于环境保护的资源投入，在本地环境规制较严格时选择外迁至周边地区，从而导致本地 GDP 流至外地，不仅削弱了自身经济发展的推动力，而且贡献了周边地区的经济发展。因此当地方政府面临较大的竞争压力时，为了在地区竞争中不落于下风，地方政府往往倾向于放松环境规制，吸引工业企业在本地生产经营。但现实情况是，放松环境规制，又是以牺牲环境治理效果为代价的，Borry（2017）指出，考虑到遵循或违反规则之间的矛盾，是否严格遵守规则有时候是个艰难的决定，它是一个光谱的两个极端。类似的，Portillo（2012）也认为是否需要严格遵守规则是一个"悖论"。因此竞争压力是地方政府在环境治理中面临的第三类公共价值冲突的重要诱发因素。

一定程度内的竞争压力，刺激了地方政府试图追赶并超越竞争对手的意愿，会明显诱发地方政府的冒险行为，显著激化公共价值冲突，让地方政府在"松口子"上徘徊不定。因为竞争压力和有限理性会让管理者把注意力集中在邻近的竞争者身上（Johnson & Hoopes，2003），而 Webeck 和 Nicholson（2019）的研究恰恰指出，与同伴的社会比较会显著影响管理人员对绩效信息与绩效目标的反应，这种对比刺激了管理者通过学习和变革以提高绩效的期望（Hong，2019；Min et al.，2020），正如 Meier 等（2015）所说，所有决策过程都是从认识到绩效差距开始的。较大的竞争压力显著刺激了决策者努力要赢，或者至少不输的意愿（Connelly et al.，2014）。因此，竞争压力会强化地方政府基于公共政策博弈而开展的流动性要素争夺，让地方政府在环境治理中陷入"该做什么，不该做什么"相互矛盾的认知判断中，面临较大的公共价值冲突。此外，竞争压力的增大，还会刺激地方政府的负面偏见，即与竞争对手的比较和对抗，更加强化了决策者对于绩效差距的反应。"负性偏见"认为消极信息对人们的心理影响更大（Rozin & Royzman，2001），任何未能达到满意的对比都会触发组织改进绩效的动机（Hong，2019），此时地方政府在环境治理中对于"灵活变通类"公共价值的偏好会被强化。正如 Borry（2017）研究指出的那样，规则的扭曲可能是政府对于压力或者必须要克服的障碍的回应，从本质上说，他们面临着是否要脱离规则来更好地完成工作的选择。因此，在一定范围内，随着竞争压力的增大，地方政府面临的第三类公共价值冲突显著增大。

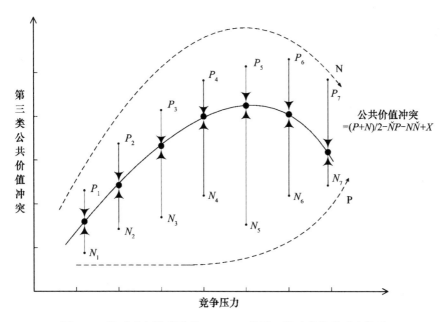

图 3-3　基于冲突关系模型（CRM）的第三类公共价值冲突演化

尽管竞争压力会影响地方政府在环境治理中面临的第三类公共价值冲突，但是这种影响并不是一种简单的正向或者负向的线性关系，而是取决于不同竞争压力水平上的公共价值冲突的动态演化。在一定范围内，随着竞争压力的增大，地方政府对于"灵活变通类"公共价值集的偏好增强，因此会面临较大的公共价值冲突，但是当竞争压力过大时，即竞争压力超过了地方政府所能承受的对抗范围，竞争压力对于地方政府赶超竞争对手的激励作用便会显著减弱，Lü 和 Landry（2014）基于中国官员晋升竞争关系的研究就发现，随着竞争压力的增大，当参赛者觉得自己取胜的机会下降时，竞争的激励效应也会被显著弱化。Moon 等（2016）也指出，当竞争压力过大时，竞赛会产生减少努力的负面激励效应，因为竞争者觉得自己很难跻身前列，因此也没有动力在竞争中全力以赴。Brown（2011）也发现，只有当竞争对手的能力相似时，他们才会被激励付出额外的努力来赢得比赛。因此，当地方政府承受的竞争压力过大时，他们反而会选择放弃对抗式竞争策略，转而采取异质性的行动策略。此时地方政府对于通过"松口子""开绿灯"获取竞争优势的偏好会明显弱化，进而也就弱化了对于"灵活变通类"公共价值集的偏好，反而会更加偏好于"法治公正类"的公共价值集，并试图通过环境规制的突出成果来获得异质性的政绩优势。因此当竞争压力超过了一定的范围时，地方政府的公共价值偏好会变得相对聚焦并趋向于共识状态，此时第三类公共价值冲突反而得以减弱。鉴于此，本书提出假设 H2c。

H2c：竞争压力对于地方政府面临的第三类公共价值冲突存在着"倒 U"型影响，在一定程度内，竞争压力越大，地方政府面临的第三类公共价值冲突越高；但是当竞争压力过大时，地方政府对于公共价值的偏好会趋于集中，反而弱化了第三类公共价值冲突。

四　舆论压力与第四类公共价值冲突

随着公众环保意识的提高和政治意识的增强，面对与自己息息相关的环境问题时，人们越来越倾向于通过大众媒体、投诉渠道、政民互动来表达自己的意见和诉求（Wu et al.，2018），因此现阶段地方政府在环境治理中，面临着一定程度的来自公民社会的舆论压力。回应公共舆论并迎合公民诉求是民主环境治理理论的核心要求。但是正如 Dutwin（2019）所说，公共舆论本身也并不完美，充满着大量非理性的群众意愿。公共舆论很大程度上倾向于个人主义利益的表达，并且机械地看待政府问题（Minar，1960）。Canes-Wrone 和 Shotts（2004）的研究指出，政府通常有比公民更了解政策预期效果的专业知识，如果单纯出台政策来迎合公共舆论并"讨好"公众，则有可能会损害国家的长期利益，如果无视公众舆论或者出台与公众舆论相违背的政策，那么将面对支持率下降的风险。另外，由于一个机构的决策者往往嵌入领域内外两个舆论场域中，一个在公共层面，一个在领域层面。当公共舆论开始指责或者反对一种现有的做法时，决策人员会感到左右为难，到底是遵循政府体制内部的多数意见，还是顺应公众的意见会让决策人员陷入困境（Clemente & Roulet，2015）。结合地方政府环境治理实践看，地方政府一方面要考虑公共舆论的声音，一方面也要考虑政府组织内部的主导意见，当两方意见不那么一致时，地方政府就会陷入是否需要迎合公共舆论的两难境地。

其实，关于环境治理中公众的角色，民主环保主义（Democratic Environmentalism）和威权环保主义（Authoritarian Environmentalism）也展开了相关的争论。民主环保主义鼓励来自社会各阶层的公众的直接参与，认为民主制度下的公民社会参与能够让民众获得更多信息、维护自身权益，从而有利于环境治理（Humphrey，2007）。公众的意见是民主环保主义的核心观点（Gilley，2012），Han（2015）认为正因为不限制公民的政治自由，相互竞争的利益和价值观之间的谈判有利于促进合作治理。而威权环保主义恰恰相反，根据 Gilley（2012）的定义，威权环保主义是一种公共政策模式，它将权力集中在少数行政机构，由有能力的精英操纵，以改善环境，公众参与仅限于一小部分科技精英，而其他人预计只会参与更为宏观的群体性动员中。威权环保主义本质上是面对严峻的环境挑战而采取的一种自上而下、非参与性的环境决策和执行方式，强调国家权力集中于行政机构（Han，2015），所产生的政策产出包括对环境治理问题作出迅速和全面的反应，通常还包括对个人自由的一些限制。威权环保主义认为，让政府拥有更好的制度和程序特征，能够比民主环保主义更快、更严格地应对环境问题（Ahlers & Shen，2018）。

在威权环保主义看来，民主化并不能解决一切环境问题，低质量的民主反而增加了政府解决民意矛盾的负担。在环境治理问题上，公众是不理性的，并且存在"搭便车"的现象，因此环境治理属于国家和技术官僚的领域，应该由政治精英主导决策和执行过程。通过将国家权力集中于执行机构之中，地方政府可以在短时间内完成政策的研究和制定，并且有能力迅速实施全面计划，采取广泛措施（Ahlers & Shen，2018；Gilley，2012；Han，2015）。在 Lo（2015）、Tang 等（2018）看来，不受民主机构和利益集团的施压，可以有效提升政府环境治理政策的执行效果（Lo，2015；Tang et al.，2018）。Eaton 和 Kostka（2014）的研究也指出，面对迅速展开的气候变化危机，发达的民主国家往往显得措手不及——一方面要在国际层面没完没了地进行谈判，另一方面还要被游说团体和国内选民不断施压，在这种情形下，它们已陷入瘫痪（Eaton & Kostka，2014）。因此威权环保主义被证明在政策产出方面更有效（Gilley，2012）。Li 和 Reuveny（2006）的研究就发现，二氧化碳排放、土地荒漠化水土流失指标与民主参与之间呈现出负相关关系，过多的民主参与可能会成为环境有效治理的负担。因此发展中国家往往对威权环保主义具有较大的偏好（Eaton & Kostka，2014；Han，2015；Lo，2015；Tang et al.，2018）。

基于公共价值理论来分析地方政府在环境治理中面临的上述矛盾，可以看出是"公民本位"和"政府本位"两类公共价值集之间发生了冲突，本书简称其为第四类公共价值冲突。上文提到，"公民本位"公共价值集包含民主（Democracy）、人民的意愿（Will of the People）、人的尊严（Human Dignity）、公民参与（Citizen Involvement）、回应（Responsiveness）五项公共价值，而"政府本位"公共价值集强调政权尊严（Regime Dignity）、政治忠诚（Political Loyalty）、精英决策（Elite Decision-Making）和政府利益（Government Interest）等公共价值，本质上是一种唯上是从的价值偏好。在地方政府的环境治理实践中，公民本位和政府本位两类公共价值集之间存在着一定的不可兼容性和冲突关系。政府对于政府本位公共价值的偏好势必会弱化对于公民本位公共价值的追求，但若突出强调公民本位的公共价值，又会破坏以政治权威、政治忠诚、政府利益和精英决策为核心的公共价值的实现。而且这两类公共价值集之间的冲突，在公共舆论压力较大时表现得尤为突出，因为公共舆论压力的增大意味着民众呼声的增强以及对于政府工作负面评价的增多。此时地方政府在偏好政府本位公共价值的同时，又必须对公民诉求做出回应，如果忽视公民诉求，则会引发民众的不满进而损害政府权威，但若一味积极回应公共舆论，又意味着政治权威和决策权力的分散，一定程度上也会损害公共行政的效率和政府自身的利益。当地方政府必须考虑两者，但又难以兼容的时候，地方政府往往会处于两者的压力之间，陷入两难境地，此时地方政府往往会面临较大的第四类公共价值冲突，鉴于此，本书提出假设 H2d。

H2d：公共舆论压力与地方政府在环境治理中面临的第四类公共价值冲突显著正相关。

多重压力与公共价值冲突间的关系是本书研究的第二部分研究假设，具体包括了财政压力与第一类公共价值冲突间的关系（H2a）、绩效压力与第二类公共价值冲突间的关系（H2b）、竞争压力与第三类公共价值冲突间的关系（H2c）、公共舆论压力与第四类公共价值冲突间的关系（H2d）。四个假设的关系如图 3-4 所示。

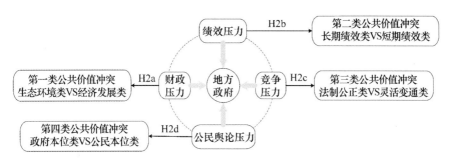

图 3-4 多重压力与地方政府环境治理中面临的公共价值冲突

第三节 公共价值冲突与地方政府环境治理

一 第一类公共价值冲突对地方政府环境治理效率的影响

任何公共政策的设计中都可能面临公共价值之间的冲突（De

Graaf & Van Der Wal，2010；Jacobs，2014），对公共价值的权衡经常会让地方政府陷入价值困境，Grandy（2009）针对价值间的帕累托最优分析指出，对某些价值的追求必然会损害或限制我们追求某些其他价值的能力。Van Der Wal 和 Graaf（2011）也指出公共价值之间的权衡是一种零和博弈，增加一些公共价值是以放弃另外一些公共价值为代价的。在特定的情景下，公共价值冲突很难得到合理的仲裁和化解，它会向行政人员发出"该做什么""不该做什么"相互矛盾的信号。

De Graaf 等（2016）指出，公共价值冲突会增加地方政府的认知负荷，当公共价值冲突被严重激化时，会降低政府处理情景线索和信息的能力，增加政府的不合理和轻率决策。对于公共价值冲突为什么会影响地方政府的行为，认识失调理论也是一个有力的解释视角，因为公共价值冲突折射出地方政府对于公共价值的偏好处于不协调、不稳定、相互矛盾的失调状态，而认知失调会使得人们的行为和态度发生改变（Festinger，1957）。Peng 等（1997）指出，价值观的相对性使得特定主体的行为有很多不确定性。由于群体和组织都具有一种平衡的倾向，所以认知失调状态就形成了一种减少失调的压力，这种压力所产生的结果会通过认知的改变、态度的改变、行为的改变表现出来。因此认识失调会诱发一系列为了减少不协调而出现的偏差行为（Akerlof & Dickens，1982），Bullock（2011）认为其是特定主体信息偏见和盲目决策选择的主要原因。此外，Aronson（1997）认为人们不仅对既定信息的解释存在着系统性偏差，而且在依据偏好获取新信息时亦存在选择性偏差。结合我国地方政府环境治理问题，公共价值冲突之所以会负面影响地方政府环境治理效率，主要原因是公共价值冲突的背后是地方政府对于公共价值的认知出现了失调，致使地方政府陷入了"该怎么做，不该怎么做"相互矛盾的认知困境中，进而做出了一系列偏差行为从而破坏环境治理效率的有效提升。

当上级政府环保考核力度较大但地方政府又不得不重视经济发

展问题时，地方政府面临的第一类公共价值冲突程度较高。经济类公共价值通常被认为是其他价值的基础和前提（Wang & Christensen，2017），由于地方政府不想弱化对于经济发展类公共价值的主张，势必就会以表面的服从创造出一种和谐的局面进而掩盖潜在的不一致行为。表现在地方政府环境治理策略上，第一类公共价值冲突的发生一方面会使地方政府放松环境规制，默许部分纳税大户的污染行为，环境执法不到位，致使投入的环保监管资源无法真正发挥出最大的规制效果，环境治理效率低下。另一方面，第一类公共价值冲突的发生会迫使地方政府向上级政府输出整改、服从的信号，出台一些迎合上级政府的象征性政策（Symbolic Policy）（Edelman，1985），而实际环境规制却出现非完全执行的情况（张华，2016），地方政府为了完成环保绩效考核目标，致力于一些面子工程和形象工程，本质上都是一种无实际效果的虚假的环境治理行为，增加了环境治理中的资源浪费，降低了环境治理效率。相反，当地方政府面临的第一类公共价值冲突较低时，则可以集中公共资源来追求生态环境类公共价值的实现，此时地方政府在环境治理中可以较少顾忌环境治理对于经济发展的阻碍。受此影响，地方政府的环境规制力度将会更强，在环境治理中的灰色行为相对较少，也会为了满足上级政府的绩效考核和民众的诉求而切实进行污染处罚或停业整顿，环境治理效果较为理想，整体环境治理效率较高。鉴于此，本书提出假设 H3a。

H3a：地方政府环境治理中面临的第一类公共价值冲突对于其环境治理效率存在着显著的负向影响。

二　第二类公共价值冲突对地方政府环境治理效率的影响

政府在公共决策中面临的一个重大挑战就是在不可避免的相互矛盾的公共价值之间进行判断和平衡（Fernández-Gutiérrez & Van de Walle，2018），试图寻求和调和多种公共价值往往会向行政人员发出相互冲突的信号。De Graaf 等（2016）就指出公共价值冲突会产生麻痹效应（Paralyzing Effect），使组织进入一种瘫痪状态。由于迷惑于"什么是有效的"和"什么是正确的"，第二类公共价值冲突的出现同样会让地方政府陷入一种公共价值选择和平衡的困境中。要么假装整改、敷衍整改；要么一律关停、简单粗暴，环境治理中的偏差行为都会阻碍环境治理效率的有效提升。此外，Van der Wal（2011）等还指出，公共部门间的协同性和完整性会因为不同公共价值之间的冲突关系而受到削弱。由于环境治理涉及政府内部多部门之间的联动和协同，当缺乏清晰的公共价值引领时，公共价值冲突就会破坏组织的协同性，致使政府组织凝聚力不足，环境治理效率的提升也就缺乏了保障。

此外，第二类公共价值冲突发生，折射出地方政府对于长期绩效类公共价值集和短期绩效类公共价值集的偏好处于不协调、不稳定、相互矛盾的失调状态。基于认知失调论，当认知失调发生时，特定主体为了减少不协调会不自觉地改变其态度、偏好和行为（Festinger，1957）。因此，除了产生麻痹效应和破坏组织的协整性外，第二类公共价值冲突还会诱发地方政府作出一系列非理性的决策和行为。主要原因在于，对于某一判断相悖的信息，地方政府通常倾向于采取忽略、选择性回避或调整认知的态度，要么直接放弃一组认知元素，要么歪曲解读外部情景因素或通过自欺来减少不协调（Aronson，1997）。不仅表现为对于外部情景的消极应对，而且还会主动回避可能增加冲突的情境和信息。因此，认知失调作用下的公共价值冲突会导致地方政府作出不合理和片面的决策，典型结果之一便是不惜成本、不考虑实际去完成绩效目标，通过运动式治理投入大量的人力、物力追求短期成绩，究其原因，就是在第二类公共价值冲突情景下的"一叶障目"现象。此外，在上级下达的绩效目标与下级能力不匹配或发生价值冲突的情况下，下级政府倾向于通过表面的屈从来掩盖潜在的不一致行为，此时做表明文章、面子工程等一系列浮于表面的治理措施就会凸显出来，不仅增加了环境治理的投入，还难以取得实际的治理效果。时常曝光的地方政府环境监测数据弄虚作假、操纵指标、假文件等现象就是这类投机取巧行为的有利印证。这些问题的存在致使地方政府环境治理效率得不到有效保障，因此本书提出假设 H3b。

H3b：地方政府环境治理中面临的第二类公共价值冲突对于其环境治理效率存在着显著的负向影响。

三　第三类公共价值冲突对地方政府环境治理效率的影响

De Graaf 和 Paanakker（2015）的研究指出，程序价值和绩效价值之间的冲突是公职人员最常感知到的公共价值冲突。尽管合法性被公共管理者视为一项重要的公共价值，但官方的规制可能会阻碍特定目标的实现。Perry 等（2014）也指出，有效运作的想法可能会违反法制，特别是在预算限制和利益相关者期望不断变化的动荡时期，公共决策者面临着相互矛盾的公共价值和利益之间的权衡。在竞争压力的刺激下，地方政府在环境治理中会面临"法治公正类"公共价值集和"灵活变通类"公共价值集之间的冲突，为了追求诸如合法性（Legitimacy）、法治（Rule of Law）、公正（Impartiality）、中立（Neutrality）、正直（Integrity）、合规（Compliance）几项公共价值的实现，地方政府势必会弱化对于平衡利益（Balancing Interests）、妥协（Compromise）、灵活性（Flexibility）、规则弯曲（Rule Bending）等公共价值的偏好，但过于偏好"灵活变通类"公共价值集，又会损耗环境规制的公正性和合法性。因此，第三类公共价值冲突的激化对地方政府环境治理行为提出了挑战，会负面影响地方政府的环境治理效率。

Oldenhof 等（2014）从妥协和辩护的角度讨论了公共价值之间的冲突关系，他们发现公共价值冲突似乎永远没有"最终的解决方案"（final solutions）。"法治公正"和"灵活变通"两类公共价值集之间的冲突也成为地方政府必须要面对的价值困境。第三类公共价值冲突的激化，容易诱发地方政府出现公共价值取向的偏差。例如，诚实是法治公正类公共价值集中的一项重要内容，而 De Vries

（2002）在一项大型国际调查中发现，尽管几乎所有的行政官员普遍同意绝不应损害诚实，但有趣的是，当诚实会阻碍重要的治理目标的实现时，许多官员都赞成隐瞒事实而放弃诚实（De Vries，2002）。类似的，De Graaf 和 Paanakker（2015）针对荷兰国家公共部门管理人员的调查就发现，公共管理人员表示他们为了有效完成任务，在工作中只会保持 70% 的诚实。因此，在地方政府环境治理中，第三类公共价值冲突的激化，往往会阻碍地方政府对于"法治公正"类公共价值的追求。正如马克斯·韦伯所说：世界上没有任何伦理可以回避这样一个事实——在许多情况下，实现"善"的目的必然与一个事实相关联，即一个人必须愿意为使用道德上可疑的或至少是危险的手段而付出代价，并面对可能产生的邪恶后果（Weber，1946）。

　　由于公共价值冲突的存在，政府的决策者和行动者为了追求目标，有时不得不违反一项义务（De Graaf & Paanakker，2015）。正因如此，地方政府在环境治理中，由于担心在竞争中落后于周边地区，出于对自身政绩的考虑，会选择追求"灵活变通类"公共价值集而放松环境规制，针对部分企业"开口子""开绿灯""打擦边球"，造成地方环境治理水平的波动。由于现阶段我国地方的环保部门缺乏足够的独立性，当第三类公共价值冲突被激化时，环境规制往往沦为地方政府相继使用的用以开展资源竞争的政策工具（韩超等，2016），因此，第三类公共价值冲突诱发的偏差行为会破坏环境治理效率的有效提升。此外，Jehn（1995）的研究表明，任何一种形式的分歧和冲突都会导致决策主体消极的情感反应。而且组织内部的冲突容易导致决策事务的混乱以及生产力和满意度的下降（Shih & Susanto，2010），反映在环境治理中，就是地方政府容易出现一系列偏差行为，进而负面影响其环境治理效率。综上所述，本书提出假设 H3c。

　　H3c：地方政府环境治理中面临的第三类公共价值冲突对于其环境治理效率存在着显著的负向影响。

四 第四类公共价值冲突对地方政府环境治理效率的影响

公共价值冲突是一种难以规避的客观存在，冲突的发生为地方政府环境治理中的价值平衡提供了动力。尽管公共价值冲突会在一定程度上扭曲地方政府的环境治理行为，但是公共价值冲突的发生也实现了多元公共价值之间的动态互补，可以在一定程度上为地方政府的公共决策提供更为全面的价值判断。因此，公共价值冲突不仅会对地方政府环境治理产生消极的分裂和破坏作用，也为价值功能的整合提供了基础，其积极作用和消极作用取决于公共价值冲突的类型和动态演化。冲突反映出的是一种不相容不协调的状态（Jehn，1995），无论其影响是积极还是消极的，都是组织所不可避免的（Shih & Susanto，2010）。Rainey（2003）就指出公共组织的管理者普遍不喜欢冲突，并以避免冲突为目标，因为冲突常常被认为是一种令人讨厌的东西，必须从组织中根除。但 Jehn（1995）基于对群体互动过程以及组织多样性的研究指出，并不是所有的冲突对于组织都是有害的，Flink（2015）发现一些冲突实际上有助于巩固和刷新组织，有能力激发组织潜能并刺激和改进组织的绩效。冲突的"相互作用观点"也认为一定水平的冲突能够使组织保持旺盛的生命力和不断创新（Rahim，2000）。在公共价值范式中，完全和谐的价值共识状态将使得公共决策缺少变革和优化的动力，而"公民本位"和"政府本位"两类公共价值集之间的冲突，为地方政府反思环境治理逻辑，优化环境治理策略提供了价值引领。

"公民本位"和"政府本位"公共价值冲突的发生，有助于地方政府更好地反思和识别环境治理中存在的问题。正如 Jehn（1995）指出的那样，冲突可以通过增加批判和减少群体思维的方式，开发新的想法和新的办法。冲突的激化使得分歧得以暴露和公开，不同意见的表达可以强化组织的想法并克服组织的弱点（Flink，2015）。尽管公共价值冲突的出现使得地方政府陷入了价值选择和判断的困境中，但"政府本位"和"公民本位"之间的公共价值冲突也使得相对权力的再评估成为可能（De Graaf & Paanakker，2015），作为地方政府环境治理中公共价值偏好的平衡机制，公共价值冲突对规范和制度的建立具有激发功能，使得相关公共政策的调整成为可能，并为公共政策的优化提供了参考和依据。Flink（2015）就指出，妥善管理的冲突比没有冲突更能提高组织的绩效，简单地回避矛盾只会导致决策效率降低。通过激化冲突，公共组织可以提高决策质量、创造力和组织绩效（Shih & Susanto，2010）。因此，第四类公共价值冲突的发生，扭转了政府单纯的"唯上是从"的价值偏好，平衡了政民利益，改善了政民关系，从而引导地方政府在环境治理中更多地考量公民意见，并基于公民的价值诉求不断修正其环境治理决策，进而提升环境治理的效果和公民满意度，因此，本书提出假设 H3d。

H3d：地方政府环境治理中面临的第四类公共价值冲突对于其环境治理效率存在着显著的正向影响。

第四节　公共价值冲突的中介作用

一　第一类公共价值冲突的中介作用

财政压力是地方政府面临的一种现实困境，之所以会影响地方政府环境治理效率，是因为在财政压力较大时，地方政府要承受较大的财力不足的紧迫感，诱发其公共价值认知出现偏差，进而陷入一种公共价值判定及选择的困境中。地方政府偏好的公共价值会直接影响其决策重心与行为逻辑，而在有价值的原则之间进行权衡是任何公共行政过程所不可避免的（De Graaf et al.，2016），当多元公共价值都可取时，它们会以一种必须要做出优先选择的方式发生冲突（De Graaf & Meijer，2018；Oldenhof et al.，2014）。面对资源约束趋紧、环境污染严重、生态系统退化的严峻形势，尽管严格开展环境治理，实现辖区生态环境的持续优化是重要的公共价值追求，但当地方政府承受的财政压力较大时，快速拓宽新的财源，维护税收稳定、激发企业活力也格外重要。正是财政压力的增大，才使得地方政府在处理发展与保护之间的关系时更加棘手，陷入公共价值的两难困境并出现行为偏差。而"经济发展类"和"生态环境类"公共价值之间的冲突又是导致政府出现行为偏差的重要因素。

Thacher 和 Rein（2004）指出，政府在面临价值冲突时，往往会采用诡辩（Casuistry）的策略，诡辩不是为了说明某一类公共价值不重要，而是为自己为什么要偏好一种价值而忽略另外一种价值做出辩护，从而证明自己的决策是特定情形下的最优选择。在价值多元论中，Berlin（1982）就曾指出，面对多元化的价值世界，人们不能强制性呼吁某些价值，因为它们并一定不优于对方。在地方政府环境治理中，财政压力之所以会降低地方政府环境治理效率，核心原因就在于财政压力激化了第一类公共价值冲突。公共价值冲突的激化使得地方政府在环境治理决策的价值判定中，除了试图加大环境治理投入、强化环境治理措施外，也格外偏好经济的发展和税收的稳定，此时地方政府对于两类公共价值的偏好程度接近，冲突水平较高，政府环境治理态度不稳定，犹豫不决且容易出现行为偏差。公共价值冲突的发生会严重破坏地方政府环境规制中资源的有效配置，带来地方政府内部环保部门与经济部门间的相互掣肘、运行效率低下等问题，从而弱化地方政府环境治理效率。在整个环节中，公共价值冲突是财政压力发挥影响的关键节点和核心机制。正是由于财政压力激化了第一类公共价值冲突的发生，才使得地方政府在公共价值判定中出现了两难困境。若地方政府承受的财政压力较小，则其在环境治理中的公共价值偏好更加集中，对于污染企业和"两高"行业的规制则不会畏首畏尾，环境治理的资源投入和实施力度则能够落到实处，环境治理效率也会得到保障。鉴于此，本书提出假设 H4a。

H4a：第一类公共价值冲突是财政压力影响地方政府环境治理效率的中介变量。

二　第二类公共价值冲突的中介作用

绩效压力是影响第二类公共价值冲突的重要因素，而第二类公共价值冲突的动态演化又是绩效压力对环境治理效率产生非线性影响的中介机制。在环境治理中，适当的绩效压力可以引导地方政府对公共价值形成相对集中的偏好，而公共价值偏好的集中有利于促成公共价值共识状态的形成，进而有效弱化地方政府环境治理中的第二类公共价值冲突。王学军和王子琦（2017）指出，只有公共价值达成相对稳定的共识状态时，目标管理和绩效评估等工具才可以有效发挥其积极作用。因此，公共价值偏好相对集中的共识状态是绩效压力的正向效应得以有效发挥的基础，适当的绩效压力可以通过降低公共价值冲突的方式来规范地方政府的行为逻辑。同时，适当的绩效压力还可以基于目标承诺和价值共识对组织产生显著的激励作用。正是因为适当的绩效压力有效弱化了地方政府环境治理中的公共价值冲突，才使得地方政府的环境治理政策能够执行到位，相关规制措施运用合理，进而有效提升地方政府的环境治理效率。

尽管绩效压力对于组织完成既定的绩效目标具有明显的激励作用，但过高的绩效压力也会激化公共价值冲突，向管理者发出相互冲突的信号，破坏性地改变组织的工作方向和行为方式（Gardner，2012），诱发组织出现一系列功能偏差和减损绩效的行为（Mitchell et al.，2019）。在高压情景下，地方政府对于威胁、挑战、困境的过分解读会使其产生一系列认知偏差反应（Mitchell et al.，2019），表现在公共价值偏好上，就是地方政府对于公共价值的偏好出现分歧。"怎么做才是对的"成为高压情景下困扰地方政府行为逻辑的认知因素。当过高的绩效压力激化了地方政府环境治理中的第二类公共价值冲突时，地方政府往往会为自己的"环保一刀切""一律关停"等行为偏差进行合法性辩护，并归咎于是绩效压力下的不得以行为。正是因为这种价值两难局面，诱导地方政府频繁做出一些偏差行为，不仅严重背离了中央的政策精神，也与公民的诉求背道而驰。因此，过高的绩效压力之所以对于地方政府环境治理效率具有"双刃剑"效应，是因为只有适当的绩效压力才能促成公共价值共识的形成，过高的绩效压力会严重激化公共价值冲突，困扰地方政府的决策判断并扭曲其环境治理行为，最终严重损害地方政府环境治理效率的提升。因此，公共价值冲突是联系绩效压力与地方政府环境治理效率的纽带，无论在逻辑上还是在实践中，第二类公共价值冲突的动态演化是绩效压力"双刃剑"效应得以发挥的核心机制。基于此，本书提出假设 H4b。

H4b：第二类公共价值冲突是绩效压力影响地方政府环境治理效率的中介变量，绩效压力以第二类公共价值冲突作为传导机制发挥其对环境治理效率的"倒 U"型影响。

三 第三类公共价值冲突的中介作用

竞争压力是影响地方政府环境治理效率的重要因素，而第三类公共价值的动态演化又是竞争压力发挥作用的核心机制。在一定范围内，随着竞争压力的增加，地方政府会面临"法治公正类"公共价值和"灵活变通类"公共价值之间的冲突，由于担心在竞争中落后于周边地区，出于对自身业绩的考虑，地方政府会选择追求"灵活性"而放松环境规制，针对部分企业"开口子""开绿灯""打擦边球"，影响环境规制力度，进而破坏环境治理效率的有效提升。在整个关系中，第三类公共价值冲突的激化是竞争压力负面影响地方政府环境治理效率的关键。De Graaf 和 Paanakker（2015）的研究发现，尽管合法性是公共组织重要的公共价值追求，但合法性经常在公共政策中与其他公共价值发生冲突，而且这种冲突关系在政策执行方面表现得尤为显著，而公共价值冲突的发生会诱发政府官员做出故意绕过合法性的偏差行为。一项针对荷兰市议员的调研发现，荷兰市议员没有完全按照规则行事，这虽然是不合法的，但是他们认为必须这样做，而且他们相信做了正确的事情（De Graaf & Paanakker，2015）。因此，第三类公共价值冲突的激化，不仅会影响地方政府对于环境治理中公共价值优先级的判断，而且公共价值的不可通约性会赋予地方政府出现偏差行为的辩解理由。

尽管竞争压力是激化第三类公共价值冲突的重要因素，但当地方政府承受的竞争压力过大时，会诱发地方政府出现"退赛"效应，反而弱化地方政府在环境治理中面临的第三类公共价值冲突，而第三类公共价值冲突的弱化进一步导致竞争压力与环境治理效率间演化出正相关关系。因为当竞争压力超出特定主体所能承受的赶超差距时，竞争压力就会产生负向激励效应（Moon et al.，2016），Meng（2020）的研究指出，过大的竞争压力会导致特定主体获胜的几率变小，进而弱化其全力以赴竞争追赶的动力。因此，当地方政府承受的竞争压力过大时，地方政府在经济发展上赶超竞争对手的意愿就会减弱，通过放松环境规制以吸引生产要素的行为偏好也会弱化，此时地方政府对于"灵活变通类"公共价值的偏好会减弱，会更好地聚焦于"法治公正类"公共价值的实现上，因此其在环境治理中面临的第三类公共价值冲突也会减弱，进而趋向于更为严格的环境治理，并试图通过突出的环境治理绩效来实现地方政府政绩竞争中的差异化优势。综上所述，第三类公共价值冲突的动态演化是竞争压力对地方政府环境治理效率产生"U"型影响的中介机制，竞争压力只有首先引起了第三类公共价值冲突的变化，干扰了地方政府的决策判断和行为选择，才会进一步影响到环境治理效率的变化，鉴于此，本书提出假设 H4c。

H4c：第三类公共价值冲突是竞争压力影响地方政府环境治理效率的中介变量，竞争压力以第三类公共价值冲突作为传导机制发挥其对于地方政府环境治理效率的"U"型影响。

四　第四类公共价值冲突的中介作用

尽管公共舆论是地方政府环境治理中不容忽视的重要力量，但公共舆论只有以压力的形式激化了第四类公共价值冲突，才能使地方政府相对权力的再评估成为可能。"政府本位"和"公民本位"两类公共价值之间的冲突对于新制度和新规制的建立具有激发功能，进而有望修正和调整公共政策并提升地方政府环境治理效率，在整个过程中，第四类公共价值冲突的激化扮演了至关重要的角色。如果缺少了公共舆论压力的外界刺激，地方政府往往会在环境治理中更多地偏好于"政府本位类"的公共价值而对于"公民本位类"的公共价值有所忽略，此时地方政府面临的第四类公共价值冲突较低，会倾向于垄断环境治理的主体角色，减少政府以外的力量参与环境治理，并通过不断集权化调整强化自身的主导性作用。此时由于政府刚性固化了自己的主体地位，非政府公共组织和普通民众很难找到参与环境治理的制度空间，不仅环境治理的公共性被削弱，在纷繁复杂的环境治理事务面前，环境治理效率也会缺少有效提升的保障。相对于更加包容开放的多元公共价值偏好，相对集中的"政府本位类"公共价值偏好往往会导致环境治理中出现较高的治理成本和一系列盲目行动。但如果地方政府承受了较大的公共舆论压力，则在外界刺激的作用下，两类公共价值都会进入地方政府视野，即在偏好"政府本位类"公共价值的同时，对于"公民本位类"公共价值也能有足够程度的关注。此时地方政府环境治理决策和行为将更加科学和合理，同时也可以为公共价值共创（Co-Creation）提供基础。

不仅如此，公共价值理论还认为公民是公共价值的最终决定者，满足公民的集体偏好是公共价值的内在要求（Moore，1995）。Flink（2015）认为冲突是公共组织的催化剂，缺乏冲突容易使组织变得陈旧。公共舆论压力只有激化了公共价值冲突，才能促使政府反思政策执行阻碍，重新识别公共政策的价值内涵（Fung，2004）。因此冲突是组织紧迫感的来源，冲突的不足容易导致组织出现惯性和封闭，不仅会使组织缺乏活力，并且会对任务问题的识别和评估不够充分（Jehn，1995）。公共舆论压力只有激化了第四类公共价值冲突，更多的想法和更多的意见才能进入地方政府视野，替代性的解决方案才有望在决策修正中被提出。此外，"公民本位类"和"政府本位类"公共价值之间的冲突促成了地方政府从全能政府到有限政府的转型，并且也推动了公共管理主体从一元走向多元。在鼓励公众诉求表达和治理参与的同时也保证了理性参与、有序参与、专业参与的实现。在地方政府环境治理中，只有以公民本位为起点，合理引入公民的价值偏好和利益诉求，才能有效平衡政府合法性在事实与价值上的张力。在整个过程中，第四类公共价值冲突为环境治理注入了新的活力，促成了环境治理活动的民主化和社会化，实现了政府和社会力量的动态平衡，有利于环境治理效率的提高。因此第四类公共价值冲突是连接公共舆论压力与地方政府环境治理效率的纽带，只有当公民诉求强化到一定程度并对地方政府造成舆论压力后，两类公共价值之间的冲突才会发生，也才能进一步影响地方政府行为，促使其重新进行公共价值的建构并促使环境治理效率的提升。鉴于此，本书提出假设 H4d。

H4d：第四类公共价值冲突是公共舆论压力与地方政府环境治理效率间的中介变量，公共舆论压力首先激化了第四类公共价值冲突，进而发挥了对于地方政府环境治理效率的提升作用。

公共价值冲突的中介作用是本研究的第四部分研究假设，描绘的是多重压力影响地方政府环境治理效率的作用机制。本书研究所分析的多重压力、公共价值冲突与地方政府环境治理效率间的关系如图 3-5 所示。

第五节　公共价值冲突的协调路径

一　环保垂改的调节效应：被调节的中介模型

环境治理权力的配置是政府实行环境治理的一项重要制度安排。Oates（1999）基于财政联邦主义理论提出了环境联邦主义理论（Environmental Federalism Theory），研究议题旨在寻求政府层级

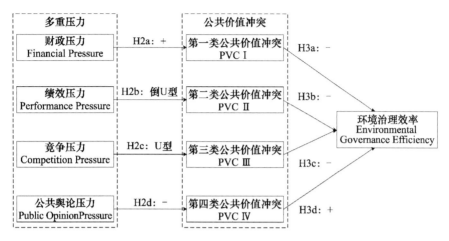

图 3-5 多重压力、公共价值冲突与地方政府环境治理效率的关系

之间环境治理权力的最优配置。环境联邦主义理论认为各层级间
政府需要综合权衡环境事务的外溢性和地区差异性来确定如何划
分权利（Banzhaf & Chupp，2012）。支持集权观点的研究认为，环
境分权可能会导致地方环保执法的扭曲（Oates，1999），在分权管
理下由于环保部门在人事、经费等方面受制于地方政府（Cai et
al.，2016），环保部门独立性缺失（韩超等，2016），环保部门的
工作往往会受到地方政府的干扰，从而导致规制失灵。另外，
Stewart（1977）认为，在分权管理下，出于对资本和生产要素的
竞争，地方政府会普遍降低环境标准从而出现逐底竞争行为，最
终导致环境恶化。最后，Jung 和 Makowsky（2014）还认为，分权
治理下环保监管人员往往与地方企业关系密切，容易产生寻租行
为，不利于环境治理。

　　我国对于环保垂直管理改革的讨论和试点由来已久，很多地方
政府都在不同范围内、不同程度上尝试过环保垂直管理的体制改
革。例如，陕西省 2002 年 8 月印发了《陕西省市以下环境保护行政管理
体制改革意见》，成为全国首个实行市以下环保机构垂改的省份；
2003 年徐州市在江苏省率先实施环保管理体制垂直试点，将市区所属 6 个环保局改成环保分局，作为徐州市环保局的派出机构①；2004年 4 月江苏省针对环保监察出台了《江苏省环境监察现代化建设实施方案》，明确指出"按区域分片设立区域环境监察分局，作为派出机构，隶属省环境监察局"，按照这个方案，江苏省市级以下地方环境监察局将实现垂直体制；2008 年 4 月，沈阳市政府办公厅下发《沈阳市迎接国家环保模范城市复查工作实施方案》，方案提出"将建立市、区两级环保机构垂直管理体制"。但由于缺乏中央层面的规范性指导和纲领性文件，地方政府环保垂直管理的试点工作推进难度较大，效果欠佳，甚至由于实施环保垂改以后环保权责不明，有些地方政府又重新"解垂"。例如，2015 年 5 月底，沈阳市批准下放环保机构，决定分批有序取消环保机构的垂直管理。② 中央政府正式宣告环保垂直管理制度改革是在 2015 年 10 月，十八届五中全会提出"要以提高环境质量为核心，实行省以下环保机构监测监察执法垂直管理制度"。随即国务院在 2016 年下发了《关于省以下环保机构监测监察执法垂直管理制度改革试点工作的指导意见》，拉开了我国环保垂改的大幕。

财政压力导致的第一类公共价值冲突会对地方环境治理行为造成干扰，实行垂直管理是弱化这种影响的一种重要制度安排。一方面，垂直管理是上级权威的纵灌式传达，上级行政意志可以在不受行政层级干扰的情况下直接传到下级，政令畅通，权威集中，便于

---

① 徐州市根据《关于贯彻省委省政府〔2003〕7 号文件开展市辖区、开发区环保派出机构试点工作的通知》（苏编办〔2003〕192 号）要求，以管理体制改革为突破口，在全省率先实施环保管理体制垂直试点，采取"市局统筹、机构前移、工作下沉、权限下放"的方式，将辖区内经济开发区环保局和鼓楼、云龙、泉山、九里四区环保局及所属事业单位整建制上划，作为市环保局的派出机构实施垂直管理。

② 2015 年 5 月沈阳市出台了《中共沈阳市委、沈阳市人民政府关于全面加强环境保护的意见》和《沈阳市蓝天行动实施方案（2015—2017 年）》，明确提出要"全面改革环保管理机制体制，改革调整环保机构设置"。随后沈阳市蓝天行动领导小组办公室关于下放环保机构的请示得到了批准，沈阳市委常委会决定分批有序取消环保机构的垂直管理。

地方政府感知上级政府的价值判断，促使地方政府价值判断的理性回归。实施垂直管理，是上级政府坚定环保意志的直接体现，反映了上级政府公共价值追求的聚焦性，在强有力的上级价值引导的压制下，地方政府在公共价值判断时，会自觉地与上级政府保持一致，不会偏离，此时财政压力诱发地方政府出现公共价值冲突的可能性会明显降低，其对于环境治理效率的负面影响也会弱化。另一方面，对于已经出现的第一类公共价值冲突，垂直管理会使地方政府无法将自己对于公共价值的矛盾判断带到环境治理中去，环保部门的权威性和独立性有了保障，地方政府的公共价值冲突无法左右环保部门的环境监察和环保执法，从而纠正了地方政府由于价值冲突所出现的一系列偏差行为，Zhan 等（2014）基于广州市的两轮调查研究也发现，地方环保执法官员迫切需要上级权力的垂直支持，当行政权力不足和资源匮乏所导致的压力较大时，他们对监管执法会采取一种更加形式主义和合作的方式，从而降低了环境规制的效果。而垂直管理可以有效解决这一问题，实行垂直管理后，地方政府只能"硬着头皮往前走"，财政压力通过诱发第一类公共价值冲突进而影响环境治理效率的整个作用机制被弱化，鉴于此，本书提出假设 H5a。

H5a：环保垂直管理调节了第一类公共价值冲突在地方政府财政压力与环境治理效率间的中介作用，地方政府实施了环保垂直管理，则第一类公共价值冲突的中介作用会显著变弱。

二 公民参与的调节效应

公众参与（Public Participation）是指公众为使其意见可以在政治、经济等相关活动中被充分考虑，积极参与公共决策和公共事务管理中与政府建立合作和互动关系（Thomas，1995）。公众参与是公众监督的基础，为公民诉求表达和政府行为纠偏提供了合法性支持，公共价值理论特别强调民主参与的内在价值和公民偏好的重要性（Moore，1995）。在环保领域，公众是环境污染的直接受害者，享有

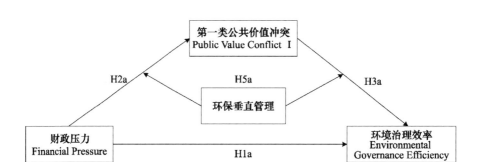

图 3-6   环保垂直管理对公共价值冲突中介作用的调节效应

参与城市环境治理并向政府建言献策的权利（张国兴等，2021）。在地方政府环境治理中，第二类公共价值冲突的激化容易诱发地方政府作出一系列盲目、片面且缺乏理性的行为，对环境治理效率具有极强的破坏力。由于公众参与具有对地方政府行为的监督、约束和纠偏作用（Thomas，1995），通过广泛的公众参与可以有效缓解第二类公共价值冲突对于地方政府环境治理效率的负面影响。

公众参与可以为地方政府环境治理提供一种外部问责并对其行为产生一定的约束力。James 和 John（2006）的研究指出，来自公民社会的抱怨、不满、投诉等负面信号，可以帮助政府重新认识政策推进和执行中存在的问题。有效的公众参与不仅可以形成隐性监督权（Farzin & Bond，2006；郑思齐等，2013），进而直接抵制地方政府由于公共价值冲突而作出的诸如"一刀切"、全面叫停等过激行为，还可以通过"忠诚的抗议"（loyalist protests）向本级或上级政府表达其诉求和意见，进而推动地方政府进行政策调整，缓解公共价值冲突对于环境治理效率的破坏力。此外，King（1998）的研究指出，政府可以通过公众的力量来解决治理中出现的"棘手问题"，因为公众拥有很多政府决策层难以获取的"本土化知识"，公众的意见反馈可以给地方政府提供特定的政策情景经验，自下而上形成一种实践理性（Practical Rationality）。这种实践理性有利于地方政府在价值两难困境中跳出固有思维，进而提出全新的解决方案（Fung，2004）。这不仅有助于地方政府不断修正政策目标，更加合理地分配治理资源的投入并采取适度的治理行动，还可以引导地方政府减少对于实际治理效果无益的偏差行为，从而提高环境治理效率。

相反，当某一地区公众参与环境治理的程度较低时，公众对于政府环境治理决策和行为就会缺少有效监督，不仅无法产生针对地方政府偏差行为的"纠偏"效果，也无法保障公众与地方政府进行信息共享。公民参与环境治理为我国环保立法和执法提供了有力支撑，在增强政府对于环境治理关注度的同时，还可以减少政府、企业、社会组织与公民间的信息不对称。正因如此，公众参与环境治理的程度较低，不仅政府无法有效了解公众的诉求和偏好，公众对于政府环境治理的意见建议也无法有效呈现。此时地方政府环境治理的决策和行为将更加自主和随性，更加不受约束，公共价值冲突对于环境治理效率的破坏力也会更强，综上所述，本书提出假设 H5b。

H5b：公众参与环境治理的程度负向调节了第二类公共价值冲突与地方政府环境治理效率间的关系，相对于公众参与程度较低的城市，在公众参与程度较高的城市，第二类公共价值冲突对地方政府环境治理效率的负向影响较弱。

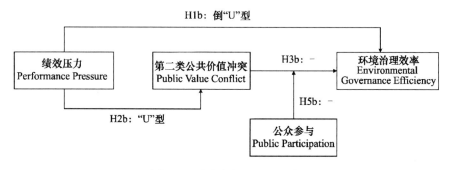

图 3-7 公众参与的调节效应

三 绿色技术创新的调节效应

Braun 和 Wield（1994）将绿色技术定义为是一种能够降低能源及原材料消耗、减少污染排放、改善生态环境的工艺或技术。而绿色技术创新（GreenTechnological Innovation）被认为是一种"绿色"或"环境友好型"的技术创新（Norberg-Bohm，1999），是为了促进绿色技术发展的创造性、变革性的活动（Jinzhou，2011；Norberg-Bohm，1999；Wang et al.，2020）。绿色技术创新既是传统技术创新的延伸和完善，也是生态文明视角下技术创新的一种新形式（Wang et al.，2020），它避免了有偏见的技术进步，更准确地瞄准了环境保护（Liu et al.，2020），突出强调降低能耗、减少排放、改善循环和清洁，被认为是实现绿色经济发展的关键途径之一（Silvestre & Ţîrcă，2019）。近年来，绿色技术创新因具有通过生态创新、环境创新和绿色技术进步提高环境治理绩效的能力，逐渐成为学界的热门研究话题（Liu et al.，2020；Silvestre & Ţîrcă，2019；Wang et al.，2020）。

创新是公共部门组织提高公共服务效率，应对资源短缺，解决组织问题的主要途径（De Vries et al.，2016；Osborne & Brown，2011；Silvestre & Ţîrcă，2019），通过积极开展绿色技术创新可以有效缓解第三类公共价值冲突对于地方政府环境治理的负面影响。第三类公共价值冲突的发生，让地方政府陷入了公共价值的两难困境中，从而使环境治理变为一个"棘手问题"。关于创新价值的一个普遍观点是，它可以开发新的问题解决方案（Brogaard，2019；Evald et al.，2014）。正如 Torfing（2019）所说，考虑到我们目前面临的巨大问题和挑战，如气候恶化、自然资源枯竭、国家和国际债务危机、人口老龄化、失业增长和青年失业率飙升，创新解决方案的必要性似乎比以往任何时候都更大。创新包括开发和实施新想法，打破目前主导解决方案背景的普遍智慧和惯常做法（Osborne & Brown，2011），也被认为是可持续发展的关键驱动力（Silvestre & Ţîrcă，

2019)，具体来看，绿色技术创新之所以能够缓解公共价值冲突对于环境治理效率的负面影响，主要有以下两方面原因。

首先，绿色技术创新是缓解生产要素吸引、经济增长、环境污染和资源过度消耗之间紧张关系的重要途径（Wang et al.，2020）。作为一种新兴的技术创新手段，绿色技术创新具有经济发展和生态友好的双重优势（陈斌、李拓，2020），与其他创新相比，可以实现所谓的"双赢"局面（Horbach，2008），从而缓解竞争发展与环境保护之间不可兼容的难题，进而破解地方政府环境治理中因为追求"灵活变通"而出现的偏差行为。从环境保护视角看，清洁生产和终端处理系统的绿色技术创新可以提高资源利用效率，进而减少污染排放并提高环境质量（Liu et al.，2020）。例如，Carrión-Flores 和 Innes（2010）利用美国 127 个制造行业的面板数据进行分析发现，绿色技术创新显著减少了美国污染气体的排放。Ghisetti 和 Quatraro（2017）的研究发现，绿色技术水平更高的区域和部门，其环境绩效明显更好。从生产力及经济效益视角看，绿色技术创新是一种生态调节与经济调节相适应的创新活动，在追求绿色环保的同时，也保障了经济效益和生产力的发展（Wang et al.，2020）。Porter 和 Linde（1995）就认为绿色技术创新可以带来企业生产力和盈利能力的提高，增强企业的竞争力。因此，绿色技术创新可以助力地方政府平衡好经济竞争与环境绩效之间的关系，追求环境与经济"双赢"的发展模式（Liu et al.，2020；Wang et al.，2020），从而有效弱化第三类公共价值冲突对于环境治理效率的影响。

其次，绿色技术创新有利于实现环境治理的多元协同，而多元协同治理为破解第三类公共价值冲突带来的"棘手问题"提供了新的解决方案。Liu 等（2020）的研究指出，绿色技术创新为实现协同提供了基础。现阶段绿色技术创新的主体是企业和科研机构（Wang et al.，2020；范丹、孙晓婷，2020），但绿色技术创新的外部效应、不确定性、特殊性和市场失灵等特征决定了其不同于一般的技术创新，因此在单纯的市场激励机制下是难以发展起来的

（Jinzhou，2011），必须由政府提供政策和制度支持，提供科学研发资助和知识产权保护。绿色技术创新过程促进了政府、企业、科研院所的联合学习（Liu et al.，2020），有利于带动环境治理中的多元主体合作。与寻求孤立解决问题相比，合作已被证明是促进公共部门创新性解决问题的关键（Lopes & Farias，2020），公共部门与非政府组织间的不同经验、技能和背景的交流，远比由同一个组织或部门更容易产生创新性的问题解决方案（Wegrich，2019）。通过权力分享和外部沟通，公共行政机构可以充分调动资源，聚合不同的经验、技能和想法来刺激学习过程和创造性思维，激活其探索和开发新想法的潜力，进而打破"棘手问题"造成的政策僵局（Torfing，2019），从而有效缓解第三类公共价值冲突带来的治理困境。

不仅如此，绿色技术创新的快速发展，还标志着公共行为者价值创造和服务提供的本质发生了根本变化，使公共行为者从创新购买者转变为创新合作伙伴（Smith et al.，2019）。在绿色技术创新中，政府扮演着"召集人"的角色，将相关行动者召集在一起，促成跨界合作，促进基于信任的互动，并协调信息、观点和想法的交流。政府扮演着"催化剂"的角色，促使行动者跳出传统思维模式，改变环境治理活动中倾向于保持现状的特点（Torfing，2019）。正是由于政府扮演着协调者和管理者的角色，可以有效将绿色技术创新的成果服务于解决管理活动中的棘手问题，并有效突破多元化公共价值不可兼容的困境。最后，公共价值冲突的发生，容易使地方政府处于"一叶障目"的认知困境中，从而出现环境治理中的偏差行为。而绿色技术创新合作的过程被认为是克服认知偏差和注意力盲点的有利杠杆（Wegrich，2019），可以有效避免政府重复地依赖通常的已知思维来制定解决方案，而是集成可能导致创新解决方案的新信息或知识。因此，通过绿色技术创新，地方政府可以在环境治理中走出认知困局，改变既定思维，制定出新的政策方案来化解第三类公共价值冲突对于环境治理效率的负面影响，综上所述，本书提出假设 H5c。

H5c：绿色技术创新负向调节了第三类公共价值冲突与环境治理效率间的负向关系，相对于绿色技术创新水平较低的城市，在绿色技术创新水平较高的城市，第三类公共价值冲突对于环境治理效率的负面影响较弱。

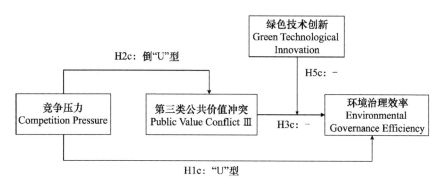

图 3-8　绿色技术创新的调节效应

四　声誉威胁的调节效应：被调节的中介模型

声誉（Reputation）是社会科学中一个比较普遍的研究主题，但在公共管理领域研究中近年才刚刚兴起（Busuioc & Lodge，2016；Carpenter & Krause，2012；Van der Veer，2020；Willems et al.，2020）。Carpenter 和 Krause（2012）将公共组织的声誉定义为"嵌入在多受众网络中的关于组织能力、意图、历史和使命的一套信念"。Maor 和 Sulitzeanu-Kenan（2016）指出这一定义的中心是由受众对组织的独特特征和活动进行评价。即受众对组织的实际表现以及对组织能力、角色和义务所持有的一套符号化或象征性的信念（Maor & Sulitzeanu-Kenan，2013），这些信念的产生可能基于各种来源，包括上级公共组织、其利益相关者或者媒体（Grøn & Salomonsen，2019）。Willems 等（2020）认为公共组织的声誉是一个过程的结果，这个过程随着时间的推移而演变，并且是通过受众收到的关于组织的一系列信号而发展起来的。信号是能够影响利益相关者对组织看法的关于组织的信息，因为印象会随着时间的推移而建立，所以向利益相关者发出的信号都会导致各种感知的积累，进而导致组织整体声誉的发展（Willems et al.，2020）。作为外部沟通的策略性内容，声誉管理已经成为了公共组织关注的重要问题（Grøn & Salomonsen，2019）。

McDonnell 和 King（2013）指出，由于公共组织植根于"权力关系的竞技场"（Arenas of Power Relations），因此来自批评者的挑战是不可避免的，如果足够严重，这些挑战就会威胁到组织的领域地位，破坏定义该地位的"现有关系、意义和秩序"（McDonnell & King，2013）。从本质上讲，声誉威胁（Reputational Threats）是组织面临的一种声誉危机，涉及对组织声誉的威胁，即当广泛宣传、高度负面的事件导致重要利益相关者重新评估对一个组织的印象时，声誉威胁就会发生（Sohn & Lariscy，2014）。声誉威胁不仅可以理解为政府面临的一种外部威胁，也可以理解为上级政府可以施加的一种干预手段。威胁组织声誉的信号来源于外部环境，是有关组织的负面声誉信息，这些信息会对公共组织产生冲击，对组织声誉及其合法性构成威胁（Maor & Sulitzeanu-Kenan，2016；Rimkutė，2018）。Willems（2020）指出声誉威胁会诱发短期的污名效应（Short-Term Stigma Effects），阻碍组织的长期声誉建设。同时，声誉威胁也会导致利益相关者的支持度降低（Willems & Faulk，2019），并增加组织失败的风险（Archambeault & Webber，2018）。Grøn 和 Salomonsen（2019）认为，管理声誉威胁本质上是一个"强烈的政治活动"，因为对任何组织来说，声誉威胁最终都会反映出一场危机。对于公共组织，维护声誉比屈服于政治压力更重要（Maor & Sulitzeanu-Kenan，2016）。这被 Carpenter（2014）形象地称为公共管理者需要"看看公众，看看威胁"（look at the audience, and look at the threats）。Grøn 和 Salomonsen（2019）指出声誉威胁有多种来源，包括上级政府、利益相关者和媒体等。但是在我国，地方媒体很少会曝光、点名当地政府的问题，因此来自媒体的声音很难对其构成声誉威胁。对地方政府声誉构成威胁的往往是来自上级政府的点名、通报与批评。对于公共组织来说，来自政治主体的信号往往更为有力（Grøn & Salomonsen，2019）。基于负面信息的"点名和通报"（Naming and Shaming）是一种强有力的谴责手段（Blame Games）（George et al.，2020；Hood，2011），可以对地方政府构成显著的声誉威胁。公共组织是对声誉威胁非常敏感的组织（Maor & Sulitzeanu-Kenan，2016），因为声誉威胁带来的负面效应往往会持续较长时间且难以修复（Willems et al.，2020）。也正因如此，公共组织的政治意识会引导其积极保护自己在政体中的声誉（Rimkutė，2018），仔细评估并极力回避声誉威胁。

声誉威胁之所以存在，最多的解释来自行为认知视角中的"负面偏见"（Maor & Sulitzeanu-Kenan，2013；Willems et al.，2020）。负面偏见是指与等效的正面信息相比，人们更重视负面信息或负面框架信息（Soroka，2006），即负面信息在人们的判断中比同等的正面信息更重要，或者在行为经济学中被称为"损失厌恶"（Loss Aversion）（Tversky & Kahneman，1981）。正是因为负面偏见的存在，因此政府官员应该尽最大努力避免声誉威胁（Maor & Sulitzeanu-Kenan，2013），因为声誉威胁一旦发生，修复难度很大。Willems（2020）的研究就发现，声誉威胁会削弱利益相关者对组织的信任、承诺和支持，而且声誉威胁带来的负面影响会对组织声誉建立产生长期影响。通常情况下，负面预期会导致利益相关者对随后的积极信号打折扣，在这种情况下，往往需要大量强有力的关于组织的积极信号进行声誉修复，而且需要持续较长时间。另一方面，积极的声誉被视为"宝贵的政治资产"，因为它有利于组织获得公众支持（Carpenter，2002）、获得上级政府赋予的自主权（Van der Veer，2020）、免受政治攻击（Rimkutė，2018）、增加机构的影响力并招募和留住有价值的雇员（Maor & Sulitzeanu-Kenan，2013）。

在地方政府环境治理中，公共舆论压力会显著激化第四类公共价值冲突，即当公共舆论压力较大时，地方政府会面临更为明显的

"公民本位"和"政府本位"两类公共价值集之间的冲突，而声誉威胁的出现，会进一步强化公共舆论压力对于第四类公共价值冲突的激化作用。因为声誉威胁创建了一种响应机制（Maor & Sulitzeanu-Kenan，2013），受到声誉威胁的组织会被迫作出回应性反应（Maor & Sulitzeanu-Kenan，2016；McDonnell & King，2013）。正如 Van der Veer（2020）所说，地方政府作为声誉敏感型组织，在受到声誉威胁时会更为慎重地考虑公众的意见。这在一定程度上可以解释为对来自环境规范性压力的回应（Grøn & Salomonsen，2019）。因为在关键受众面前维护正面声誉是任何公共组织生存的重要条件。当声誉受到挑战时，地方政府会寻找有效的方式作出反应，以解决声誉受损的问题（Maor & Sulitzeanu-Kenan，2016）。此外，Rimkutė（2018）指出，由于合法性是成功的声誉管理的产物，声誉威胁的出现会刺激政府对于合法性的担忧，进而引导地方政府重新反思公共价值内涵，积极回应公民诉求，重建并维护良好的公共声誉。因此地方政府会通过各种声誉平衡和保护策略培养该机构的声誉（Rimkutė，2018），并试图通过积极凸显"公民本位"的公共价值诉求来赢得民众的认可、信任和支持。因此，当地方政府遭受声誉威胁时，会进一步强化地方政府对于"公民本位"公共价值的偏好，进而导致其面临的第四类公共价值冲突得到强化。

声誉威胁不仅可以引发强有力的组织响应，还可以诱使公共组织改变其行为（Van der Veer，2020），并作出更为迅速的行动（Maor & Sulitzeanu-Kenan，2013）。Willems（2020）的研究就发现，遭受声誉威胁的公共组织必须投入更多资源，以获得与那些没有遭受负面声誉冲击的组织相同的支持。因此当地方政府在环境治理中遭受来自上级政府的声誉威胁时，会在环境治理中作出更多的努力以期修复声誉损失。Maor 和 Sulitzeanu-Kenan（2016）的研究发现，声誉威胁对政府绩效具有积极的提升作用，其基于澳大利亚政府绩效数据的研究发现，声誉威胁的出现会导致政府下一年度绩效产出的显著增加。因此声誉威胁的出现，会显著提升地方政府环境治理的努力，并强化其绩效产出。此外，声誉威胁的发生还可以反映出公共组织在某一方面持续存在的弱点或不足，有利于引导公共组织重新反思并追溯触发事件的问题根源（Sohn & Lariscy，2014），因此可以强化第四类公共价值冲突对于地方政府环境治理行为的"纠偏"作用，进而更好修正环境治理行为，提升其环境治理效率。综上所述，本书提出假设 H5d。

H5d：声誉威胁正向调节了第四类公共价值冲突在公共舆论压力与地方政府环境治理效率间的中介作用，当地方政府面临来自上级政府的声誉威胁时，第四类公共价值冲突的中介效应更强。

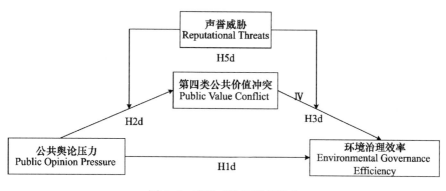

图 3-9　声誉威胁的调节效应

第六节　本章小结

本章详细讨论了多重压力、公共价值冲突与地方政府环境治理效率间的关系，并从环保垂直管理、公民参与、绿色技术创新和声誉威胁四个方面分析了公共价值冲突的协调路径。在理论分析与对话的基础上，本章提出了本研究的全部研究假设，并详细进行了假设的论证与讨论。本书研究的假设关系如图 3-10 所示，其中 H1a-H1d 是关于多重压力与地方政府环境治理效率间关系的假设；H2a-

H2d 是关于多重压力与四类公共价值冲突间关系的假设；H3a-H3d 是关于公共价值冲突影响地方政府环境治理效率的假设；H4a-H4d 是关于公共价值冲突中介效应的假设；H5a-H5d 是关于公共价值冲突协调路径的假设。基于图 3-10 的概念框架图可以看出，本书研究从多重压力和公共价值冲突视角研究地方政府的环境治理问题。其中，多重压力会激化地方政府环境治理中的公共价值冲突，而公共价值冲突会对地方政府环境治理效率产生显著影响，公共价值冲突是多重压力影响地方政府环境治理效率的中介机制。此外，环保垂直管理、公民参与、绿色技术创新和声誉威胁在不同阶段起到了针对公共价值冲突发生及其影响的调节效应。

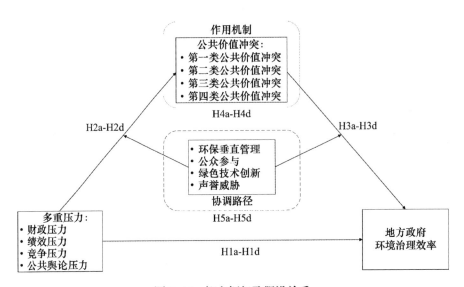

图 3-10　概念框架及假设关系

第 四 章

研究设计与分析方法

　　本章主要介绍研究的实证设计与操作方法，具体包括样本选择、变量测量和分析方法三部分。首先是对样本选择依据和过程的介绍，主要讨论本研究选择我国 216 个城市作为分析对象的理由和依据，并介绍基准样本选择的标准、样本剔除的过程以及最终的样本量信息。其次是对于本研究变量测量方法与数据来源的介绍。此部分将详细介绍本研究中地方政府环境治理效率、多重压力、公共价值冲突以及四种调节变量的测量方法，并详细介绍每一个变量测量的数据获取渠道。此外，本章还将介绍实证分析中八个控制变量的选取依据以及测量方法。最后，是对于本研究计量分析方法的详细介绍。本章首先介绍了本研究使用双向固定效应模型的理由和依据，其次介绍了本研究将使用到的面板数据多元回归的主要思路，最后，本章介绍了研究中使用到的四种较为复杂的计量分析方法，具体包括了"U"型或"倒 U"型关系检验方法、非线性关系检验方法、基于 Bootstrap 方法的中介效应检验以及被调节的中介效应检验方法。

第一节　样本

一　研究对象选取的思路

当前关于我国地方政府环境治理的研究大都围绕省、自治区、直辖市政府展开（韩超等，2016；黄寿峰，2017；张国兴等，2021；张檬，2018），即普遍采用省级面板数据进行实证分析与假设检验，基于市级层面的研究相对较少，主要是因为市级层面的数据获取难度和工作量较大。若以省、自治区、直辖市政府为研究对象，则相关数据库可以直接通过《中国统计年鉴》《中国环境统计年鉴》《中国能源统计年鉴》《中国工业统计年鉴》等渠道获取。但上述年鉴的统计口径只涵盖了各省、自治区、直辖市或部分重点城市，并未覆盖到了我国全部地级市。因此，若以市级政府为研究对象，则需要寻找新的数据获取渠道，并且部分指标数据不可避免地需要通过手工整理的方式予以获取，不仅加大了研究的整体工作量，而且还要面临数据缺失的问题。

尽管市级层面的数据获取难度较大，但若仅仅以省级政府为研究对象，则分析对象过于宏观，不仅无法掌握地方政府环境治理的真实情况，也无法有效识别出地方政府面临的具体困境，具体原因有三方面：首先，在我国的五级行政管理层级中，省级行政单位（省、自治区、直辖市）是由中央人民政府直接管辖的最高一级地方行政区域，省级政府也属于国家一级行政区政府，由于其管辖范围较广、地域面积较大、覆盖的下级行政单元较多，很难深入细致地分析出地方政府环境治理的行为规律和矛盾痛点；其次，若以省级政府作为研究对象，尽管可以获取到国家层面发布的更为丰富的统计数据，但面板数据的截面单元较少，现有研究大都只覆盖了我国大陆地区除西藏地区以外的 30 个省级（自治区、直辖市）政府（韩超等，2016；黄寿峰，2017；张国兴等，2021），由于截面样本较少，不利于深入讨论多重压力、公共价值冲突与地方政府环境治理效率间的关系，也难以识别出不同地方政府间的细微差异；最后，在财政分权的背景下，市级政府在区域环境保护和生态治理中的作用越来越突出，市级政府不仅在实施环保投入和开展环境监控方面发挥着重要作用（包国宪、关斌，2019a），而且在协调经济发展和环境保护方面承担着更大的责任和义务（Du & Yi, 2022；Li et al.,

2019），因此，是中国经济发展和环境治理的主体单位。鉴于此，本书研究将研究对象深入市级政府，不仅更加符合研究要分析的问题，也有利于得出更加深入细致的分析结论。

二 样本筛选的过程

本书研究以《中国城市统计年鉴》（2018）公布的 279 个地级市和 15 个副省级市作为基准样本，在获得基准样本以后，为了确保分析数据的完整性、一致性与可靠性，在考虑到样本城市数据可得性的基础上，需要对基准样本按以下标准进行筛选：（1）由于研究所分析的数据为 2012—2017 年的面板数据，为确保研究对象的一致性，需要剔除 2012 年以后新设的地级市。（2）研究在测量地方政府环境治理效率时，选择地方政府节能环保支出作为 Super-SBM 模型的投入指标之一。政府节能环保支出于 2006 年被正式列入政府财政预算支出科目，反映的是政府在环境监测与监察、污染防治、环境保护管理事务、自然生态保护、节能减排等方面的基本支出和项目支出。尽管大部分市级政府的环保支出数据可以在省级统计年鉴、市级统计年鉴或市政府各年度的《财政预决算》报告中手工获取，但仍有少数地级市的环保支出数据通过上述渠道无法获取，由于 MAXDEA 软件不允许数据指标有缺失值，同时从环境经济学的视角看，资本投入是环境治理三个基本投入之一（Berck & Helfand，2011），因此是分析地方政府环境治理效率时不可或缺的分析指标。考虑到地方政府环保支出数据难以有更好的代理指标，因此需要对缺失数据的样本做剔除处理。（3）研究通过 CATA（Computer-Aided Text Analysis）大数据文本分析技术和冲突反应模型（Conflicting Re-actions Model）来测量公共价值冲突，需要使用到的原始文本资料包括地方政府政府工作报告、市政府常务会议纪要、有关环境治理的地方官员公开讲话以及相关的政务新闻和政务动态等，上述文本资料等皆需通过地方政府官网获取，但部分地方政府官网信息更新不及时或内容严重缺失，为确保测量的信效度，因此需要剔除部分数据严重缺失的样本。经过筛选，本书研究最终共获得了 216 个地级市的平衡面板数据。

第二节　变量测量

一　环境治理效率

环境治理效率（Environmental Governance Efficiency）是现阶段用以评价地方政府环境治理成效（包国宪、关斌，2019a；吴建祖、王蓉娟，2019），以及衡量地方政府环境治理绩效最为主流的指标（Guan，2023）。从环境经济学的视角看，环境治理和一个经济系统或者一个生产过程具有相似性（Berck & Helfand，2011），通过效率分析，可以判断出环境治理的产出是否达到了理想的效果，或者说环境治理的投入是否被最大化的有效利用（Young，2016）。董秀海等（2008）就指出，环境治理效率是用来衡量一定数量的要素投入（人、财、技术）和一定数量的"产品"产出（如减少污染物排放、空气质量改善、城市绿化等）之间关系的指标（董秀海等，2008）。基于环境经济学的分析视角（Berck & Helfand，2011），从环境治理的输入一般包括资本、人力和技术三个方面，环境治理的输出主要包括人们期望的产出（越高越好）和人们不期望的产出（越低越好）两个方面。由于环境治理效率具有清晰的概念内涵和科学严谨的测量方法，并且在现有研究中被广泛应用，因此研究采用环境治理效率来分析地方政府环境治理的成效。

（一）数据包络分析方法介绍

环境治理效率的评价是一个多投入、多产出的复杂系统，要准确地对其进行测量必须采用科学的分析方法。非参数的数据包络分析（Data Envelopment Analysis）是目前国内外主流的计算环境治理效率的有效方法。数据包络分析由运筹学家 Charnes 和 Cooper 等于 1978 年提出（Charnes et al.，1978），它提供了对相似决策单位

（Decision Making Unit，DMU）的相对有效性的全面评估。DEA 本质上是一种测量相对效率和比较绩效（comparative performance）的非参数方法（Non-parametric methods）（Charnes et al.，1978），它主要采用数学规划模型来评价一组具有多投入与多产出的评价对象之间的相对效率。DEA 方法可以通过建模的方式更为全面和综合地评价绩效，远远优于几个指标之间进行简单对比的传统方法。其优点在于无须提前设定权重分布，无须统一指标之间的量纲，可以让多个同质单位之间的效率具有可比性（Msann & Saad，2020），具有很强的经济背景和解释力。

基于 DEA 方法的环境治理效率评估大多将环境要素作为投入变量或者产出变量，并结合不同形式的方向性距离函数估算环境治理效率。目前该方法已在环境治理绩效评价的国内外研究中得到了广泛应用。例如，包国宪和关斌（2019）采用 DEA 方法中的超效率模型测量了我国 206 个地级市的环境治理效率，并分析了其与地方政府财政压力之间的关系；吴建祖和王荣娟（2019）采用 DEA 方法测量了我国 283 个地级市的环境治理效率，并基于此采用双重差分方法检验了中央环保约谈是否有效；Wu 等（2014）在 DEA "黑箱"模型基础上对中国省际环境治理效率进行评价。董秀海等（2008）采用 DEA 方法中的 CCR 模型对我国的环境治理效率进行了国际比较和历史比较。

DEA 方法有多种模型，传统的 CCR 模型和 BCC 模型基于径向和角度对效率进行测算，不能把投入和产出的松弛性纳入考虑范围，使得效率值的度量不够准确。Tone（2001）提出的 SBM 模型避免了传统 DEA 模型基于径向和角度所造成的偏差，有效解决了传统 DEA 模型无法评价 "非期望产出" 的问题。但其测得的效率值会出现多个决策单元同为完全效率的情况，无法对这些决策单元进行进一步评价。为此，Tone（2003）在 SBM 模型的基础上进一步提出了 Super-SBM（Slack-Based Measure of Super-Efficiency）模型。该模型允许效率值大于或等于 1，既克服了 DEA 分析的缺陷，又进一步解决了有效单元之间的差别比较和评价问题。因此本书在研究中也采取非径向、非角度的基于变动规模报酬（Variable Return to Scale, VRS）的 Super-SBM 模型对环境治理效率进行测度。

（二）投入指标选取

根据 Charnes 等（2013）的建议，采用 DEA 方法测量环境治理效率时，对于指标的选择应遵循系统性原则、可操作性原则和科学性原则（Charnes et al., 2013）。上文说到，从环境经济学的视角看，环境治理的投入一般包括资本、人力和技术三个方面（Berck & Helfand, 2011），而且以 Romer（1986）、Lucas（1988）主导的新经济增长理论也将资本、技术和劳动力视为城市环境治理发展的推进力量（Lucas Jr, 1988; Romer, 1986）。因此现有研究普遍将政府环保支出、环境治理服务业从业人员和科技水平作为环境治理效率的投入指标（包国宪、关斌，2019a；董秀海等，2008；吴建祖、王蓉娟，2019；赵峥、宋涛，2013），研究在采用 Super-SBM 模型时，也将这三个指标作为投入指标，具体说明如下。

1. 政府环保支出

政府针对污染治理和环境事业建设投入的经费是整个环保事业的关键输入要素，也是环境治理过程"资本"投入的直接体现。政府环保支出在政府一般公共预算支出科目中体现为"节能环保支出"，具体包括环境保护管理支出、污染防治支出、环境监测与监察支出、能源节约利用与能源管理支出、自然生态保护支出、污染减排支出等方面。政府节能环保支出主要用于落实环境治理和生态保护、污染防治与攻坚、支持和鼓励地区绿色低碳转型等方面，是衡量地方政府环境治理投入力度的一项重要指标。地方政府环保支出数据可以基于省级统计年鉴、市级统计年鉴或市政府年度"财政预决算"报告手工搜集，但仍有少数地级市的环保支出数据通过上述渠道无法获取，由于 MAXDEA 软件不允许指标有缺失值，因此需要对缺失数据的样本做剔除处理，这也是上文提到的本研究进行样本筛选和剔除的一个影响因素。

2. 环境治理服务业从业人员数

环境治理服务业从业人员数是指某一地区从事生态保护、环境监测、自然保护区管理、污染物处理、环境影响评价、环境卫生管理和绿化管理的从业人员总数，是对一个地区关于环境治理人力资本投入的直接反映。当前地方政府环境治理的综合整治、监测调查、环境影响评价等工作都需要投入大量的人力资源，因此近年来环境治理服务业从业人员数得到了快速增长，与之相配套的环境技术服务、环境治理设施运营管理、危险废弃物处理、废旧资源回收处置、环境贸易与金融服务等从业人员也得到了全社会更多的关注。充足的人力资源是地方政府有序开展环境治理的基础，只有依托于足够的人力资本支撑，地方政府的环境治理才能具有可持续性提升的动力源泉。因此，本书研究将环境治理服务业从业人员数作为投入指标之一。

3. 科学技术支出

根据环境经济学的分析框架，科学技术支出是地方政府环境治理效率测量的重要投入指标。首先，政府科学技术支出有助于促进地区产业结构的转型升级，有效引导生态要素的集聚和扩散，提升地区的产业生态化水平。科学技术支出是科学技术创新的重要推动力，不仅有利于催化新兴产业，还有利于转变传统生产要素的利用格局，从而对生产者"绿色生产"产生积极的推动作用。不仅如此，充足的科学技术支出还可以改进工业企业的生产技术、促进资源的循环再利用，节约资源并提高地区的节能减排效果。其次，根据财政部《政府收支分类科目》明细①，政府"科学技术支出"下设"应用研究"功能分类科目，其中包含了地方政府进行"环境科学"研究的专项科研费用，因此地方政府科学技术规模越大，其进行环境科学研究的经费支持也就越充足，政府针对环境科学研究的财政投入有利于推动环保技术产业的快速发展，从而更好地为环境治理

----

① 财政部关于印发《2018 年政府收支分类科目》的通知（财预 2018 号）。

提供科学和技术保障。

（三）期望产出指标选取

1. 人均绿地面积

城市绿地面积是反映城市绿地建设水平和绿化覆盖率的重要指标，而人均绿地面积指城市公共绿地资源在统计人口中的分配状况（Wüstemann et al.，2017），可反映城市绿地建设与城市居民人口间的匹配关系。城市绿化建设具有美化城市景观、缓解城市热岛效应、改善人居环境、优化城市空气等诸多作用。2016 年国务院下发的《"十三五"生态环境保护规划》就明确指出："到 2020 年，城市人均公园绿地面积达到 14.6 平方米，城市建成区绿地率达到 38.9%"，因此，人均绿地面积是中央对地方环境治理的重要考核指标，也是地方政府环境治理中不可或缺的重要内容，研究将人均绿地面积纳入环境治理效率测算的"期望产出指标"，符合中央对地方政府环境治理考核的指标设置范畴。

2. 一般工业固体废物综合利用率

该指标反映的是地区工业固体废物综合利用量占当年地区工业固体废物排放量的百分比，可以用以分析地区针对工业固体废弃物的利用情况。工业固体废弃物是工业"三废"之一，无论是露天堆放还是地下掩埋，都会对周围的土壤和水源造成严重污染。工业固体废物综合利用率较高，不仅可以有效减少工业固体垃圾产出，还可以对再生资源进行回收利用。一般工业固体废物综合利用包括冶金废渣固体废物利用、燃煤固体废物利用、化工轻工固体废物利用等方面，是创建"无废城市"、促进工业固体废物资源化利用的重要路径。2022 年 2 月工信部、生态环境部等八部门印发的《关于加快推动工业资源综合利用的实施方案》就提出"到 2025 年，力争大宗工业固废综合利用率达到 57%"。考虑到工业固体废物综合利用率是国家的重要考核指标。因此，本研究将其作为期望产出指标之一。

3. 污水处理厂集中处理率

污水处理是加强资源利用和保护，构建水资源循环平衡体系的重要内容，也是中央环保督察重点关注的内容。2019 年 7 月第二轮第一批督察的 6 省市两家央企中，被指出了多个关于污水处理的问题，涵盖"污水处理能力不足""偷排问题""超标排放""管网建设滞后""提标改造滞后"等问题。污水处理厂集中处理率反映的是报告期内某一地区通过污水处理厂处理的污水量与污水排放总量的比率。城市污水集中处理率已经成为城市人居环境建设和城市环境治理水平的重要体现，也一直是地方政府环境治理和环保考核的重要内容。2018 年 6 月，《中共中央国务院关于全面加强生态环境保护　坚决打好污染防治攻坚战的意见》提出"要坚决打赢蓝天保卫战，着力打好碧水保卫战，扎实推进净土保卫战"，意见同时规定了到 2020 年三大保卫战需要达到的具体目标，其中全国地表水一至三类水体比例需要达到 70% 以上，劣五类水体比例需要控制在 5% 以内。因此，本研究将污水处理厂集中处理率作为地方政府环境治理效率测量的期望产出指标之一。

（四）非期望产出指标选取

非期望产出（Undesirable Outputs）概念最早由 Koopmans（1951）提出，所谓非期望产出，是相对于期望产出（Desirable Outputs）而言的，人们在生产过程中不希望出现的副产品。由于工业"三废"是工业生产中不可避免的产物，因此政府环境治理的目的，就是要在提高期望产出量的过程中，尽可能地减少这种非期望产出。本书正是采用基于非期望产出的 DEA 方法来分析地方政府环境治理效率，DEA 方法本质上是一种"相对效率评价"方法，是使用数学规划模型比较决策单元（Decision Making Unit，DMU）间的相对效率。非期望产出与环境治理有关，但是更与生产活动规模相关，但由于 DEA 测量的是多投入和多产出情景下的相对效率值，并不是一个绝对效率值，因此，在既定的投入下，特定的决策单元相比其他决策单元的非期望产出值越少，则其环境治理效率就越高，这种思路在相关研究中得到普遍应用。例如，包国宪和关斌（2019）、吴建祖和王蓉娟（2019）皆在其研究中将工业废水排放量、工业烟

（粉）尘排放量作为非期望产出指标。由于工业生产资源消耗高、污染排放大，工业粗放式发展成为了我国环境污染问题的主要源头，工业污染防治也是各地区环境治理最为重要的组成部分。鉴于此，本书选取工业废水排放量和工业烟（粉）尘排放量作为环境治理效率测量中的非期望产出指标，具体说明如下。

1. 工业废水排放量

工业废水排放量是指报告期内某一地区所有工业企业排放口排放到企业外部的工业废水总量。由于工业污水直排、河道黑臭、氨氮磷浓度超标是近年来中央环保督察组反复通报的集中性问题，因此工业废水整治成为地方政府环境治理的工作重点。工业污水排放量越高，地区污水处理和利用的压力越大，给地方政府生态环境治理造成的负担越重，会严重影响到其环境治理效率。2021年12月，工业和信息化部、国家发展改革委、科技部、生态环境部、住房城乡建设部、水利部六部委联合印发《工业废水循环利用实施方案》，对降低工业废水排放量，提升用水重复利用率提出了一系列明确要求。由于工业废水排放管理和循环利用是促进工业绿色高质量发展的重要内容，因此本研究将工业废水排放量作为地方政府环境治理效率测量的非期望产出指标之一。

2. 工业烟（粉）尘排放量

工业烟（粉）尘是指工业企业在燃烧生产过程中排放入大气的污染物粉尘，包含细小颗粒物、矿物粉尘、碳氢化合物等有害物质，是大气污染中"悬浮颗粒"的主要来源。工业烟（粉）尘排放既是地区工业经济发展的副产品，也是工业污染气体排放的重要组成部分，严重危害大气质量。工业烟（粉）尘的减排一方面需要加快地区工业结构的调整，加强对于高污染、高耗能企业的治理，另一方面需要依托专门技术措施予以治理，包括机械式、过滤式、洗涤式除尘装置的加装等。近年来，由于雾霾天气受到人们越来越多的关注，我国针对工业烟（粉）尘排放的深度治理已经展开，工业烟（粉）尘排放管理也成为地方政府环境治理中的重要内容，因此本研究将其作为 DEA 分析的非期望产出指标。本研究关于地方政府环境治理效率的指标选取具体见表 4-1 所示。

表 4-1　　基于数据包络方法的地方政府环境治理效率的指标选取

指标分类	指标选取
投入指标（Input）：	1. 地方政府环保支出（EnvExp）
	2. 水利、环境和公共设施管理业从业人员（Employ）
	3. 科学技术支出（SciExp）
期望产出指标（Output）：	1. 一般工业固体废物综合利用率（Utirat）
	2. 污水处理厂集中处理率（Sewage）
	3. 人均绿地面积（PerGre）
非期望产出指标（Bad-Output）：	1. 工业废水排放量（IndWater）
	2. 工业烟（粉）尘排放量（IndDust）

二　公共价值冲突

上文提到，公共价值的多元化属性及其不可兼容性是公共价值冲突发生的前提，而特定主体对于不同公共价值偏好的矛盾和对立则是公共价值冲突发生的基础。Berlin（1969）就指出，价值作为一种客观实在，本身无所谓冲突，一种价值和另一种价值就其本质而言并行不悖，之所以发生冲突在于人们的价值偏好和价值取向不同。冲突反映出的是不同偏好之间的竞争（De Graaf et al.，2016），其本质不是价值本身之间的冲突，而是不同公共价值偏好或价值选择之间的冲突。本书对于公共价值冲突的测量正是遵照了 Berlin 价值多元论的观点，即通过识别地方政府对于两类公共价值的偏好来进一步分析其冲突关系。

具体来看，本研究采用 Python 网络爬虫技术、计算机辅助文本分析技术（Computer-Aided Text Analysis，CATA）（Short et al.，2010）和冲突关系模型来测量公共价值冲突。基于矛盾态度理论和价值多元论的分析思路，本研究首先测量地方政府对于相互冲突的两类公共价值的偏好程度，然后进一步分析和测算其冲突关系。在研究操作中，本书并未直接识别地方政府在某一政策或措施中的公共价值冲突，而是通过 Python 网络爬虫技术和计算机辅助文本分析技术独立测量了地方政府对于两类公共价值的偏好程度，进一步结合冲突反应模型（CRM）计算了地方政府关于两类公共价值偏好之间的冲突程度。测量分为三个步骤，首先是通过 Python 网络爬虫技术爬取可用来识别和捕获地方政府公共价值偏好的原始文本资料，包括地方政府工作报告、有关环境治理的地方官员讲话、政务新闻、政务动态和部分常务会议纪要等，相关内容来源于地方政府官网，可以从会议动态、政务要闻等栏目中获取。其次是采用计算机辅助文本分析技术测量地方政府对于不同公共价值的偏好程度，最后是基于冲突反应模型拟合并计算了公共价值冲突的程度。冲突反应模型（Conflicting Reactions Model，CRM）由 Priester 和 Petty（1996）在 Kaplan（1972）关于矛盾态度冲突关系分析的思路上开发而来，旨在通过分离语义差别法独立测出相互冲突的两种态度或偏好的大小，在同时考虑两种偏好的情况下进一步将冲突的程度予以量化。

Bozeman（2009）审查和评估了几种识别和测量公共价值的方法，具体包括了从理论和文献中提炼、对价值系统进行研究、从政府基础性文件（Foundational Documents）中识别、对大规模公共政策的使命声明（Mission Statements）进行分析。在 Jørgensen 和 Bozeman（2007）看来，政府文件可以提供对于公共价值最基本的洞察，因此关于"公共价值在哪里可以找到"的问题，Bozeman 和 Sarewitz（2011）明确指出，可以从正式的学术文献、政府文件或公共文件中找到。Andersen 等（2013）也指出，在组织和宏观层面，公共价值可以在地方官员讲话、使命声明、制度文件、政策文件等文件资料中进行识别。类似地，Jørgensen 和 Rutgers（2015）也指出，针对非个人层面的公共价值偏好，可以通过阅读宪法、使命声明、战略文件和立法文件等资料进行识别。例如，Fisher 等（2010）研究了美国联邦纳米技术立法中阐述的公共价值，然后跟踪了随后几年的规划行动，以确定后来的公共价值主题是否与最初作为立法理由提出的公共价值主题相匹配。包国宪和关斌（2019b）通过地方政府常务会议纪要测量了地方政府在预算支出决策中对于"政府本位"和"公民本位"两种公共价值的偏好程度，关斌（2020）采用文本分析方法测量了地方政府在环境治理中对于"及时性和行政效率"以及"稳健性和可靠性"两类公共价值的偏好程度。

因此，在公共价值的前沿研究中，采用文本分析方法通过对政府基础性文件（Foundational Documents）、政府工作报告、地方官员讲话、立法文件、公共政策的使命声明（Mission Statements）、政策文件等进行分析，进而捕捉政府官员、领导班子、地方政府的公共价值偏好已经是一种主流、成熟且规范的做法（Bozeman & Johnson，2015；Fukumoto & Bozeman，2019；包国宪、关斌，2019b）。鉴于此，本书将 Python 网络爬虫技术、CATA 文本分析技术和冲突态度模型有效结合起来，通过测量地方政府环境治理中对于不同公共价值集的偏好程度，进一步计算其面临的公共价值冲突程度。下面将依次介绍本研究所采用的三项技术的具体操作。

（一）基于 Python 网络爬虫获取原始文本资料

网络爬虫是获取网页并提取和保存信息的自动化程序，其核心原理是向需要抓取信息的网站服务器发送请求，获取网页源代码，按照一定的规则分析网页源代码，并从源代码中提取并保存所需信息的过程。在 Python 网络爬虫技术中，简单的网页爬取可以采用 urllib 库的 request 模块来实现，urllib 是 Python 内置的 HTTP 请求库，urllib. request 可以方便地实现请求的发送并得到响应，获取网页源代码后，从源代码中提取信息的常用方法是正则表达式。正则表达式是描述字符串排列的一套规则。通过编写正则表达式，可以有效"匹配"和"筛选"符合正则表达式设定规则的字符串，正则表达式的功能通过 Python 中的 re 模块来实现。

尽管 urllib. request 模块应用相对便捷，但仅靠 urllib. request 模

块无法进行大规模文本数据的爬取，因此本研究在 urllib. request 模块的基础上，进一步采用了 Python 语言中的 Scrapy 框架进行爬虫操作。Scrapy 是一个基于 Twisted 的异步处理框架，是完全依赖 Python 实现的爬虫框架，其架构清晰，模块之间的耦合程度低，可扩展性极强，可以高效率爬取 Web 网页并提取结构化的数据。在实际操作中，只需分别编写 Scrapy 指定的各个模块即可完成爬虫项目的搭建，可以用来执行大型爬虫项目，适合于大规模数据的爬取分析。根据韦玮（2017）的介绍，Scrapy 框架如图 4-1 所示：

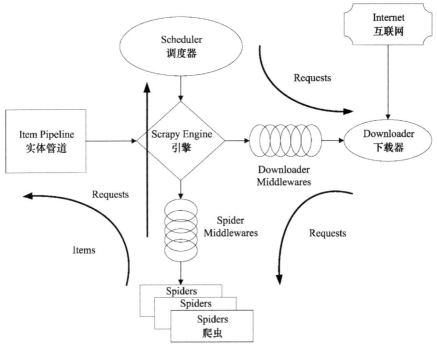

图 4-1　Scrapy 爬虫架构

其中 Engine 是 Scrapy 框架的引擎，负责整个系统的数据流处理和触发事务；Item 是爬虫数据结构的项目，负责将爬取的数据结构化，通过定义 Item，爬取的数据可以被复制成为 Item 对象，在本研究中，Item 具体包括了会议纪要、政务新闻或政务动态的标题、时间、文本主体内容四个部分；Scheduler 是框架的调度器，负责接受 Engine 发过来的请求并将其加入队列中，在 Engine 再次请求的时候将请求提供给引擎。Downloader 是下载器，负责下载网页内容并将网页内容返回给爬虫；Spiders 是爬虫，是 Scrapy 框架的核心和难点，负责定义爬取的逻辑和网页解析的规则；Pipelines 是项目管道，负责处理由爬虫从网页中抽取的项目，它的主要任务是清洗、验证和存储数据。Midelewares 分为下载器中间件和爬虫中间件，分别用来处理引擎与下载器之间的请求和响应以及向爬虫输入的响应（韦玮，2017）。

在整个 Scrapy 框架的设立中，最核心的是爬虫 Spiders 的编写，因为所有的爬取动作以及数提取等操作都是在 Spiders 中进行定义的。在具体操作中需要首先将爬取网站的域名设定给 allowed_ domains，找到常务会议纪要或政务动态等文本资料所在的网页，进入 Start_ urls 列表中的页面，由于在同一个地方政府网站中，同一栏目内的会议纪要、政务动态或政务新闻都具有类似的 URL，因为可以通过分析其中一条 URL，找到其规则，通过循环的方式实现翻页并构造 URL 列表，形成每条会议纪要或政务动态的 URL。然后需要使用 parse 方法，该方法是处理 Scrapy 爬虫爬行到网页响应（response）的默认方法，通过该方法，可以对响应进行处理并返回处理后的数据，parse 方法的参数 response 是 start_ urls 里面的链接爬取后的结果，设置 Callback 回调函数，调用上面的函数 parse（），通过该操作可以依次请求每个 URL。其次，针对每个响应的网页，进一步采用 Xpath 表达式爬取 Item 定义的内容，Xpath（XML Path Language）即 XML 路径语言，是一门在 XML 文档中查找信息的语言，提供了非常强大的路径选择表达式，可以用于字符串、数值、时间的匹配以及节点、序列的处理等（韦玮，2017）。提取相应的 Item 内容可以表达为：

Item［'item1、item2、item3'］= response. xpath（'xpath 表达式 1'、'xpath 表达式 2'、'xpath 表达式 3'）. extract（）

综上，针对爬取的内容，通过 pipelines. py 将爬取的内容写入指定的文件目录。需要说明的是，在 Scrapy 项目的操作中遵守了 Robots 协议，设置了反爬操作的网站，本研究则采用手工获取的方式收集了相关文本资料，在 Scrapy 框架的编写中，也配合使用了 urllib. request 模块和正则表达式。

（二）使用 CATA 技术进行文本分析

得益于大数据时代的到来和信息技术的有利推动，机器学习、大数据文本分析、自动化文本分析（Automated Text Analysis）、计算机辅助文本分析技术（Computerassisted Text Analysis Methods, CATA）得到了快速发展，并已逐渐成为社会科学研究中一类相对成熟且规范的方法。在近年来社会科学特别是政治学和经济学的研究中，对于计算机辅助文本分析技术的使用有所增加。例如，Haeder 和 Yackee（2015）在针对美国管理和预算办公室的研究中就使用了自动化内容分析来审查该机构规则的变化。Pandey 等（2017）使用新泽西州公立学区的书面文本，使用自然语言处理（NLP）方法来分析公共组织的创新措施。Marvel 和 McGrath（2016）使用文本情感分析方法分析了机构监督听证会的基调，并考察了其与机构士气的关系。Desouza 和 Jacob（2017）指出，许多政府已经利用情感分析来研究公民的主观幸福感以及它与各种政策之间的关系。类似的，Baker 等（2016）基于词典法构建了政策不确定性的度量。

Hollibaugh（2019）指出，通过利用 CATA 方法，公共管理、公共政策和其他社会科学的学者将能够处理大规模文本，以便发现其中的潜在关系。该方法既能帮助研究人员回答新问题，又能重新审视旧问题。Hollibaugh（2019）对公共管理研究中 CATA 文本分析方法的应用情况进行回顾后就发现，政府组织产生了大量的数据，其中大部分是文本形式的，但是往往数量太多，无法手工编码，而社会科学方法论、软件和计算机能力的不断进展使得更多的研究人员能够轻松对其进行分析。通过对非结构化和半结构化的政策文本进行文本分析，可以有效识别政府价值取向的变化（包国宪、关斌，2019b）、测量政府公共价值的偏好（Bozeman & Johnson，2015；包国宪、关斌，2019a），从而打开公共决策过程的黑箱。鉴于此，本书通过 CATA 文本分析方法来测量地方政府对于不同类型公共价值的偏好程度，测量过程主要由以下三个关键步骤构成。

1. 基于公共价值集从分词结果中提取关键词

使用 Python 中 Jieba 开源库进行中文分词，过滤停用词库，分词是指将连续字符组成的句子或者段落按照一定的规则划分成为独立词语的过程。在 Python 语言中，常用的中文分词组件有 Jieba 和 SnowNLP，尽管 SnowNLP 模仿 TextBlob 编写，拥有更多的功能，但是 SnowNLP 并非基于 NLTK（Natural Language Toolkit）库，存在着一定的不足，因为本研究采用 Jieba 模块进行分词，Jieba. cut（）方法接受三个输入参数，即待处理的字符串、cut_ all（是否采用全模式）和 HMM（是否使用 HMM 模型），Jieba 模块也支持自定义词典。Jieba. cut 返回的结构是一个可迭代的 generator，可以使用 for 循环来获得分词后得到的每一个词语（unicode），也可以用 Jieba. lcut 直接返回 list。

停用词是指在文本汇总不影响核心语义的"无用"字词，通常为在自然语言中常见的但没有具体意义的助词、虚词、代词，如"的""了""啊"等。停用词的存在直接增加了文本数据的特征维度和文本数据分析过程的成本，因此一般都需要先设置停用词表，再对其进行筛选。现有研究常用的中文停用词表包括了四川大学机器智能实验室停用词库、中文停用词表、哈工大停用词表、百度停用词表，本研究在实际操作中，将上述四个停用词表进行了合并去重，形成了最终的停用词库。

过滤了停词库以后即可获得分词结果，基于分词结果，本研究进一步结合地方政府环境治理中的公共价值集及公共价值表（表 2-1）初步挑选关键词，基于原始文本分词结果挑选关键词，可以保证关键词来源于原始语境而非研究人员主观设定。完成关键词的初步挑选以后，需要制作关键词评分表并进行专家打分，总分值设定为 10 分，需要剔除平均分低于 6 分的关键词。

2. 通过 Python 正则匹配提取包含关键词的文本句

采用 CATA 分析方法的第二步是提取包含关键词的原始文本句，以便于接下来针对关键词进行编码分析。由于原始文本内容庞大，在研究过程中无法进行人工逐一阅读分析，因此需要将包含关键词的句子提取出来。包含关键词的句子往往是一个完整的意思表达，可以在此基础上进行进一步编码节点分析，具体操作要点如下。

（1）由于需要提取的句子是包含指定关键词的文本句，因此选择匹配字符集［ ］来做正则表达式的开头和结尾，同时需要将关键词写为正则表达式的一部分。关键词前后可能还有别的字符串，需要采用重复匹配来实现，但由于研究需要匹配出的只是包含了两个逗号、两个句号或者一个逗号、一个句号的字符串，可以使用字符集求反实现。

（2）通过赋值关键词列表 search_ keywords = ［'keywords1'，'keywords2'，'keywords3'……］，即将某一类公共价值集对象的关键词赋值为搜索列表，形成待搜索的关键词。其次通过设置 for 循环，输出包含关键词的句子，在此过程中，需要使用到 compile（）、pattern. match（）、pattern. search（）和 re. findall（）等函数。想要匹配出字符串中所有符合条件的子字符串，需要使用 re. findall（）方法。findall（）方法将所有符合条件的所有字符串组成列表返回，无符合条件的字符串则返回空列表。

（3）Pattern 贪婪和非贪婪的转化。由于正则表达式通常用于在文本中查找匹配的字符串。Python 里数量词默认是贪婪的，即总是试图匹配出尽可能多的字符；非贪婪则相反，总是试图匹配出尽可能少的字符。因此可以通过加上"?"的方式使贪婪模式转化为非贪婪模式。

3. 进行关键词筛选和自动编码

CATA 文本分析的第三步是关键词筛选及编码。首先是基于步骤二得出的包含关键词的原始文本句，进行关键词筛选及自动编码（Autocoding），形成关键词编码节点（Nodes）。然后对自动编码形成的参考点（References）内容进行歧义剔除，即剔除参考点含义与研究主题不符的编码节点，此过程需要人工完成，目的是防止自动编码中出现的歧义节点，由于此环节需要人工分析的只是包含了关键词的文本句子和自动编码的结果，工作量比直接分析原始文本资料实现了数量级的减少，有利于提高研究效率。最后，参照先前研究的计算方法（包国宪、关斌，2019a；吴建祖、关斌，2015），计算关键词编码节点数占文本总句子数的百分比。

（三）基于冲突关系模型测算公共价值冲突程度

在测量得出地方政府对于不同公共价值集的偏好程度后，本书进一步基于冲突反应模型（CRM）计算了公共价值冲突。冲突反应模型旨在通过分离语义差别法得出相互冲突的两种态度或偏好的评分，在同时考虑两种偏好的情况下进一步将冲突的程度予以量化。根据 Kaplan（1972）、Jonas 等（1997）学者的观点，想要测量特定主体面临的态度或偏好冲突，应该彼此独立、同步评估特定主体的两种相悖的偏好。由于人们往往不清楚，或者无法准确地对他们的冲突态度进行自我评估，如果直接采用问卷调查法或主观测试法询问人们是否感受到了冲突，或感受到了多大程度的冲突，测量结果往往是存在偏差的（Jonas et al.，1997）。Thompson 和 Zanna（1995）在 Kaplan（1972）研究的基础上对冲突反应模型予以改进，提出了目前在分析冲突态度时广为使用的"Griffin"方程（Thompson & Zanna，1995），"Griffin"方程的表达式如下：

$$Public\_\ Value\_\ Conflict = \frac{(P + N)}{2} - |P - N| + X \quad (4-1)$$

其中，P、N 分别代表地方政府对于相互冲突的两类公共价值的偏好程度，X 为自然数赋值，通常情况下取值为 1。"Griffin"方程的原理是，公共价值冲突的大小等于两种公共价值偏好大小的"相似性"加上它们的"强度"。方程中第二个分量 $|P - N|$ 表示，当

相似度增加的时候（例如，两种偏好的程度相等），相对于相似度较低的情况，一个较小的量就会从冲突测量的值中减去，因此公共价值冲突程度会增加。方程的第一个分量 $(P+N)/2$ 表示公共价值偏好的强度，当两个偏好的平均值（强度）增加时，相应的冲突程度也会增加。

三　多重压力

（一）财政压力

学界目前关于我国地方政府财政压力的测量有三种不同的思路：第一种方法是利用准自然实验方法，基于某种情景下的外生冲击来分析地方政府财政压力的变化，如陈晓光（2016）利用取消农业税改革作为准自然实验，来分析财政压力对于地方政府税收征管力度的影响，其认为2005年取消农业税，相当于削减了地方政府原有的一部分税收来源，导致地方政府总税基减少，因此财政压力变大。类似的，徐超等（2020）利用2002年所得税分享改革开展准自然实验分析，基于地级市层面数据，分析了地方财政压力对于政府公共支出效率的影响。其研究发现，所得税分享改革大幅压缩了地方政府对于地方企业所得税的剩余索取权，因此加大了地方政府的财政压力。尽管这种分析方法可以有效捕捉地方政府财政压力的外生变化，能够有效克服遗漏变量和反向因果等造成的内生性偏误，但是这种测量方法偏向于测量地方政府财政压力的"变化"，而非财政压力的"水平"。

第二种方法是采用税收分成比例的变化来分析地方政府财政压力。与第一种方法类似，第二种测量方法同样是从地方政府的"收入端"来分析其承受的财政压力。该方法主要认为，分税制改革导致的税收分成变化是造成地方政府财政压力的主要原因，其与第一种方法的不同之处在于，第二种方法更为细致地分析了税收分成比例的变化，并基于此来刻画财政压力大小的变化。例如，陈思霞等（2017）采用所得税实际损失率测度了地方政府财政压力，其认为，分税制改革以后，所得税对于地方政府财源的贡献度显著下降，地方政府因为所得税改革而承受的财政压力是真实存在的，并且导致地方政府逐步从财力自给转向了依靠上级政府的转移支付。类似的，席鹏辉（2017）采用了增值税税收分成比例在不同年份间的变化程度来分析地方政府的财政压力。其认为，当上级政府增值税税收分成增多时，会直接减少地方政府的税收收益，进而形成财政压力。

第三种方法是采用财政缺口或财力缺口情况来反映地方政府承受的财政压力（杨得前、汪鼎，2021；赵文哲、杨继东，2015），即财政压力=（地方政府财政支出-地方政府财政收入）/地方政府财政收入，这种测量思路认为，财政压力主要源自地方政府财政收支的不平衡程度，地方政府财政支出超过财政收入的部分越多，其财政"入不敷出"的程度越高，财政"缺口"越大，或者说其对于上级政府财政转移支付的依赖程度越高，因此其财政压力也就越大。整体来看，在上述三种方法中，第三种测量方法的收支缺口分析可以形成关于地方政府财政压力更为整体的认识。因为财政压力的形成是收支联动的结果，单纯从地方政府的收入端或支出端来分析，都不能全面地反映地方政府的财政压力（杨得前、汪鼎，2021）。不仅如此，第三种测量方法还可以有效测度出各个地方政府财政压力的具体水平，有利于构造面板数据集进一步分析不同年间财政压力大小的变化。鉴于此，本研究采用财政缺口来测量地方政府的财政压力，财政收支数据来源《中国城市统计年鉴》，但需要查找地方政府年度财政预决算公开数据进行补充。

（二）绩效压力

由于绩效压力主要反映的是地方政府承受的关于完成预期绩效目标以获得正面评价及避免负面后果的紧迫感。因此对于绩效压力的测量需要首先明确分析的地方政府承受的特定绩效目标。"富煤、贫油、少气"的资源禀赋特征导致我国对于煤炭能源的依存度很高，煤炭的大量使用造成了二氧化硫的大量排放，二氧化硫不仅是现阶段造成大气污染的主要源头之一，也是我国大气环境例行监测的必测项目。同时，二氧化硫也属于大气污染物中的总量控制指标，是国务院印发的《节能减排综合工作方案》中明确要求减排项目。例如，《"十二五"节能减排综合工作方案》就明确提出，到2015年，全国二氧化硫排放总量要比2010年下降8%；《"十三五"节能减排综合工作方案》再次明确提出，到2020年，全国二氧化硫排放总量要比2015年下降15%。此外，国务院《节能减排综合工作方案》不仅会明确提出全国层面的二氧化硫减排目标，还会将二氧化硫的减排指标下达至各省（自治区）。各地区在中央出台工作方案后都会进一步出台省（自治区）层面的节能减排工作方案，并将二氧化硫减排任务目标进一步分解下达到市级政府。

因此本研究以各省（自治区）"十二五""十三五"《节能减排综合工作方案》中下达到各地级市的二氧化硫减排任务作为环保绩效压力分析的主要内容，该任务指标由国务院下发到各省（自治区），各省（自治区）再根据自身情况进一步将任务分解下达到地级市。对于个别未在其《节能减排综合工作方案》中公布该任务分解明细的省份，需要进一步在其下辖地级市《"十二五/十三五"节能减排规划》《环境保护"十二五/十三五"规划》或《"十二五/十三五"主要污染物总量减排实施方案》中获取。借鉴 Chen 和 Miller（2007）、Greve 等人（2003）研究的思路，本书从内源和外源两个维度测量并拟合地方政府环境治理中的绩效压力。内源绩效压力由地方政府当年实际完成的二氧化硫减排指标和省级政府下达的绩效目标之间的差距来衡量，与下达的绩效目标之间的差距越大，地方政府承受的内源绩效压力越大；外源绩效压力由地方政府当年实际完成情况和本省内同级地方政府平均完成情况之间的差距来衡量，与省内其他地方政府平均完成情况的差距越大，地方政府承受的外源绩效压力越大。综上所述，绩效压力 $Performance-pressure_{it}$ 可表述为：

$$Performance - Pressure_{it} = \frac{\left| I_1\,PF_{it} - \gamma_0\,PO_i\, - \sum\limits_{t=1}^{t-1} PF_{it}\, < 0 \right|}{\gamma_0\,PO_i\, - \sum\limits_{t=1}^{t-1} PF_{it}\,}$$

$$+ \frac{\left| I_2\,PF_{it} - AP_{it}\, < 0 \right|}{AP_{it}}$$

$$(4-2)$$

PF_{it} 表示第 i 个城市第 t 年实际完成的二氧化硫减排值，PO_i 表示第 i 个城市承担的省级政府下达的五年规划的二氧化硫减排指标，$\sum\limits_{t=1}^{t-1} PF_{it}$ 表示第 i 个城市截止 t−1 年已完成的二氧化硫减排值，$\gamma_0\,PO_i\, - \sum\limits_{t=1}^{t-1} PF_{it}\,$ 表示第 i 个城市第 t 年的二氧化硫减排目标值，γ_0 为虚拟变量，若减排目标减去截止 t−1 年的实际完成值后大于 0，则 γ_0 取值为 1，否则取值为 0。AP_{it} 表示第 i 个城市所在省份第 t 年所有地级市减排任务的平均完成情况，$\left| I_1\,PF_{it} - PO_{it} - \sum\limits_{t=1}^{t-1} PF_{it}\,/n\, < 0 \right|$ 表示第 i 个城市第 t 年实际绩效指标完成情况低于省级政府下达的绩效目标差距的绝对值，用以衡量内源性绩效压力，其中 I_1 为虚拟变量，若实际完成值小于绩效目标，则设置为 1，否则为 0，当 γ_0 取值为 0 时，当年的内源绩效压力为 0。$\left| I_2\,PF_{it} - AP_{it}\, < 0 \right|$ 表示第 i 个城市第 t 年实际完成的减排值低于本省内同级政府平均绩效指标完成情况的差距的绝对值，用来衡量外源性绩效压力，其中 I_2 为虚拟变量，若实际完成情况低于所在省份地级市平均完成情况，则设置为 1，否则为 0。

（三）竞争压力

通过上文的分析得知，某一主体所承受的竞争压力的大小，主要取决于竞争对手的数量以及自己与竞争对手之间的差距。Kilduff 等（2016）指出，在分析竞争压力大小时，首先需要明确"与谁竞争"的问题，即需要明确我国地方政府的竞争结构。正如 Garcia 等（2016）所说，竞争对手社会比较的重要因素在于参照人的通约性，即参照人主要是与自己有相似特征、地位相称的对象进行竞争互动。我国城市间的竞争互动通常发生在同一省份内（Yu et al.，2016），即各市级政府主要将同省份内的其他市级政府视为自己的竞争对手，因为同一省份内的干部人事升迁往往由省级政府决定，同一省内的市级政府间具有显著的晋升竞争关系。

Boyle 和 Shapira（2012）的研究表明，在相同的竞争结构中，追随者更有可能关注多个参考点，其中一个参照点就是平均水平。表现低于平均水平的组织渴望达到平均水平（Hong，2019）。在参照竞争范围内平均水平的同时，我国地方政府的竞争逻辑还格外看重"标杆效应"，即地方政府会以竞争范围内经济发展水平最高的地区作为"标杆"，力争缩小与"标杆城市"的差距。另外，经济增速是我国地方政府竞争中最为核心的内容（Li et al.，2019）。

借鉴 Coles 等（2018）、Shen 和 Zhang（2018）等的研究思路，本研究主要从地方政府竞争的主要内容，即经济增速来测量其承受的竞争压力，测量的原理是根据样本城市所面临的竞争对手的数量以及经济增速与竞争对手的相对差距来构建竞争压力指数。其中有关经济增速相对差距的衡量需要同时考虑与"标杆城市"的差距以及与本省竞争范围内平均经济增速的差距，具体计算公式如下：

$$Competition\text{-}Pressure_{i,t} = \frac{\left| \lambda(GDP\text{-}growthi,t - AveGDP\text{-}growth_{range,t}) < 0 \right|}{AveGDP\text{-}growthrange,t}$$

$$\times \frac{n_{range}}{Nrange} + \frac{\left| GDP\text{-}growthi,t - MaxGDP\text{-}growth_{range,t} \right|}{MaxGDP\text{-}growth_{range,t}}$$

$$\times \frac{n_{surpass}}{Nrange}$$

$$(4\text{-}3)$$

如上所述，我国市级政府间的竞争互动主要发生在同一省份内，因此本研究将样本城市的竞争范围设定在其所处的省份内。竞争对手的数量通过当年在经济增速上超过本城市的城市数量占竞争范围内城市总数的比例来衡量，之所以选择超过本城市的竞争对手数量来衡量竞争压力，是因为在竞争对比中，只有那些超过自己的竞争对手，才是竞争压力的主要来源。落后于自己的竞争对手往往不对自身构成压力。此外，与竞争对手相对差距的衡量需要从两个方面进行考虑，一方面是本城市在该指标上与竞争范围内平均值的差距，另一方面是本城市在该指标上与竞争范围内最高值之间的差距，与最高值之间的差距可以反映出本城市与"标杆城市"之间的对比情况。在上述公式中，$AveGDP - growth_{range,\ t}$ 表示第 t 年的竞争范围内城市 GDP 增速的平均情况，$MaxGDP - growth_{range,\ t}$ 表示第 t 年竞争范围内 GDP 增速的最高值。λ 为虚拟变量，若样本城市当年的 GDP 增速小于竞争范围内所有城市 GDP 增速的平均值，则 λ 取值为 1，否则取值为 0。

（四）公共舆论压力

随着新媒体技术的快速发展，网络成为公众参与政治的重要场域，网络技术的发展改变了政府与公民的互动模式，不仅放大了普通民众的话语权，而且激发了普通民众参与公共舆论的参与积极性。在新媒体技术的加持下，来自公民社会的各种不同态度、情绪以及意见往往可以通过互联网平台实现快速互动交汇，因此公众的话语影响力在互联网时代得到了极大的发展和增强。大众观点的扩散转播不仅促成了新兴公共舆论格局的形成，而且还使得网络舆情数据以前所未有的速度呈现出了指数型增长，当前各级政府也面临着相比传统媒体时代更大的公共舆论压力。Berinsky（2017）在关于公共舆论测量方法的研究中就指出，通过互联网进行公共舆论调查为学者打开了一个新的可能世界。而且通过互联网场域分析公共舆论具有便捷性、时效性和经济性的优势（Brick，2011）。鉴于此，本研究也依托互联网场域测量地方政府面临的公共舆论压力。

本研究基于詹尼斯–法特纳不平衡系数（Janis-Fadner coefficient of imbalance）来测量地方政府面临的公共舆论压力。Janis-Fadner 系数最初是用来测量新闻媒体报道中的偏见问题，近年来已被广泛用于公共舆论和公共关系管理的研究中（Bansal & Clelland，2004；

Coombs & Holladay, 2012；Coombs & Holladay, 2014；Li et al., 2018）。Janis-Fadner 系数由 Janis 和 Fadner（1943）创立，其原理是利用三种编码类别（正面、负面、中性）构建一个分数值在 -1 到 1 之间不等的公式来测量公共舆论压力，公共舆论中的正面声音数量越多，其值越趋向于 1，政府受到的舆论压力就越小；公共舆论负面声音数量越多，其值越趋向于 -1，政府受到的舆论压力就越大。詹尼斯-法特纳不平衡系数被认为优于传统简单的比例分析，因为测量原理提供了对于负面言论强度和方向的评估，并进一步被标准化，以便研究人员可以比较来自不同数据集的测量值（Coombs & Holladay, 2014）。Janis-Fadner 系数的计算公式如下：

$$J - F\ Coefficient = \begin{cases} \dfrac{e^2 - ec}{t^2} & ,\ if\ e > c \\[2mm] 0 & ,\ if\ e = c \\[2mm] \dfrac{ec - c^2}{t^2} & ,\ if\ e < c \end{cases} \tag{4-4}$$

其中 e 为积极舆论信息数量，c 为消极舆论信息数量，t 为舆论信息总量。Janis-Fadner 系数使用的关键在于舆论信息的方向编码，即区分舆论信息是正面的、负面的，还是中性的，因此本书采用 Python 情感分析技术进行了分析。

情感分析（Sentiment Analysis）又称观点挖掘（Opinion Mining），是一种旨在从文本中分析并挖掘出作者的态度、立场、观点和看法的技术，是自然语言处理、人工智能与认知科学等领域的重要研究方向之一，情感分析中最常见的是情感分类，即把情感文本所体现出的主观看法进行类别判定，通常按照主观倾向性分成正面、负面和中性三类（林政、靳小龙，2019）。本研究需要进行情感分析的文本内容来自公民对于政府的留言，属于在线评论文本，在线评论文本情感分析最常见的技术是使用 Python 语言中的 SnowNLP 类库，因为在线评论文本的句式较短、字数少，情感表达较为直接和浓烈，是较为简洁的短文本，非常适用于通过 SnowNLP 进行情感分析。

SnowNLP 是 Python 语言编写的类库，可以方便处理中文文本内容，是受到 TextBlob 的启发而写的，SnowNLP 主要具有中文分词（算法是 Character-Based Generative Model）、词性标注、情感分析、文本分类（原理是朴素贝叶斯）、转换拼音（Trie 树实现的最大匹配）、提取文本关键词（TextRank 算法）、TF-IDF（信息衡量）、Tokenization（分割成句子）、文本相似（BM25）等功能。SnowNLP 和 TextBlob 不同之处是没有使用 NLTK，所有的算法都是自己实现的，并且自带一些训练好的字典，SnowNLP 的训练文本就是评论语料库形成的中文正负情感训练集，其训练数据是基于朴素贝叶斯原理（韦玮，2017）。使用 SnowNLP 类库进行情感分析的主要命令。

首先是通过 pandas 读取留言文件，df = pandas. read ＿ csv（"text. csv"，header＝None，usecols＝［2］）。

其次是将文本内容转为化列表形式，contents＝df. values. tolist。

最后是设置 for 循环，调用 SnowNLP 类库，对列表内容（contents）逐条进行分析，其中最为核心的命令为：

$$s = SnowNLP（content［0］）$$

$$score. append（s. sentiments）$$

SnowNLP 和 Textblob 的计分方法不同，SnowNLP 的情感分析取值表达的是留言文本正面情感的概率，其区间为［0，1］，取值越接近 1，情感偏向越积极，取值越偏向 0，情绪越偏激。本研究将小于 0.4 的归类为负面评论，将 0.4-0.6 的归类为中性评论，将大于 0.6 的归类为正面评论。

Janis-Fadner 系数可以较好地通过舆论的方向，基于标准化的数值测量出公共舆论压力的大小，但考虑到公共舆论压力的大小还取决于公共舆论的强度，公共舆论的强度反应出了公共舆论规模的大小，即某一问题上公共舆论的数量越多，给政策制定者施加的压力也将越大（Rasmussen et al.，2018）。鉴于此，本研究在 Janis-Fadner 系数的基础上，进一步加入了公共舆论总量的考虑，因此，公共舆论压力的测量公式如下：

$$Public\ Opinion - Pressure_{i,\ t} = -\frac{N}{C} \times (J - F\ Coefficient)$$

$$(4-5)$$

其中 N 表示公共舆论的总量，即当年城市总的公民留言数，为了消除城市规模大小的差异，需要除以城市年末户籍人口数（百万）（C），此外考虑到 Janis-Fadner 系数的方向问题，为了便于分析，需要将 Janis-Fadner 系数乘以 -1。

四　环保垂直管理

2016 年 9 月，为了增强环境监测监察执法的独立性、统一性、权威性和有效性，中共中央办公厅、国务院办公厅印发了《关于省以下环保机构监测监察执法垂直管理制度改革试点工作的指导意见》（下简称《指导意见》）。《指导意见》的出台，正式宣告我国开启了省以下环境保护机构的垂直管理改革。《指导意见》明确指出：市级环保局实行以省级环保厅（局）为主的双重管理，县级环保局调整为市级环保局的派出分局，由市级环保局直接管理。其实在 2016 年的《指导意见》出台以前，我国很多地区都尝试过环保垂直管理改革。例如，陕西省 2002 年 8 月印发了《陕西省市以下环境保护行政管理体制改革意见》，明确区、县环境保护局及其所属事业单位改编为市环保局的派出机构或直属机构；2004 年 4 月江苏省针对环保监察出台了《江苏省环境监察现代化建设实施方案》，明确指出按区域分片设立区域环境监察分局，作为派出机构，隶属省环境监察局；2008 年 4 月，沈阳市政府办公厅下发《沈阳市迎接国家环保模范城市复查工作实施方案》，方案提出将建立市、区两级环保机构垂直管理体制。

韩超等（2021）通过查阅各省环境保护厅、地级市环境保护局、区县环保分局等官方网站，手工收集整理了 1994—2010 年我国实施过环保垂直管理改革或试点试验的地级市。其研究发现，在 1994—

2010 年，我国已有大量地级市实施或部分实施了环保垂直管理改革。其基于改革时点的统计数据就指出，仅截至 2010 年，我国已有 74 个地级市实施了环保垂直管理改革，还有 239 个区环保分局和 80 个县环保分局实施了环保垂直管理改革。韩超等（2021）的研究较为系统地摸清了我国 2010 年以前环保垂直管理改革试点建设情况，其对于环保垂直管理改革试点情况的整理方法也具有较高的借鉴意义。鉴于此，本研究参照韩超等（2021）的方法，通过查阅地方政府网站、市生态环境局网站、省生态环境厅等网站中相关制度办法、政策文件、通知公告等内容，梳理样本城市在 2012—2017 年是否出台了或正在执行有关环保管理垂直制度改革试点的文件或办法。环境垂直管理采用 0-1 哑变量，如果地方政府出台了或正在执行有关环保管理垂直制度改革试点的文件或办法，则标记 1，否则标记 0。

五　公民参与

迄今为止，学界关于公众参与程度的测量尚未形成一致的方法，Neshkova 等（2012）就认为，没有完美的方法可以用来测量公众参与，每种测量公众参与的方法都有其潜在的优势和劣势。目前在国内关于公众参与环境治理的研究中，公众参与程度的测量主要有两种思路，一种是基于公众参与的传统渠道，通过分析人大和政协提案的情况，或者有关环境问题的信访量来测量公众参与环境治理的程度例如，张国兴等（2021）通过人大代表建议、政协委员提案、环保来信和环保来访来反映公众参与环境治理的情况，其研究发现，公众参与可以间接减缓辖区的环境污染。曾婧婧和胡锦绣（2015）基于信访量分析了我国公众的环境参与情况，其研究发现，2011 年以来，受日渐严重的雾霾天气的影响，公众对于环境问题的信访量显著上升。

另一种是基于互联网平台的新兴渠道，通过分析公众留言、政府回应、网民互动的情况来测量公众参与。因为尽管人大代表建议和政协委员提案是公众参与环境治理最强有力、效果最为显著的途径。但随着信息技术和新媒体技术的飞速发展，互联网平台和新媒体为政民互动提供了更为便捷通畅的信息渠道，公众更喜欢通过网络平台表达自己的意见和建议。相比通过人大代表和政协提案参与环境治理，公众通过互联网平台参加环境治理的方式更为便捷、能够更为广泛和充分地表达自身的环保诉求和意见。例如，张樁（2018）的研究指出，尽管公众参与环境治理的传统途径包括了人大和政协提案、集会游行、环保组织参与、环境公益诉讼等，但是传统参与途径的影响程度有限、反馈性不强、参与成本也较高，相比之下，以移动互联网平台为主的参与途径具有公开性、互动性和及时性的显著优势，因此其创新性地采用了电话网络投诉、百度网络搜索、微博舆论数量三个方面测量了公众参与环境治理的程度。考虑到互联网的公众留言是公众参与环境治理，对地方政府环境治理工作进行监督和建言最为直接和便捷的途径。鉴于此，本研究基于人民网"地方领导留言板"上公民关于环保问题的留言数来测量公众参与环境治理的程度。为了消除城市人口规模的影响，需要进一步用留言数除以城市年末户籍人口数。

六　绿色技术创新

我国不同城市间的绿色技术创新水平存在显著差异，区域间绿色技术创新的异质性水平较高。罗良文和梁圣蓉（2016）的研究就发现，我国东部地区、中部地区和西部地区的绿色技术创新呈现出从高到低依次排列的形态，并且我国整体的绿色技术创新效率存在较大提升空间。郭丰等（2023）的研究也发现，由于东西部地区在绿色技术创新要素禀赋上存在着巨大差异，因此导致我国不同区域间的绿色技术创新水平明显不同，东部地区相对优于中西部地区。类似的，Liu 等（2020）的研究也发现，我国不同城市间在绿色技术创新水平方面存在着显著的差异性。因此，绿色技术创新不只是一个有关企业行为的微观问题，而是一个有关区域发展和城市竞争力的宏观管理问题。虽然近年来有关绿色技术创新的研究逐渐增多，但学界尚未形成有关绿色技术创新水平的统一测量方法。总体来看，主流的测量方法有非参数的 DEA 测量与基于绿色专利数的代理变量测量两种。

非参数的 DEA 测量方法将城市绿色技术创新水平看作一个投入产出的比率问题，偏向于从绿色技术创新投入或者绿色技术创新产出的角度，运用非参数的 DEA 方法，通过线性规划的方式测量城市的绿色技术创新效率（罗良文、梁圣蓉，2016），或者绿色全要素生产率（张娟等，2019），并以此结果来分析地区或城市的绿色技术创新水平。基于该测量方法的研究认为，绿色技术创新活动涉及因素较多，采用任何单一水平都无法全面反映绿色技术创新的开展程度，因此要通过多指标建模的方法予以衡量。但从严格意义来说，采用 DEA 的效率分析方法测量绿色技术创新，得出的结果并不是绿色技术创新的"水平"或者"程度"，更大意义上是有关绿色技术创新的"效率"或"投入产出比"。由于本研究试图分析城市绿色技术创新水平的调节效应，更需要体现的是城市绿色技术创新水平的高低而不是效率的高低，因此该种测量方法并不适用于本研究。

以绿色创新专利数作为代理指标反映城市绿色技术创新水平也是当前学术界的一种主流做法（Liu et al.，2020；范丹、孙晓婷，2020；金培振等，2019）。因为绿色发明专利数能较好地反映城市绿色技术创新活动的开展情况，以及围绕绿色技术创新所取得的技术成果。例如，金培振等（2019）基于国家知识产权局专利检索系统，人工收集了我国 283 个城市 2003—2016 年的绿色技术创新的专利数据，并以此来刻画城市的绿色技术创新情况。Liu 等（2020）收集了 2008—2016 年中国长江经济带 57 个城市的绿色创新专利数据，数据获取渠道同样是国家知识产权局的专利检索系统。类似的，范丹和孙晓婷（2020）也以"污染治理、节能减排、循环利用、新能源、绿色管理"等为关键词获取了相关专利数据，并将其作为地区绿色技术创新水平的代理变量。

尽管各省、自治区、直辖市层面的发明专利数可以从《中国科技统计年鉴》中获取，但正如金培振等（2019）所指出的那样，当前有关地级市层面的发明专利数据缺乏现成的统计数据。因此，考虑到数据可得性及样本层面的影响，本书借鉴金培振等（2019）、范丹和孙晓婷（2020）、Liu 等（2020）的研究思路，通过城市每年的绿色专利数作为其绿色技术创新水平的代理变量。具体做法是在国家知识产权局专利检索及分析系统中进行高级查询，检索样本城市在 2012—2017 年的绿色技术创新数。专利检索及分析系统是集专利检索与专利分析于一身的综合性专利服务系统，也是国家知识产权局的官方检索平台，检索过程需要通过限定关键词后编辑生成检索语言，具体检索式语言如下：

申请日＝20YYMMDD：20YYMMDD AND 发明名称＝（环保 OR 节能 OR 环境保护 OR 节约能源 OR 节水 OR 低能耗 OR 污染 OR 减排 OR 绿色 OR 清洁）AND 申请人地址＝（City）

七　声誉威胁

Maor 和 Sulitzeanu-Kenan（2013）认为，组织声誉是受众网络对组织的实际表现、组织能力、角色履行和义务承担所持有的一套符号化信念。Willems 等（2020）进一步指出，信念的建立是一个过程的结果，这个过程随着时间的推移而演变，并且是通过受众收到的关于组织的一系列信号而发展起来的。信号包含了可能影响利益相关者对组织看法的任何信息（Willems et al.，2020），而其中有关组织的负面信号就是造成声誉威胁的重要因素（Grøn & Salomonsen，2019）。因为负面信号会带来短期的污名效应，阻碍组织的长期声誉建设努力，导致个体利益相关者的支持度降低并带来严重的外部风险。就像 Sohn 和 Lariscy（2014）所指出的，当广泛宣传、高度负面的事件导致重要利益相关者重新评估他们对一个组织的印象时，声誉威胁就会发生。因为声誉威胁就是通过负面的信息曝光所施加的

（Goldstein & Eaton，2021），不论是对于负面行为的通报，还是对于惩罚信息的披露，都构成了对于公共组织严重的威胁（Maor & Sulitzeanu-Kenan，2016）。Maor 和 Sulitzeanu-Kenan（2013）的研究发现，针对美国食品和药物管理局批判性报道越多，其感受到的声誉威胁越大，在后续行动中也会表现得更为迅速。类似的，他们在随后的研究中采取同样的思路，通过收集负面报道的方法测量了澳大利亚负责社会保障的政府机构 Centrelink 所面临的声誉威胁（Maor & Sulitzeanu-Kenan，2016）。

上文提到，负面的通报曝光之所以会对公共组织带来声誉威胁，主要原因在于"负性偏见"（negativity bias）的作用，即有关组织违规行为、不良业绩、突发事故和丑闻信息等的曝光，会比同等力度的正面信息更容易引起人们的关注和传播，而且负面的通报一旦出现，会迅速联动新闻媒体界进行传播，并进一步影响公众的判断。也正是因为如此，Hood（2011）认为政府应该尽最大努力避免或分散指责。在我国，地方政府的声誉威胁主要来自上级政府，因为针对地方政府的通报和批评通常来自一个权力更高的行政机构，而且多以点名曝光和通报批评的形式予以表现，这与 Hood（2011）所提出的"点名和羞辱"（Naming and Shaming）的"谴责策略"（Blame Games）相同，都是上级政府经常使用的声誉威胁手段。点名通报作为一种声誉威胁的重要方式，会对地方政府相关部门和负责人员造成严重的负面影响，并且这种负面影响在长期内难以自然消除，地方政府不仅要承受来自上级政府的谴责，同时还要承受由负面声誉引发的社会性制裁。

综上所述，本研究借鉴 Maor 和 Sulitzeanu-Kenan（2016）、Grøn 和 Salomonsen（2019）的研究思路，通过地方政府是否面临负面声誉信号来判断其面临的声誉威胁情况。负面声誉信号主要来自上级政府的点名曝光或通报批评。在我国环境治理领域，中央环保约谈和中央环保督察是中央政府针对地方政府环境治理行为进行点名曝光和通报批评的一个主要渠道，也是中央政府对地方政府生态保护工作推进不力，或者生态严重破坏等问题开展行政问责的一个重要途径。本研究将声誉威胁设定为 0-1 哑变量，如果地方政府当年受到了中央环保约谈，或者在中央环保督察组的反馈意见中被点名通报，则表示地方政府受到了声誉威胁，取值为"1"，否则取值为"0"。

八　控制变量

（一）工业化程度

工业污染是环境污染的主要来源，工业高速增长通常伴随着高耗能、高排放和高污染，因此工业化程度越高的地市，工业三废排放量也越多，高碳锁定效应较强，环境治理的困难程度也越高。自 1978 年改革开放以来，我国经历了大规模工业化，对于人口规模巨大的发展中国家来说，工业化是经济快速增长和人生活水平提高最为有效方法。当前，我国已成为世界上工业产值最大的国家之一。第二产业占比是衡量地区工业化水平的主要指标，第二产业也被认为具有高污染和能源密集的特点（包国宪、关斌，2019a；吴建祖、王蓉娟，2019）。Tan 等（2019）的研究就发现，1998—2015 年中国第二产业能耗占比达 72.7%，即便是最低的时候也高达 69.8%。Yang 等（2017）发现中国 30 个省份的第二产业比例与 SO_2 浓度呈正相关。Jiang 等（2020）发现第二产业是中国最大的污染物排放来源。类似的，Xu 等（2019）基于长时间序列的空气监测数据发现，工业化程度对于大气污染具有显著的影响。王兵等（2010）针对中国 30 个省份 1998—2007 年的数据分析结果也表明，工业化程度对于地区环境效率和环境全要素生产率有显著的负影响。从上述研究可以看出，工业化程度已被广泛证实是影响环境污染和环境治理的重要因素，因此本研究将其作为控制变量之一，可以从产业结构的角度将城市工业化因素予以控制。

（二）规模以上工业企业数

规模以上工业企业数反映了地区年主营业务收入在 2000 万元以

上的工业企业的聚集情况。与对工业化程度的考察重点不同，规模
以上工业企业数主要通过产业聚集（Industrial agglomeration）情况来
分析地区生态环境的承载压力，而工业化程度重点从产业结构的角
度考察其对于政府环境治理的影响。工业企业数量反映了特定区域
内工业企业的产业聚集情况，产业聚集被认为是考察区域环境负担
的重要指标（Cheng，2016）。已有诸多研究发现，工业企业的聚集
会加剧地区环境污染（Verhoef and Nijkamp 2002, Cheng 2016, Wang
and Zhou 2021）。因为规模以上工业企业的集聚在扩大区域生产能力
的同时，也伴随着能源消耗和污染物排放的急剧增加，这会直接导
致地区环境承载能力的严重超负（De Leeuw et al.，2001；Verhoef &
Nijkamp，2002）。其次，产业聚集在吸引企业和资本的过程中，还
容易诱发出部分企业的"搭便车"行为，从而威胁环境治理。朱英
明等（2012）认为，受地区生态资源承载能力的客观限制，工业产
业的过度聚集必然会导致自然资源的过度消耗和生态环境的恶化等
外部不经济现象，Verhoef 和 Nijkamp（2002）通过空间均衡模型实
证分析了工业企业聚集情况与环境污染之间的关系，其研究发现，
工业企业聚集加剧了产业聚集区的环境污染。刘军等（2016）运用
中国 2003—2012 年 285 个城市的数据分析结果发现，当前中国产业
聚集带来的环境负外部性大于环境正外部性，城市的产业聚集情况
越高，其环境污染越严重。鉴于规模以上工业企业数是反映地区工
业聚集情况的直接指标，本研究将其予以控制。

（三）人均 GDP 水平

Grossman 和 Krueger（1995）提出了环境库兹涅茨曲线（Envi-
ronmental Kuznets Curve，EKC）假设，认为地区经济发展水平与环
境污染水平之间存在"倒 U"型关系，即经济发展对于生态环境的
破坏仅存在于特定的经济发展阶段内，当经济发展阶段跨过某个
"拐点"后，经济发展反而会有利于国家或地区环境质量的改善。
EKC 曲线假设提出后，就有众多学者立足中国情景对其进行了检验。
例如，Solarin 等（2017）基于自回归分布滞后模型（ARDL）的研

究发现，EKC 曲线在中国确实存在。但张成等（2011）基于中国 31
个省份的数据结果却显示，环境污染与经济增长的关系具有多种表
现形态，并非简单的"倒 U"型曲线关系，而是会出现单调递减、
"倒 U"型"U"型"N"型"倒 N"型五种不同的关系，并且地区
异质性和污染指标的选取是导致二者关系表现不同的根本原因。孙
攀等（2019）基于我国 281 个地级市 2003—2016 年的面板数据分析
结果显示，我国整体区域、东部地区以及中西部地区均满足 EKC 假
说，但中西部地区 EKC 假说没有通过显著性检验。尽管现有研究结
论并不一致，但可以看出经济发展水平是影响地区环境治理的重要
因素。考虑到人均 GDP 是经济发展水平的一个常用的代理变量，因
此本研究将人均 GDP 水平作为控制变量之一。

（四）人口密度

人口密度是测度区域人口分布的基本指标，也是分析"人口—
资源—环境"关系的重要视角。随着我国城镇化进程的持续推进，
区域间人口迁徙和流动速度逐步加快，经济发达地区的人口密度不
断提高，人口密度不仅是决定经济发展的驱动力量，也是影响生态
环境的重要因素。人口密度反映了地区自然资源消耗的强度与环境
承载能力。所谓环境承载力，是指自然环境系统在不遭受严重退化
的情况下，其对人口密度和增长率的持续容纳能力（Schneider，
1978）。城市人口密度的增大伴随着显著的城市新增人口的涌入，不
可避免地会导致区域绿地、森林、水资源消耗的过度增长，还伴随
着过度开荒以及工业化进程的加快，会给城市生态环境带来更大的
压力。Running（2012）认为，人口密度越大，当地的生态压力就越
大，人口密度决定了地区生物质资源的"生态边界"（Running，
2012）。Sa（1998）也认为人口密度反映了人类活动对于自然资源的
破坏程度，人口越多对能源需求越多，而且会加剧对于自然环境的
破坏程度。Alam 等（2016）基于巴西和印度 1970—2012 年的数据
分析就表明，二氧化碳排放量与人口数量增加之间具有显著的正向
关系。因此人口密度是影响一个地区生态压力与环境治理的重要因

素，人口密度越大的城市，政府环境治理的负担就越重，因此本研究予以控制。

（五）地方政府规模

政府规模是政府履行基本职能和行使公共权力的基础，政府规模的扩张伴随着政府机构的增多、人员的扩充、行政成本的增加以及政府财政支出的增长，同时也会造成行政管理效率的降低。因为政府规模的扩大会增加组织冗员，致使机构设置和职能划分产生交叉和重叠，使得各个机构之间的关系错综复杂，政策实施受到各方牵制（周黎安、陶婧，2009），不仅会增加政府运行成本，而且会不断地引发各部门间的矛盾冲突和相互掣肘，从而导致在环境治理中出现"九龙治水"的局面。此外，政府较大的规模不仅会增加寻租隐患，还会增加部门间不合理的干涉和介入（Shleifer & Vishny，1993），最终可能导致管理资源的加重和环境治理效率的降低。王垒等（2019）基于我国1990—2014年的省级动态面板数据就发现，政府规模扩张直接导致区域环境质量的恶化，并且不利于地区碳福利绩效水平的提高。现有研究普遍采用地方政府财政支出规模与GDP的比值来反映地方政府规模（林嵩等，2023；吴建祖、王蓉娟，2019）。林嵩等（2023）认为，通过财政支出规模与GDP的比值可以较为客观地反映出地方政府在财政预算的范围内使用行政职权的客观影响，同时可以有效克服政府规模在概念界定和统计数据上的模糊性。因此本研究也采用地方政府财政支出规模与GDP的比值来测算地方政府规模。

（六）外商投资规模

吸引和发展外商直接投资是我国对外开放的重要内容。尽管外商直接投资在拉动国民经济发展，提升区域工业化发展方面具有重要作用，但也可能带来新的环境污染。"污染天堂假说"（Pollution Haven Hypothesis）认为发达国家苛刻的环境规制要求和环境治理成本限制了高耗能、高污染行业的发展，因此其污染密集型和能耗密集型企业为了降低由较高环保标准所带来的成本与费用，会通过在海外直接投资的方式，将污染程度较高的产业及企业转移到环境规制相对较为宽松的发展中国家（Baumol et al.，1988；Walter & Ugelow，1979），从而显著恶化了东道国的环境状况。相关实证研究也验证了这一关系，如 He（2006）利用中国 29 个省市的面板数据研究了中国 FDI 与工业 SO_2 排放量之间的关系，结果表明 FDI 资本每增加 1%，工业 SO_2 排放增加 0.098%，即外商投资的增加的确加剧了环境污染。Wang 和 Chen（2014）采用中国城市面板数据检验了外商投资与我国城市环境效率间的关系，研究结论表明，外商投资对于引入城市的生态环境存在显著的负向影响，其中来自港澳台地区的外资对于环境的负面效应小于来自其他地区的外商投资。

（七）失业率

就业是民生之本，发展之基。在中央提出的"六稳"工作中，稳就业被排在了首位。随着我国经济发展进入新常态，各地经济增长普遍面临结构性减速问题，稳就业不仅是一个经济问题和发展问题，更是一个社会问题和稳定问题。地方政府环境治理中对于高污染、高耗能行业的规制和限制必然会引起部分工人的失业和转岗，反过来，地区失业率水平会对地方政府稳就业问题造成显著影响，进而影响到地方政府对于环境规制的强度和力度。Sapkota 和 Bastola（2017）认为，失业率可以通过两个不同的渠道增加地区污染，一是失业率的增加会导致地方政府分配更多的资源来解决失业问题，因此会挤压用来解决环境问题的资源和精力；二是失业率导致了地方政府接受劳动密集型污染企业的可能性，因为该类企业可以给辖区提供更多的就业机会。Wong 和 Karplus（2017）以中国河北省的研究分析表明，河北省唐山市每吨钢铁的生产解决了 17 人的就业，如果为了实现环保目标减产钢铁 4000 万吨，将会直接减少 6.8 万个工作岗位，间接影响到另外 34 万个工作岗位。如果考虑到就业安置和再培训政策项目，河北省每年的社会保险和养老保险将会增加 130 亿元，因此就业问题成为河北省地方官员进行环境治理时不得不考虑的重要因素。鉴于此思路，本研究也将城市的失业率水平选作控制变量之一。

(八) 社会组织规模

十八届三中全会强调要创新社会治理体制，激发社会组织活力，十九届四中全会强调要构建基层社会治理新格局。随着我国社会组织的不断发展，社会组织的作用在共建共治共享的治理格局中愈发突出和明显，环境治理也逐步从政府主导的监管模式走向了社会和公众等多元主体"共治"的模式（郭施宏、陆健，2021）。社会组织对于地方政府具有双重作用，一方面可以发挥治理和公共服务的辅助功能，另一方面也可以发挥对政府权力和职责的监督功能（黄晓春、周黎安，2017），通常被认为是公共服务体系的重要组成和非市场治理机制的关键载体。郭施宏和陆健（2021）指出，在环境治理中，社会组织被认为是公众力量的补充，在政府失灵或者市场失灵的情况下代表环境公益以及维护环保职责。陈涛和郭雪萍（2021）也认为，社会组织可以通过联合主流媒体、利用社交化媒体或者联合其他民间组织构建和推动环保议题，因此社会组织已经成为环境治理中不可忽视的重要力量。因此本书将地级市的社会组织规模情况予以控制。社会组织规模通过地级市的社会组织从业人员数占当地户籍人口数的比例来反映。

第三节　分析方法

模型设定前，本研究首先进行了 Hausman 检验，结果表明 Hausman 检验的 P 值都小于 0.05，说明在 95% 的显著性水平下拒绝了随机效应模型的原假设，即随机效应模型的基本假设（个体效应与解释变量不相关）得不到满足，故本研究使用固定效应模型要优于随机效应模型。Hausman 检验结果在统计学意义上支持我们使用固定效应模型，但由于 Hausman 检验只是一种计量上的方法，而要选择固定效应还是随机效应，要结合样本数据的现实特征来分析。由于我国城市间经济发展水平、资源禀赋、工业化程度、环境污染现状都有较大差异，各城市间存在不可观测的异质性，必然有某些遗漏变量不随时间变化但随城市变化（个体效应），也有遗漏变量不随城市变化但随时间变化（时间效应），因此在模型中同时控制个体和时间效应更为恰当。鉴于此，本研究在面板数据分析中采用双向固定效应模型。其中，时间固定效应更为精确地反映了时间特征，可以解决不随城市而变但随时间而变的遗漏变量问题；而个体固定效应更为精确地反映了城市特征，可以解决不随时间而变但随城市而异的遗漏变量问题。此外，本研究纵向数据只有 6 年，但地级市样本有 216 家，属于短面板，尽管样本量未能覆盖全部地市级，但是 216 个地级市也占到了全国地级市和副省级市总量的 70% 以上，能够较好地反映样本母体的情况，因此使用双向固定效应模型是合理的，而且在现有以地级市作为研究样本的环境治理问题研究中，采用双向固定效应模型也是一种较为普遍的做法（包国宪、关斌，2019a；吴建祖、王蓉娟，2019）。

一 "U" 型及 "倒 U" 型关系检验方法

由于本研究中解释变量与被解释变量间存在着可能的 "U" 型及 "倒 U" 型的非线性关系，因此需要用到适用于非线性关系检验的面板数据回归分析方程。例如，在地方政府环境治理效率和第二类公共价值冲突对绩效压力的回归中，需要构建以下两个回归方程：

$$EGE_{it} = c_0 + c_1 PerPre_{it} + c_2 PerPre_{it}^2 + \lambda_1 IndDeg_{it} + \lambda_2 PerGdp_{it} + \lambda_3 PopDen_{it}$$
$$+ \lambda_4 ForInv_{it} + \lambda_5 GovSca_{it} + \lambda_6 IndFirm_{it} + \lambda_7 Unemploy_{it} + \lambda_8 SocOrg_{it}$$
$$+ \varphi_i + \lambda_t + \varepsilon_{it}$$

$$(4\text{-}6)$$

$$PVC2_{it} = a_0 + a_1 PerPre_{it} + a_2 PerPre_{it}^2 + \lambda_1 IndDeg_{it} + \lambda_2 PerGdp_{it} + \lambda_3 PopDen_{it}$$
$$+ \lambda_4 ForInv_{it} + \lambda_5 GovSca_{it} + \lambda_6 IndFirm_{it} + \lambda_7 Unemploy_{it} + \lambda_8 SocOrg_{it}$$
$$+ \varphi_i + \lambda_t + \varepsilon_{it}$$

$$(4\text{-}7)$$

在上述两个方程中，EGE_{it} 是城市 i 在第 t 的环境治理效率，$PerPre_{it}$ 和 $PVC2_{it}$ 分别表示城市 i 在第 t 年面临的绩效压力和第二类公共价值冲突，$IndDeg_{it}$、$PerGdp_{it}$、$PopDen_{it}$、$ForInv_{it}$、$GovSca_{it}$、$IndFirm_{it}$、$Unemploy_{it}$、$SocOrg_{it}$ 为本书所选择的一系列控制变量，分别代表工业化程度、人均 GDP 水平、人口密度、外商投资规模、地方政府规模、规模以上工业企业数、失业率和社会组织规模。φ_i 和 λ_t 分别表示城市和年份的固定效应，ε_{it} 为随机误差项。

类似的，针对竞争压力与第三类公共价值冲突间的非线性关系，以及竞争压力与地方政府环境治理效率间的非线性关系，需要构造以下回归方程予以检验。

$$EGE_{it} = c_0 + c_1 ComPre_{it} + c_2 ComPre_{it}^2 + \lambda_1 IndDeg_{it} + \lambda_2 PerGdp_{it} + \lambda_3 PopDen_{it}$$
$$+ \lambda_4 ForInv_{it} + \lambda_5 GovSca_{it} + \lambda_6 IndFirm_{it} + \lambda_7 Unemploy_{it} + \lambda_8 SocOrg_{it}$$
$$+ \varphi_i + \lambda_t + \varepsilon_{it}$$

$$(4-8)$$

$$PVC3_{it} = a_0 + a_1 ComPre_{it} + a_2 ComPre_{it}^2 + \lambda_1 IndDeg_{it} + \lambda_2 PerGdp_{it} + \lambda_3 PopDen_{it}$$
$$+ \lambda_4 ForInv_{it} + \lambda_5 GovSca_{it} + \lambda_6 IndFirm_{it} + \lambda_7 Unemploy_{it} + \lambda_8 SocOrg_{it}$$
$$+ \varphi_i + \lambda_t + \varepsilon_{it}$$

$$(4-9)$$

其中 $ComPre_{it}$ 表示第 i 个城市第 t 年面临的竞争压力，$PVC3_{it}$ 表示第 i 个城市第 t 年面临的第三类公共价值冲突。φ_i 和 λ_t 分别表示城市和年份的固定效应，ε_{it} 为随机误差项。

二 基于 Bootstrap 方法的中介效应检验方法

关于中介关系模型，最经典的检验方法是 Baron 和 Kenny（1986）所提出的层级回归法，层级回归法也是管理研究中使用最为广泛的一种方法。层级回归法主要依靠因果链的逻辑来检验中介效应，更加强调中介机制的理论背景和逻辑关系。尽管该方法原理简单，使用起来相对便捷，但近年来也遭到了诸多质疑（Edwards &

Lambert，2007；Zhao et al.，2010）。主要原因是，根据层级回归方法的要求，中介效应检验的第一步是检验自变量与因变量间的主效应，但现实中可能会存在一种情况，即间接效应（ab）的符号可能和直接效应（c'）的符号相反，从而导致了"遮掩效应"（Suppressing Effects）的出现，致使主效应不显著，但是此时中介效应仍然成立（温忠麟、叶宝娟，2014b），因此可能导致检验失真。鉴于此，本研究在采用层次回归方法检验中介效应的基础上，也采用了 Bootstrap 方法对中介效应进行了稳健性检验。

Bootstrap 是一种从样本中重复取样的方法，最早由 Efron 和 Tibshirani（1994）提出，其基本思路是根据初始样本生成一系列的 Bootstrap 样本，通过对 Bootstrap 样本的计算得到统计量的分布（Efron & Tibshirani，1994）。Bootstrap 不要求样本服从正态分布假设，通过有放回的重复抽样，由研究数据自身产生出一个基准对数据进行度量，具有更高的检验力。理论上，在初始样本的样本量足够大的情况下，Bootstrap 抽样能够无偏接近总体的分布。Bootstrap 方法检验中介效应的原理是直接构造系数 ab 的乘积项，通过有放回的 10000 次重复抽样直接判断系数乘积 ab 项是否显著，进而检验中介效应，该检验逻辑与 Sobel 检验方法的核心逻辑一致，但却具有不涉及总体分布及不要求服从正态分布的优势，因此现阶段 Bootstrap 方法已经成为统计误差估计和假设检验中常用的工具之一，尤其是在传统多元回归方程假设检验的基础上，通过 Bootstrap 方法进行稳健性检验，可以得到更为可靠的实证分析结论。

三　非线性中介关系检验方法

上文提到，对于基本的中介关系模型，现有研究普遍采用 Baron 和 Kenny（1986）所提出的"逐步法"来检验，但是该方法只适用于变量间线性关系的情形，对于变量间非线性中介关系的检验是存在偏差的（Hair et al.，1998），由于在本研究中绩效压力对被解释变量存在着可能的"U"型及"倒 U"型影响，直接采用"逐步法"

会歪曲变量之间的关系，得出不完整的结论。鉴于此，本书采用 Edwards 和 Lambert（2007）提出的调节路径分析方法（Moderated Path Analysis）来检验非线性中介关系。调节路径分析方法是一种全效应调节模型（Total Effect Moderation Model），可以更清晰地揭示第三方变量在自变量与因变量之间的中介效应路径（Edwards & Lambert，2007；Hair et al.，1998）。杜运周等（2012）专门比较了采用 Edwards 和 Lambert（2007）的调节路径分析方法与采用 Baron 和 Kenny（1986）的层级回归法在分析非线性中介关系时的检验结果，揭示了运用后种方法可能产生的分析偏误，证明了调节路径分析方法在分析非线性中介关系时更加可靠。具体来说，用调节路径法分析第二类公共价值冲突在绩效压力与环境治理效率间的中介关系时，需要构造如下回归方程：

$$
\begin{aligned}
EGE_{it} = {} & c_0' + c_1'PerPre_{it} + c_2'PerPre_{it}^2 + b'PVC2_{it} + \beta PerPre_{it} \times PVC2_{it} \\
& + \lambda_1 IndDeg_{it} + \lambda_2 PerGdp_{it} + \lambda_3 PopDen_{it} + \lambda_4 ForInv_{it} + \lambda_5 GovSca_{it} \\
& + \lambda_6 IndFirm_{it} + \lambda_7 Unemploy_{it} + \lambda_8 SocOrg_{it} + \varphi_i + \lambda_t + \varepsilon_{it}
\end{aligned}
$$

$$(4\text{-}10)$$

如果在方程（4-10）的回归结果中，c_1'、c_2' 的方向与方程（4-6）中 c_1、c_2 的回归结果保持一致且都显著，并且 b' 也显著，那么就可以判定第二类公共价值冲突在绩效压力与地方政府环境治理效率的非线性关系间发挥了中介作用。类似地，针对第三类公共价值冲突在竞争压力与环境治理效率间发挥的中介作用，需要构建如下规模方程：

$$
\begin{aligned}
EGE_{it} = {} & c_0' + c_1'ComPre_{it} + c_2'ComPre_{it}^2 + b'PVC3_{it} + \beta ComPre_{it} \times PVC3_{it} \\
& + \lambda_1 IndDeg_{it} + \lambda_2 PerGdp_{it} + \lambda_3 PopDen_{it} + \lambda_4 ForInv_{it} + \lambda_5 GovSca_{it} \\
& + \lambda_6 IndFirm_{it} + \lambda_7 Unemploy_{it} + \lambda_8 SocOrg_{it} + \varphi_i + \lambda_t + \varepsilon_{it}
\end{aligned}
$$

$$(4\text{-}11)$$

同样，如果在方程（4-11）的回归结果中，c_1'、c_2' 的方向与方程（4-8）中 c_1、c_2 的回归结果保持一致且都显著，并且 b' 也显著，那么就可以判定第三类公共价值冲突在竞争压力与地方政府环境治理效率的非线性关系间发挥了中介作用。

四　被调节的中介效应检验方法

本研究采用偏差校正的非参数百分位 Bootstrap 法来检验中介作用，并进一步采用 Edward 和 Lambert（2007）提出的中介效应差异法来检验被调节的中介效应，具体而言，取调节变量上下一个标准差（SD）的值，把自变量对中介变量的效应、中介变量对因变量的效应以及自变量对因变量的直接效应、间接效应，按照调节变量的不同取值分别进行估计并进行差异分析，如果调节变量不同取值下中介效应差异显著，则说明中介效应受到了调节变量的调节。

针对第一类公共价值冲突在财政压力与地方政府环境治理效率间起到的被调节的中介效应，需要通过偏差校正的非参数百分位 Bootstrap 法检验中介效应，此处需设定两个回归方程。首先，做公共价值冲突对财政压力的回归：

$$PVC1_{it} = a_0 + aFinPre_{it} + \lambda_1 IndDeg_{it} + \lambda_2 PerGdp_{it} + \lambda_3 PopDen_{it} + \lambda_4 ForInv_{it}$$
$$+ \lambda_5 GovSca_{it} + \lambda_6 IndFirm_{it} + \lambda_7 Unemploy_{it} + \lambda_8 SocOrg_{it} + \varphi_i + \lambda_t + \varepsilon_{it}$$

$$(4-12)$$

其次是做环境治理效率对财政压力以及第一类公共价值冲突的回归：

$$EGE_{it} = c_0 + c'FinPre_{it} + bPVC1_{it} + \lambda_1 IndDeg_{it} + \lambda_2 PerGdp_{it} + \lambda_3 PopDen_{it}$$
$$+ \lambda_4 ForInv_{it} + \lambda_5 GovSca_{it} + \lambda_6 IndFirm_{it} + \lambda_7 Unemploy_{it} + \lambda_8 SocOrg_{it}$$
$$+ \varphi_i + \lambda_t + \varepsilon_{it}$$

$$(4-13)$$

$FinPre_{it}$ 和 $PVC1_{it}$ 分别表示城市 i 在第 t 年面临的财政压力和公共价值冲突，φ_i 和 λ_t 分别表示城市和年份的固定效应，ε_{it} 为随机误差项，分析的关键即验证回归系数乘积 $ab \neq 0$，如果成立，则中介效应显著。

基于 Bootstrap 法通过中介效应差异来检验被调节的中介作用同样涉及两个回归方程。首先，做公共价值冲突对财政压力、环保垂直管理、自变量和调节变量交互项的回归：

$$PVC1_{it} = a_0 + a_1 FinPre_{it} + a_2 Vertical_{it} + a_3 FinPre_{it} \times Vertical_{it} + \lambda_1 IndDeg_{it}$$
$$+ \lambda_2 PerGdp_{it} + \lambda_3 PopDen_{it} + \lambda_4 ForInv_{it} + \lambda_5 GovSca_{it} + \lambda_6 IndFirm_{it}$$
$$+ \lambda_7 Unemploy_{it} + \lambda_8 SocOrg_{it} + \varphi_i + \lambda_t + \varepsilon_{it}$$

$$(4-14)$$

其次，做环境治理效率对财政压力、公共价值冲突、调节变量、中介变量与调节变量交互项的回归：

$$EGE_{it} = c_0' + c_1' FinPre_{it} + c_2' Vertical_{it} + b_1 PVC1_{it} + b_2 PVC1_{it} \times Vertical_{it}$$
$$+ \lambda_1 IndDeg_{it} + \lambda_2 PerGdp_{it} + \lambda_3 PopDen_{it} + \lambda_4 ForInv_{it} + \lambda_5 GovSca_{it}$$
$$+ \lambda_6 IndFirm_{it} + \lambda_7 Unemploy_{it} + \lambda_8 SocOrg_{it} + \varphi_i + \lambda_t + \varepsilon_{it}$$

$$(4-15)$$

将方程（4-14）简写可得：

$$PVC1_{it} = a_0 + a_2 Vertical_{it} + (a_1 + a_3) Vertical_{it} \times FinPre_{it}$$
$$+ \lambda Control_{it} + \varphi_i + \lambda_t + \varepsilon_{it}$$

$$(4-16)$$

其中 $\lambda Control_{it}$ 代表本书所选一系列控制变量，进一步将方程（4-15）简写得到：

$$EGE_{it} = c_0' + c_1' FinPre_{it} + c_2' Vertical_{it} + (b_1 + b_2) Vertical_{it} \times PVC1_{it}$$
$$+ \lambda_1 Control_{it} + \varphi_i + \lambda_t + \varepsilon_{it}$$

$$(4-17)$$

将方程（4-16）代入方程（4-17）后，可以看出，此时中介效应表达为 $(a_1 + a_3 Vertical_{it}) \times (b_1 + b_2 Vertical_{it})$，分析的核心即检验调节变量在取值不同时，中介效应的差异显著。

为了检验数据分析结果的稳健性，本书进一步按照 Baron 和 Kenny（1986）的层级回归法和温忠麟和叶宝娟（温忠麟、叶宝娟，2014a）提出的依次法分别检验中介效应和被调节的中介效应。

第四节 本章小结

本章是对本书研究设计与分析方法的详细介绍。研究设计是对一个研究课题结构和过程的整体性安排，也是衔接理论假设与经验证据的关键桥梁。实证研究离不开科学的研究设计与规范的操作方法，良好的研究设计需要对研究问题、理论框架与操作方法之间进行良好的连接，研究设计的不足会导致整个研究过程存在缺陷，致使研究结论存在偏差，或者导致研究发现无法有效地回答相关问题。为了保障研究结论的可靠性，本研究使用到了多种分析技术与操作方法，本章即是对这些分析技术与操作方法的详细介绍，也是对本研究整个实证操作过程的描述。首先，本章介绍了本研究样本选取的思路和样本筛选的过程；其次，详细介绍了本研究中因变量、自变量、中介变量、调节变量和控制变量的测量方法和数据来源；最后，本章介绍了本研究采用面板数据双向固定效应模型的原因以及将使用到的计量分析方法，同时也介绍了关于非线性关系、非线性中介效应模型、被调节的中介效应模型等的检验方法。

第 五 章

数据分析与假设检验

　　本章是对研究假设检验过程与数据分析结果的介绍。首先，本章对样本数据进行了描述性统计分析，目的是掌握本研究所选 216 个样本城市环境治理效率的基本情况以及各变量的描述性统计信息。在描述性统计分析后，本研究对各变量进行了相关性分析，目的是对各变量相关关系的密切程度以及共变趋势有一个基本判断，从而为接下来的回归分析奠定基础。其次，本研究的假设检验总共包括八个部分，前四个部分是针对多重压力、公共价值冲突与地方政府环境治理效率三者间关系的分析，主要是为了检验第三章所提出的前四部分研究假设。后四部分假设检验主要围绕公共价值冲突的协调路径展开。在此环节，基于被调节的中介效应模型和基本调节效应模型，逐一检验了环保垂直管理、公众参与、绿色技术创新和声誉威胁所起到的针对公共价值冲突的调节作用。最后，为了确保假设检验结果的可靠性，本章通过 Bootstraping 方法对数据分析结果进行了稳健性检验。

第一节　描述性统计及相关性分析

一　描述性统计

描述性统计结果显示，本研究所选样本城市的环境治理效率均值为 0.243，说明现阶段我国地方政府环境治理效率仍有较为广阔的提升空间。这与王瑞和诸大建（2018）的研究结论类似，其基于我国省域面板数据的分析也发现，当前我国总体环境治理效率并不高，尚具有很大的提升空间。分年度数据来看，2012 年样本城市的环境治理效率均值为 0.231，到 2013 年时略微下降至 0.209，随后两年一直维持在该水平左右（2014 年为 0.199；2015 年为 0.218），直到 2016 年时，样本城市的环境治理效率出现了明显大幅上升，从 2015 年的 0.218 迅猛上升到了 2016 年的 0.292，随后我国地方政府的环境治理效率继续保持了稳步增长。到 2017 年时，样本城市的平均环境治理效率已达到 0.304，说明自 2016 年开始，我国地方政府的环境治理成效增长显著。进一步可以看出其标准差为 0.330，可知所选样本城市环境治理效率值的变异系数为 1.358，说明各城市间的环境治理效率差异明显，数据具有较好的离散性，便于进行接下来的回归分析与研究。

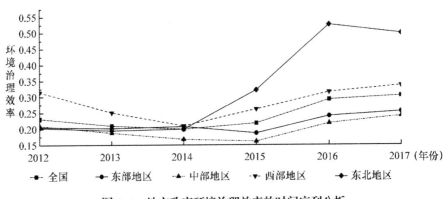

图 5-1　地方政府环境治理效率的时间序列分析

结合我国四大经济区域划分标准，图 5-1 展示了地方政府分区域的环境治理效率的时间序列分析结果，可以看出地方政府环境治理效率整体在 2015 年以前一直处于一个相对稳定的水平，虽在不同年份有上下微小幅度的波动，但未有明显的增长趋势。随着中央政

府对于环保工作重视程度的不断提高，地方政府环境治理效率自
2015 年以后得到了明显提升。从地域分异可以看出，东部地区环境
治理效率明显高于中部地区，东部地区 2012—2017 年年均环境治理
效率为 0.216，而同时间段中部地区环境治理效率均值仅为 0.197。
而东北地区和西北地区环境治理效率近年来增长也较为显著。东北
地区 2016 年的环境治理效率均值达到 0.527，到 2017 年时达到
0.500，较 2015 年以前表现出了非常显著的增长。同时可以看出，
西部地区环境治理效率也在 2016 年和 2017 年有了显著的增长。
2016 年，西部地区地方政府环境治理效率的均值为 0.316，较 2015
年的 0.262 增长了 20.61%，2017 年时西部地区地方政府环境治理效
率已提升至 0.337，增幅明显。因此可以看出，近年来我国环境治理
的成效取得了显著的提升，不同区域的环境治理效率都呈现出了稳
步增长的态势。

　　从图 5-2 我国地方政府近六年环境治理效率箱线分析中可以看
出，地方政府环境治理平均效率近三年呈上升趋势，2017 年平均效
率值达到了 0.304，较 2012 年的环境治理效率增幅超过了 30%。此
外，从箱线图中还可以看出地方政府环境治理效率异常值的分布情
况。异常值反映的是地方政府环境治理效率明显偏离均值的样本，
异常值高于均值的情况多，反映出部分地方政府的环境治理效率进
步显著，其提升幅度明显高于全国平均水平。从图 5-2 可以明显看
出，近年来我国部分城市的环境治理效率提升明显，高于平均效率
水平的地级市数量逐年增多，说明很多地方政府的环境治理效率已
经走在了全国"前列"。在此基础上，空间分异的进一步分析结果显
示，我国中部地区环境治理效率较低，低效城市主要集中在西部和
中部地区，东部地区环境治理效率要好于中部地区。

　　针对其他变量的描述性统计分析结果表明，现阶段地方政府普
遍面临较大程度的财政压力和绩效压力，其中样本城市财政压力的
均值水平为 1.431，标准差为 1.369；绩效压力的平均水平为 1.301，
标准差为 2.049，二者的变异系数分别为 0.957 和 1.575，都处于较

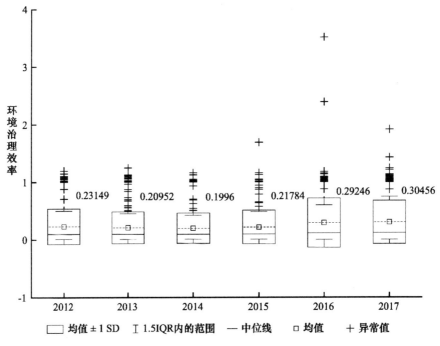

图 5-2　地方政府环境治理效率箱线

高水平，说明不同样本城市在财政压力与绩效压力上具有一定异质性，便于接下来进行基于回归分析的假设检验。此外，描述性统计结果显示，地方政府承受的竞争压力均值为 0.279，标准差为 0.641，地方政府承受的公共舆论压力均值为 -0.005，标准差为 0.057。由于本研究关于公共舆论压力的测量采用的是 Janis-Fadner 系数并基于公共舆论的情感分析得分计算而来，因此当公共舆论压力的均值水平为负时，说明当前社会公众对于环境治理的舆论情感整体偏正面和中性，负面的公共舆论数量少于正面和中性的舆论数量。一定程度上说明当前我国地方政府所承受的公共舆论压力并不高，公共舆论的整体情感基调对于地方政府环境治理的威慑力度还有待进一步提高。

此外，描述性统计结果表明，地方政府面临的第一类公共价值冲突和第二类公共价值冲突都处于较高水平（PVC1：Mean = 1.162，SD = 0.207；PVC2：Mean = 1.176，SD = 0.181）。相对而言，地方政府承受的第三类公共价值冲突与第四类公共价值冲突比前两类公共价值冲突的程度略低。其中第三类公共价值冲突均值为1.153，标准差为0.139；而第四类公共价值冲突的平均水平仅为1.060，标准差为0.154。这与上述关于多重压力的描述性统计结果相吻合，由于第四类公共价值冲突主要受公共舆论压力的影响，而目前地方政府所承受的公共舆论压力并未处于一个很高的水平，因此其面临的第四类公共价值冲突也明显小于其他几类公共价值冲突，这在一定程度上反映出了多重压力与公共价值冲突间可能存在的潜在关系。

最后，本研究进行了针对调节变量的描述性统计分析。结果显示，随着公民环保意识的逐步增强，公民参与环境治理的程度在逐年提高，2012年公民参与环境治理的均值为0.064，而到2015年时，公众参与环境治理的均值已增长到了0.072，其中中部地区公民参与的程度较高（Mean = 0.067，SD = 0.073），最大值达到了0.728，相比其他地区，中部地区公民参与环境治理的行为更为活跃。有关绿色技术创新水平的描述性统计结果表明，随着近年来绿色发展理念逐步深入人心，各地的绿色技术创新水平也随之在稳步提高且增长速度在逐年加快。2012年全部样本城市平均的绿色技术创新专利数为55.39项，2013年是69.76项，2014年是72.88项，到2016年时，样本城市的平均专利数已快速增长至121.23项，随后在2017年增长至164.88项。此外，所选样本城市6年间的平均绿色技术创新专利数是95.94项，其中最高值达到了1548项，说明不同城市间的绿色技术创新水平异质性较高。针对地方政府所面临的声誉威胁的描述性统计结果显示，地方政府面临的环境生态方面的声誉威胁也在近年来得到了强化。本研究主要通过上级政府实施的点名、中央环保约谈、中央环保督察反馈意见中被通报的情况来统计声誉威胁信息。结果显示，2012年，样本城市面临的声誉威胁平均水平仅有 0.019，而到 2017 年，样本城市面临的声誉威胁平均水平已达 0.189。说明中央环保督察的力度近年来在不断加大，对于地方政府环境治理中偏差行为的曝光、通报及批评的力度也在不断增强。

二　相关性分析

在描述性统计分析的基础上，本研究进一步进行了变量间的 Pearson 相关性分析。本研究首先分析了控制变量与被解释变量间的相关性程度，结果表明，在本研究所选控制变量中，城市的工业化程度与地方政府环境治理效率有负向的显著相关性（$r = -0.085$，$p < 0.01$），规模以上工业企业数也与地方政府环境治理效率有负向的显著相关性（$r = -0.229$，$p < 0.01$），一定程度上说明城市的工业化程度会负向影响地方政府的环境治理效率。结果同时显示，外商投资规模与环境治理效率有负向的显著相关性（$r = -0.299$，$p < 0.01$），一定程度上表明外商投资的增长不利于地方政府环境治理效率的提升，即地方政府为了吸引外商投资而放松环境规制的情况可能是存在的。此外，社会组织规模与地方政府环境治理效率间存在显著的相关性且方向为正（$r = 0.169$，$p < 0.01$），一定程度上说明，社会组织的发展和壮大，有利于提高地方政府的环境治理效率。

本研究进一步分析了多重压力、公共价值冲突与环境治理效率间的相关性情况。结果显示，财政压力与地方政府环境治理效率存在着显著的相关性（$r = 0.135$，$p < 0.01$），但相关性的方向却与本研究假设的变量关系恰恰相反，需要进一步通过回归方程予以检验。Pearson 相关性结果同时显示，绩效压力和竞争压力都与环境治理效率存在着显著的相关性（$r = 0.226$，$p < 0.01$，$r = 0.104$，$p < 0.01$），但基于本研究的理论分析与假设，这两种压力都与地方政府环境治理效率间存在着复杂的非线性关系，仅仅依靠相关性分析，尚无法观测出本研究所要预测的非线性关系。此外，分析结果还显示，四

类公共价值冲突中，前三类都与地方政府环境治理效率存在着负向显著相关性（PVC1：$r=-0.087$，$p<0.01$；PVC2：$r=-0.090$，$p<0.01$，$r=-0.143$，$p<0.01$），这与本研究所提研究假设的变量关系相符，一定程度上说明前三类公共价值冲突都会对地方政府环境治理效率产生负面影响。

最后本研究分析了所选的四个调节变量与被解释变量的相关性。结果显示，环保垂直管理与地方政府环境治理效率间不存在显著的相关关系（$r=0.009$，ns），公众参与环境治理的程度与地方政府环境治理效率没有显著的相关关系（$r=0.045$，ns），类似的，声誉威胁也与地方政府环境治理效率没有显著的相关关系（$r=0.015$，ns）。相关性分析结果同时显示，绿色技术创新水平与地方政府环境治理效率间存在着负向的显著相关性（$r=-0.129$，$p<0.01$），但这与本书所假设的二者的变量关系方向相反，需要进一步进行回归分析检验。Pearson 相关性分析仅能判断出变量间是否存在统计学关联，展示出变量间的相关性强度，但无法推断变量与变量间的因果关系，以上关系都有待于在接下来的假设检验中，通过构造回归方程进行进一步的分析。

第二节　假设检验

一　财政压力、第一类公共价值冲突与地方政府环境治理效率

在假设检验的第一阶段，我们首先检验了财政压力，第一类公共价值冲突与地方政府环境治理效率间的关系。在表 5-1 中，Model1-1 是当环境治理效率作为被解释变量时的零模型。可以看出，本书所选控制变量中，人均 GDP 水平与地方政府环境治理效率显著负相关（$\beta=-0.076$，$P<0.01$），这在一定程度上说明我国经济发展与环境质量之间的关系尚未进入环境库兹涅茨曲线（Environmental Kuznets Curve，EKC）的后半段，因为根据 Grossman 和

Krueger（1995）的观点，当经济发展水平超过一定水平后，随着经济发展水平的进一步提高，环境治理质量会得到显著改善，即二者间会呈现出显著的正相关关系。进一步可以看出，在 Model1-1 中，其余控制变量皆对地方政府环境治理效率不存在显著影响。从 Model1-2 中可以看出，地方政府财政压力与环境治理效率显著负相关（$\beta=-0.040$，$P<0.01$），说明假设 H1a 验证通过，即地方政府面临的财政压力越高，环境治理效率越低。Model1-3 是当第一类公共价值冲突作为被解释变量时的零模型，可以看出在所选控制变量中，外商投资规模与第一类公共价值冲突显著负相关（$\beta=-0.011$，$P<0.05$），其余变量都与第一类公共价值冲突不存在显著的影响关系。从 Model1-4 中可以看出，控制变量都与地方政府环境治理效率不存在显著的影响关系，而此时财政压力与地方政府环境治理中面临的第一类公共价值冲突显著正相关（$\beta=0.047$，$P<0.01$），说明地方政府财政压力越大，地方政府面临的第一类公共价值冲突越高，因此假设 H2a 得到了验证。

Model1-5 进一步分析了第一类公共价值冲突与地方政府环境治理效率间的关系。如表 5-1 的结果显示，在控制了所选控制变量的情况下，第一类公共价值冲突与地方政府环境治理效率间存在着显著的负向关系（$\beta=-0.115$，$P<0.01$），说明地方政府面临的"经济发展类"公共价值集与"生态环境类"公共价值集的冲突程度越高，环境治理效率越低，假设 H3a 得到支持。在前三部分假设得到支持的基础上，本研究在 Model1-6 中，基于 Baron 和 Kenny（1986）所提出的中介效应检验方法步骤，分析了第一类公共价值冲突的中介效应。结果表明，在控制了中介变量的情况下，财政压力与地方政府环境治理效率间的关系仍然显著（$\beta=-0.036$，$P<0.01$），而且此时第一类公共价值冲突与地方政府环境治理效率间的关系显著负相关（$\beta=-0.101$，$P<0.01$）。通过对于对比没有控制公共价值冲突的 Model1-2，财政压力的回归系数明显降低（$\beta=\mid-0.036\mid<\mid-0.040\mid$），说明第一类公共价值冲突在财政压力与地方政府环境治

理效率间起到了中介作用，但由于此时自变量影响因变量的直接效应与间接效应都显著，说明第一类公共价值冲突在财政压力与地方政府环境治理效率间起到了"部分中介"的作用。

表 5-1　　　　　**财政压力、第一类公共价值冲突与**
　　　　　　　　地方政府环境治理效率的回归分析

Variables		EGE		PVC1		EGE	
		Model1-1	Model1-2	Model1-3	Model1-4	Model1-5	Model1-6
Constant		1.187 *** (0.307)	1.338 *** (0.307)	1.570 *** (0.310)	1.395 *** (0.309)	1.368 *** (0.308)	1.479 *** (0.309)
控制变量	IndDeg	0.075 (0.144)	0.088 (0.143)	0.221 (0.145)	0.206 (0.144)	0.101 (0.143)	0.109 (0.142)
	PerGdp	−0.076 *** (0.028)	−0.084 *** (0.028)	−0.045 (0.029)	−0.037 (0.028)	−0.082 *** (0.028)	−0.087 *** (0.028)
	PopDen	−0.0003 (0.0002)	−0.0003 (0.0002)	0.0001 (0.0002)	0.0001 (0.0002)	0.0002 (0.0002)	0.0002 (0.0002)
	ForInv	−0.001 (0.005)	−0.004 (0.005)	−0.011 ** (0.005)	−0.008 (0.005)	−0.003 (0.005)	−0.004 (0.005)
	GovSca	−0.024 (0.025)	−0.002 (0.026)	0.036 (0.025)	0.010 (0.026)	−0.020 (0.025)	−0.0005 (0.025)
	IndFirm	−0.056 (0.034)	−0.064 (0.033)	−0.033 (0.034)	−0.023 (0.034)	−0.060 (0.033)	−0.067 ** (0.033)
	Unemploy	0.229 (1.385)	0.147 (1.376)	0.432 (1.397)	0.527 (1.385)	0.279 (1.376)	0.200 (1.369)
	SocOrg	2.311 (1.928)	2.397 (1.916)	0.407 (1.946)	0.307 (1.929)	2.358 (1.916)	2.428 (1.907)
自变量	Fin-Pressure		−0.040 *** (0.010)		0.047 *** (0.010)		−0.036 *** (0.010)
中介变量	PVC1					−0.115 *** (0.030)	−0.101 *** (0.030)

续表

Variables	EGE		PVC1		EGE	
	Model1-1	Model1-2	Model1-3	Model1-4	Model1-5	Model1-6
年份固定效应	Yes	Yes	Yes	Yes	Yes	Yes
城市固定效应	Yes	Yes	Yes	Yes	Yes	Yes
R^2	0.069	0.082	0.018	0.037	0.081	0.092
F	6.06***	6.81***	1.53	2.92***	6.75***	7.16***

注：**表示 $P<0.05$，***表示 $P<0.01$。

二　绩效压力、第二类公共价值冲突与地方政府环境治理效率

表5-2汇报了绩效压力、第二类公共价值冲突和地方政府环境治理效率间的回归结果，由于绩效压力与第二类公共价值冲突以及地方政府环境治理效率间存在着非线性的影响关系，因此传统的Baron和Kenny（1986）所提出的中介效应检验步骤不再适用。鉴于此，本研究在Model2-1至Model2-7的分析中采用了调节路径分析方法，并用该方法检验了第二类公共价值冲突的非线性中介作用。从Model2-1中可以看出，在本研究所选控制变量中，人均GDP水平与环境治理效率显著负相关（$\beta=-0.072$，$P<0.05$），同时可以看出，在控制了所有控制变量的情况下，绩效压力与地方政府环境治理效率显著正相关（$\beta=0.018$，$P<0.01$），但考虑到二者间存在的并不是简单的线性关系，而是可能的"倒U"型关系，因此，本研究在Model2-3中加入了绩效压力的平方项（$Per\text{-}Pressue^2$）。通过构造解释变量的二次项，可以有效检验出解释变量对被解释变量的非线性影响。从Model2-3中可以看出，绩效压力的一次项仍然与地方政府环境治理效率显著正相关（$\beta=0.040$，$P<0.01$），但是其平方项却与地方政府环境治理效率显著负相关（$\beta=-0.0022$，$P<0.01$），因此说明绩效压力与地方政府环境治理效率间存在着"倒U型"的曲线关系，假设H1b得到验证。

表5-2　绩效压力、公共价值冲突与地方政府环境治理效率的回归结果

Variables		*EGE*		*PVC2*		*EGE*		
		Model2-1	Model2-2	Model2-3	Model2-4	Model2-5	Model2-6	Model2-7
Constant		1.130*** (0.302)	1.115*** (0.299)	0.873*** (0.292)	0.912*** (0.290)	0.922*** (0.289)	1.290*** (0.306)	1.172*** (0.300)
控制变量	*IndDeg*	0.064 (0.141)	0.054 (0.140)	0.073 (0.137)	0.081 (0.136)	0.087 (0.136)	0.084 (0.143)	0.060 (0.140)
	PerGdp	-0.072** (0.028)	-0.072*** (0.028)	0.041 (0.027)	0.038 (0.027)	0.039 (0.027)	-0.072** (0.028)	-0.068** (0.028)
	PopDen	-0.0003 (0.0002)	-0.0003 (0.0002)	-0.0003 (0.0002)	-0.0002 (0.0002)	-0.0002 (0.0002)	-0.0003 (0.0002)	-0.0003 (0.0002)
	ForInv	-0.001 (0.005)	-0.001 (0.005)	-0.002 (0.005)	-0.002 (0.005)	-0.002 (0.005)	-0.002 (0.005)	-0.001 (0.005)
	GovSca	-0.016 (0.025)	-0.014 (0.025)	-0.007 (0.024)	-0.013 (0.024)	-0.014 (0.024)	-0.025 (0.025)	-0.014 (0.024)
	IndFirm	-0.054 (0.033)	-0.055 (0.033)	0.003 (0.032)	0.002 (0.032)	0.002 (0.032)	-0.056 (0.033)	-0.053 (0.033)
	Unemploy	0.186 (1.361)	0.070 (1.352)	-0.622 (1.319)	-0.593 (1.309)	-0.516 (1.305)	0.156 (1.377)	0.098 (1.348)
	SocOrg	2.266 (1.896)	2.248 (1.882)	-1.820 (1.837)	-1.789 (1.822)	-1.778 (1.816)	2.096 (1.918)	2.187 (1.877)
自变量	*Per-Pressure*	0.018*** (0.003)	0.040*** (0.006)		-0.012*** (0.003)	-0.026*** (0.006)		0.033*** (0.007)
	Per-Pressue （二次项）		-0.0022*** (0.001)			0.001*** (0.001)		-0.002*** (0.001)
中介变量	*PVC2*						-0.118*** (0.032)	-0.075** (0.032)
交互项	*Per-Pressure* ×*PVC2*							-0.022 (0.014)
年份固定效应		Yes	Yes	Yes	Yes	Yes	Yes	Yes

续表

Variables	EGE		PVC2		EGE		
	Model2-1	Model2-2	Model2-3	Model2-4	Model2-5	Model2-6	Model2-7
城市固定效应	Yes	Yes	Yes	Yes	Yes	Yes	Yes
R^2	0.101	0.115	0.008	0.025	0.032	0.081	0.123
F	8.58***	9.24***	0.66	1.96**	2.36***	6.67***	8.76***

注：**表示 P<0.05，***表示 P<0.01。

　　为了更为清晰地展示绩效压力与地方政府环境治理效率间的"倒 U"型曲线关系，本研究基于 Model2-3 的回归结果进行了作图分析。图 5-3 中横轴表示地方政府承受的绩效压力，纵轴表示地方政府的环境治理效率。可以看出，二者存在明显的"倒 U"型关系，在一定范围内，随着绩效压力的逐步增大，地方政府环境治理效率呈现出了上升的趋势，此时二者间呈现出的是正相关关系。但是当绩效压力达到拐点（Pre-Pressue = 8.983）以后，绩效压力与环境治理效率间的正相关关系反转为负相关关系，即在此阶段，随着绩效压力的进一步增大，地方政府的环境治理效率不增反降，绩效压力的负面作用开始显现。图 5-3 更为形象地展示出了绩效压力对于地方政府环境治理效率的非线性影响，进一步证实了假设 H1b。

　　Model2-3 是当第二类公共价值冲突作为被解释变量时的零模型，可以看出，本研究所选控制变量皆与第二类价值冲突不存在显著关系。通过 Model2-4 可以看出，绩效压力与地方政府环境治理中面临的第二类公共价值冲突呈显著的负相关关系（$\beta = -0.012$，$P < 0.01$），考虑到二者之间可能存在的非线性关系，我们进一步在 Model2-5 中加入了绩效压力的平方项，可以看出绩效压力的一次项与公共价值冲突显著负相关（$\beta = -0.026$，$P < 0.01$），而绩效压力的平方项与第二类公共价值冲突呈显著正相关（$\beta = 0.001$，$P < 0.01$），因此说明绩效压力与地方政府环境治理效率间也存在着非线性的相关关系。与主效应的分析相类似，本研究通过作图分析进一步展示

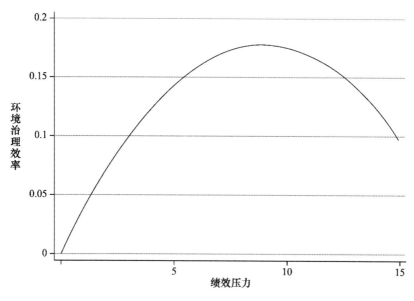

图 5-3　绩效压力与地方政府环境治理效率间的"倒 U"曲线

了绩效压力与第二类公共价值冲突间的非线性关系。如图 5-4 所示，二者之间呈现的是先下降后上升的"U"型关系，当绩效压力处于一定范围内时，随着绩效压力的增大，地方政府面临的第二类公共价值冲突呈现出下降趋势，说明适当的绩效压力有利于引导地方政府公共价值偏好趋于集中，让地方政府在环境治理中更容易形成公共价值共识，因此可以有效弱化第二类公共价值冲突。但当绩效压力超过这个范围时，随着绩效压力的进一步增大，地方政府环境治理中的公共价值偏好呈现出了分散趋势，进而激化了第二类公共价值冲突，此时二者间呈现出了正相关的关系。综上所述，假设 H2b 得到验证。

　　本研究接下来检验了第二类公共价值冲突在绩效压力与地方政府环境治理效率间发挥的中介作用。首先通过 Model2-6 可以看出，第二类公共价值冲突与地方政府环境治理效率显著负相关（$\beta = -0.118$，$P<0.01$），说明地方政府面临的第二类公共价值冲突的程度

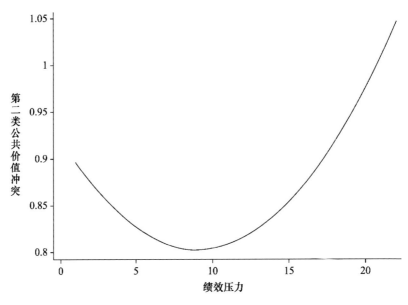

图 5-4 绩效压力与地方政府环境治理中公共价值冲突的"U 型"关系图

越高，环境治理效率越低，因此假设 H3b 验证通过。其次，本研究采用调节路径分析方法检验了第二类公共价值冲突在绩效压力与环境治理效率间的中介作用，调节路径分析法需要首先构造绩效压力与公共价值冲突的交互项，为了尽可能减少多重共线性，本研究对绩效压力和公共价值冲突进行中心化处理。在 Model2-7 中，本研究同时加入了绩效压力的一次项、绩效压力的平方项、公共价值冲突以及自变量与中介变量的交互项。由回归结果可以看出绩效压力的一次项与地方政府环境治理效率呈显著正相关（$\beta = 0.033$，$P < 0.01$），而绩效压力的平方项与地方政府环境治理效率呈显著负相关（$\beta = -0.002$，$P < 0.01$），再次说明了绩效压力与地方政府环境治理效率间的"倒 U 型"关系，同时可以看出相比 Model2-2，绩效压力的回归系数降低（$0.033 < 0.040$），绩效压力平方项的回归系数也有所降低（$|-0.002| < |-0.0022|$），而且在 Model2-7 中，第二类公共价值冲突与环境治理效率呈显著负相关（$\beta = -0.075$，$P <$

0.05），而绩效压力与第二类公共价值冲突的交互项对环境治理效率作用不显著（$\beta = -0.022$，ns），这表明第二类公共价值冲突与环境治理效率的关系不受绩效压力的权变影响。综上所述，第二类公共价值冲突在绩效压力与地方政府环境治理效率的"倒 U"关系间起到了中介作用，假设 H4b 得到了验证。

三　竞争压力、第三类公共价值冲突与地方政府环境治理效率

表 5-3 汇报了竞争压力、第三类公共价值冲突与地方政府环境治理效率间的回归结果。Model3-1 的结果显示，在控制了所有控制变量的情况下，竞争压力对于环境治理效率存在显著的正向影响（$\beta = 0.041$，$P < 0.01$）。由于竞争压力与绩效压力相类似，同样对于地方政府环境治理效率有着可能的非线性影响，所以本研究进一步在 Model3-2 中加入竞争压力的二次项（$Com\text{-}Pressure^2$）。结果却显示竞争压力的一次项与地方政府环境治理效率呈显著负相关（$\beta = -0.077$，$P < 0.01$），而竞争压力的二次方项却与环境治理效率呈显著正相关（$\beta = 0.027$，$P < 0.01$），说明竞争压力与地方政府环境治理效率间存在的不是简单的线性关系，而是非线性的"U"型关系。即在一定范围内，竞争压力对于环境治理效率存在负向影响，地方政府承受的竞争越大，其环境治理效率越低；但当竞争压力超过一定阈值后，其与地方政府环境治理效率的关系出现反转，二者呈现出了显著的正相关关系。

表 5-3　　竞争压力、第三类公共价值冲突与地方政府治理效率

Variables	EGE		PVC3		EGE		
	Model3-1	Model3-2	Model3-3	Model3-4	Model3-5	Model3-6	Model3-7
Constant	1.133 *** (0.305)	1.154 *** (0.298)	1.567 *** (0.223)	1.565 *** (0.223)	1.555 *** (0.221)	1.480 *** (0.311)	1.384 *** (0.303)

	Variables	EGE		PVC3		EGE		
		Model3-1	Model3-2	Model3-3	Model3-4	Model3-5	Model3-6	Model3-7
控制变量	IndDeg	0.076 (0.143)	0.021 (0.140)	−0.062 (0.104)	−0.062 (0.104)	−0.035 (0.104)	0.064 (0.143)	0.005 (0.139)
	PerGdp	−0.077 *** (0.028)	−0.071 ** (0.028)	−0.021 (0.021)	−0.021 (0.021)	−0.024 (0.020)	−0.080 *** (0.028)	−0.074 *** (0.027)
	PopDen	−0.0003 (0.0002)	−0.0003 (0.0002)	−0.0003 (0.0002)	−0.0003 (0.0002)	−0.0003 (0.0002)	−0.0003 (0.0002)	−0.0003 (0.0002)
	ForInv	0.001 (0.005)	−0.002 (0.005)	0.002 (0.004)	0.002 (0.004)	0.003 (0.004)	−0.001 (0.005)	−0.001 (0.005)
	GovSca	−0.023 (0.025)	−0.015 (0.024)	0.016 (0.018)	0.017 (0.018)	0.013 (0.018)	−0.021 (0.025)	−0.014 (0.024)
	IndFirm	−0.044 (0.033)	−0.055 (0.033)	0.013 (0.024)	0.014 (0.024)	0.019 (0.024)	−0.054 (0.033)	−0.051 (0.033)
	Unemploy	0.369 (1.376)	0.150 (1.347)	−0.022 (1.005)	−0.015 (1.005)	0.089 (0.997)	0.225 (1.373)	0.162 (1.338)
	SocOrg	2.867 (1.921)	2.832 (1.879)	−4.100 *** (1.399)	−4.075 *** (1.404)	−4.058 *** (1.391)	1.545 (1.919)	2.310 (1.876)
自变量	Com-Pressure	0.041 *** (0.011)	−0.077 *** (0.020)		0.002 (0.008)	0.059 *** (0.015)		−0.058 *** (0.021)
	Com-Pressure ^{2}		0.027 *** (0.004)			−0.013 *** (0.003)		0.022 *** (0.005)
中介变量	PVC3						−0.187 *** (0.042)	−0.148 *** (0.041)
交互项	Com-Pressure ×PVC3							−0.060 (0.044)
	年份固定效应	Yes	Yes	Yes	Yes	Yes	Yes	Yes
	城市固定效应	Yes	Yes	Yes	Yes	Yes	Yes	Yes

续表

Variables	EGE		PVC3		EGE		
	Model3-1	Model3-2	Model3-3	Model3-4	Model3-5	Model3-6	Model3-7
R^2	0.082	0.122	0.021	0.021	0.039	0.086	0.135
F	6.81***	9.89***	1.76	1.64	2.91***	7.15***	9.74***

注：**表示 $P<0.05$，***表示 $P<0.01$。

　　接下来，本研究检验了竞争压力对于第三类公共价值冲突的影响。Model3-3 是当第三类公共价值冲突作为被解释变量时的零模型，可以看出社会组织规模与第三类公共价值冲突呈显著负相关（$\beta=-4.100$，$P<0.01$），一定程度上说明，社会组织力量的发展和壮大，可以为地方政府环境治理提供来自公众的意见和建议，从而有效抑制和缓解环境治理中第三类公共价值冲突。Model3-5 是对竞争压力与地方政府环境治理效率间非线性关系的检验，因此同时加入了竞争压力的一次项与竞争压力的二次项。结果显示，在控制了所有控制变量的情况下，竞争压力的一次项与第三类公共价值冲突呈显著正相关（$\beta=0.059$，$P<0.01$），而竞争压力的二次方项却与第三类公共价值冲突呈显著负相关（$\beta=-0.013$，$P<0.01$），由于竞争压力的一次项系数为正，而其二次项的系数为负，因此说明竞争压力与第三类公共价值冲突间存在"倒 U"型关系。

　　为更为清晰地呈现竞争压力与地方政府环境治理效率以及第三类公共价值冲突间的非线性关系。本研究进行了作图分析，图 5-5 是基于 Model3-2 回归结果所绘制的非线性关系图。横轴表示地方政府承受的竞争压力，纵轴表示地方政府的环境治理效率，可以明显看出，二者存在着在"U"型关系，即在拐点左侧，随着竞争压力的逐渐增大，环境治理效率呈现出下行趋势。但是到拐点右侧以后，随着政府所承受的竞争压力进一步增大，地方政府的环境治理效率出现了向上反弹的趋势，在回归结果上二者表现出了显著的正向关系。图 5-6 更为清晰形象地呈现出了竞争压力与地方政府环境治理

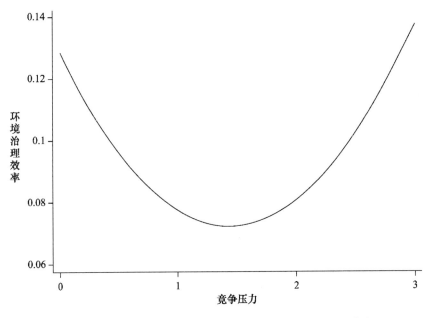

图5-5　竞争压力与地方政府环境治理效率间的"U"型关系

间的"U"型关系。类似地，基于 Model3-5 的回归结果，本研究绘制了竞争压力与第三类公共价值冲突间的"倒 U"型关系图。如图 5-6 所示，在一定范围内，随着竞争压力的逐渐增加，地方政府对于多元化公共价值的偏好趋于分散，第三类公共价值冲突显著增强，而当竞争压力超过了特定的阈值后，随着竞争压力的进一步增大，地方政府的公共价值偏好反而趋于集中，第三类公共价值冲突得到了有效弱化。因此，地方政府承受的竞争压力与第三类公共价值冲突间呈现出了"先上升，后下降"的"倒 U"型关系。

Model3-6 检验了第三类公共价值冲突对于地方政府环境治理效率的影响，回归结果表明，二者表现出了显著的负相关关系（$\beta=-0.187$，$P<0.01$），说明地方政府面临的第三类公共价值冲突越高，环境治理效率越低。接下来本书采用 Edwards 和 Lambert（2007）提出的调节路径分析方法（Moderated Path Analysis）来检

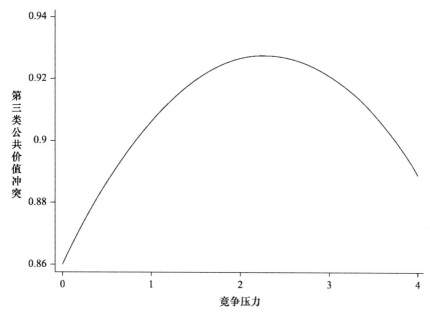

图 5-6　竞争压力与第三类公共价值冲突间的"倒 U"型关系

验第三类公共价值冲突所发挥的非线性中介作用，调节路径分析方法需要构造自变量和中介变量的交互项，由于二者都是连续性变量，因此本书对竞争压力与公共价值冲突进行了中心化处理。本研究在 Model3-7 中同时加入了竞争压力的一次项、竞争压力的二次项、第三类公共价值冲突、自变量与中介变量的交互项，同时本研究也在 Model3-7 中控制了所有控制变量。回归结果显示，在加入了中介变量以及交互项的情况下，竞争压力的一次项与地方政府环境治理效率呈现显著的负相关关系（$\beta = -0.058$，$P < 0.01$），而竞争压力的二次方项与政府环境治理效率间呈现出了显著的正相关关系（$\beta = 0.022$，$P < 0.01$），说明二者之间仍然保持了"U"型的非线性关系，而且此时第三类公共价值冲突与地方政府环境治理效率呈显著负相关（$\beta = -0.148$，$P < 0.01$）。进一步可以看出，相比没有控制中介变量以及交互项的 Model3-2，竞争压力

一次项的回归系数明显减小（$Com\text{-}Pressure = |-0.058| < |-0.077|$），而且竞争压力二次项的回归系数也明显减小（$Com\text{-}Pressure^2 = 0.022 < 0.027$）。另外，由于 Model3-7 中自变量与中介变量的交互项不显著，表明第三类公共价值冲突与环境治理效率的关系不受竞争压力的权变影响。综上所述，第三类公共价值冲突在竞争压力与地方政府环境治理效率间起到了中介效应并且是"部分中介"，因此假设 H4c 得到了验证。

四　公共舆论压力、第四类公共价值冲突与地方政府环境治理效率

在假设检验的第四部分，本研究检验了公共舆论压力与第四类公共价值冲突以及地方政府环境治理效率间的关系。由于公共舆论压力与环境治理效率及第四类公共价值冲突间不存在非线性关系，因此本研究在 Model4-1 至 Modle4-5 中采用了 Baron 和 Kenny（1986）的逐步法进行了第四类公共价值冲突中介作用的检验。表5-4 中的 Model4-1 显示，公共舆论压力与地方政府环境治理效率显著正相关（$\beta = 0.982$，$P < 0.01$），这与本书假设的关系相一致，即公共舆论压力越高，地方政府的环境治理效率越高，因此假设 H1d 验证通过。Model4-2 是当第四类公共价值冲突作为被解释变量时的零模型，结果显示，地方政府规模与第四类公共价值冲突显著负相关（$\beta = -0.047$，$P < 0.05$）。Model4-3 显示了在控制了所有控制变量的情况下，公共舆论压力与第四类公共价值冲突之间的关系，可以看出二者之间呈现显著的正相关关系（$\beta = 0.350$，$P < 0.01$），说明公共舆论压力可以显著激化地方政府环境治理中"公民本位"和"政府本位"两类公共价值集之间的冲突。Model4-4 的回归结果显示，地方政府面临的第四类公共价值冲突越高，环境治理效率也越高，二者之间存在显著的正相关关系（$\beta = 0.194$，$P < 0.01$），因此假设 H3d 得到支持。

表 5-4　　　　　舆论压力、第四类公共价值冲突与地方政府环境
治理效率的回归分析

Variables		EGE	PVC4		EGE	
		Model4-1	Model4-2	Model4-3	Model4-4	Model4-5
Constant		1. 002 *** (0. 302)	0. 925 *** (0. 217)	0. 859 *** (0. 217)	1. 007 *** (0. 307)	0. 859 *** (0. 302)
控制变量	*IndDeg*	0. 085 (0. 141)	0. 102 (0. 102)	0. 105 (0. 101)	0. 056 (0. 143)	0. 067 (0. 140)
	PerGdp	−0. 064 ** (0. 028)	0. 004 (0. 020)	0. 009 (0. 020)	−0. 077 *** (0. 028)	−0. 065 ** (0. 028)
	PopDen	−0. 0001 (0. 0002)	−0. 000 (0. 0001)	0. 0003 (0. 0002)	−0. 0003 (0. 0002)	−0. 0002 (0. 0002)
	ForInv	0. 0001 (0. 005)	0. 002 (0. 004)	0. 003 (0. 004)	−0. 002 (0. 005)	−0. 0004 (0. 005)
	GovSca	−0. 019 (0. 025)	−0. 047 *** (0. 018)	−0. 045 ** (0. 018)	−0. 015 (0. 025)	−0. 011 (0. 025)
	IndFirm	−0. 065 ** (0. 033)	0. 013 (0. 024)	0. 009 (0. 024)	−0. 059 (0. 033)	−0. 067 ** (0. 033)
	Unemploy	0. 070 (1. 357)	0. 882 (0. 980)	0. 825 (0. 976)	0. 057 (1. 373)	−0. 067 (1. 348)
	SocOrg	1. 492 (1. 893)	0. 186 (1. 365)	−0. 105 (1. 361)	2. 275 (1. 911)	1. 510 (1. 880)
自变量	*Opi-Pressure*	0. 982 *** (0. 145)		0. 350 *** (0. 104)		0. 924 *** (0. 144)
中介变量	PVC4				0. 194 *** (0. 043)	0. 167 *** (0. 042)
年份固定效应		Yes	Yes	Yes	Yes	Yes
城市固定效应		Yes	Yes	Yes	Yes	Yes
R^2		0. 107	0. 019	0. 029	0. 086	0. 120
F		9. 16 ***	1. 58	2. 29 ***	7. 20 ***	9. 71 ***

注：** 表示 $P<0.05$，*** 表示 $P<0.01$。

表 5-4 的检验结果充分说明，公共价值冲突并非总是负面影响
地方政府环境治理效率，"公民本位"和"政府本位"之间的公共
价值冲突就对地方政府环境治理效率存在积极作用，这一发现在一

定程度上了修正了现有理论对于公共价值冲突作用影响认识的不足。Model4-5 是关于第四类公共价值冲突中介效应的检验结果，可以看出，在控制了第四类公共价值冲突的情况下，公共舆论压力与地方政府环境治理效率间仍然呈现出显著的正相关关系（$\beta=0.924$，$P<0.01$），但是相比没有控制中介变量的 Model4-1，公共舆论压力的回归系数明显变小（$\beta=0.924<0.982$），而且此时第四类公共价值冲突与环境治理效率间也具有显著的正相关关系（$\beta=0.087$，$P<0.01$），因此说明第四类公共价值冲突在公共舆论压力与地方政府环境治理效率间起到了部分中介的作用，H4d 验证通过。Model4-5 的结果也说明，公共舆论压力首先激化了第四类公共价值冲突，进而产生了对于第四类公共价值冲突的积极影响，但第四类公共价值冲突只是部分传导了公共舆论压力所能发挥的正向影响。

五　环保垂直管理的调节作用

在假设检验的第五部分，本书进一步按照温忠麟和叶宝娟（温忠麟 & 叶宝娟，2014a）提出的层级回归法检验了被调节的中介效应。该方法的第一阶段是在控制调节变量的基础上，检验中介效应是否成立，第二阶段是判断调节变量与中介变量的交互效应是否显著。表 5-5 呈现了基于层级回归法检验被调节的中介效应的分析过程，Model5-1 的回归结果表明，在控制了调节变量的情况下，财政压力与地方政府环境治理效率呈显著负相关（$\beta=-0.040$，$P<0.01$）。类似地，Model5-2 的分析结果表明，在控制了调节变量的情况下，财政压力与第一类公共价值冲突呈显著正相关（$\beta=0.047$，$P<0.01$）。此外，Model5-3 表明，在控制了调节变量的情况下，第一类公共价值冲突与地方政府环境治理效率呈显著负相关（$\beta=-0.102$，$P<0.01$），而且此时财政压力与地方政府环境治理效率仍然保持了负相关的关系（$\beta=-0.035$，$P<0.01$），并且财政压力的回归系数有所下降（$\beta=|-0.035|<|-0.040|$），说明中介效应显著。在 Model5-4 中可以看出，第一类公共价值冲突与环保垂直管理的交互项与环境治理效率呈显著正

相关（$\beta=0.221$，$P<0.01$），说明基于层级回归方法检验的被调节的中介效应成立。综上所述，环保垂直管理对于第一类公共价值冲突的中介作用存在负向的调节效应，即当地方政府实施了环保垂直管理时，财政压力通过激化第一类公共价值冲突进而减损环境治理效率的中介传导机制会得到有效弱化。

表 5-5　　　　　　　　　　**基于依次检验的被调节的中介效应回归结果**

Variables		EGE	PVC1	EGE	
		Model5-1	Model5-2	Model5-3	Model5-4
Constant		1.299*** (0.308)	1.381*** (0.310)	1.439*** (0.309)	1.521*** (0.309)
控制变量	IndDeg	0.128 (0.146)	0.220 (0.147)	0.150 (0.145)	0.176 (0.145)
	PerGdp	−0.084*** (0.028)	−0.037 (0.028)	−0.088*** (0.028)	−0.092*** (0.028)
	PopDen	−0.0002 (0.0002)	0.0001 (0.0002)	−0.0002 (0.0002)	−0.0002 (0.0002)
	ForInv	−0.003 (0.005)	−0.008 (0.005)	−0.004 (0.005)	−0.004 (0.005)
	GovSca	0.00003 (0.026)	0.011 (0.026)	0.001 (0.025)	−0.003 (0.025)
	IndFirm	−0.062 (0.033)	−0.022 (0.034)	−0.064 (0.033)	−0.065 (0.033)
	Unemploy	0.100 (1.375)	0.511 (1.386)	0.152 (1.369)	0.194 (1.363)
	SocOrg	2.354 (1.915)	0.292 (1.929)	2.383 (1.906)	2.609 (1.899)
自变量	Fin-Pressure	−0.040*** (0.010)	0.047*** (0.010)	−0.035*** (0.010)	−0.032*** (0.010)
中介变量	PVC1			−0.102*** (0.030)	−0.152*** (0.034)
调节变量	Vertical	−0.027 (0.019)	−0.010 (0.019)	−0.028 (0.019)	−0.289*** (0.083)
乘积项	PVC1×Vertical				0.221*** (0.068)

续表

Variables	EGE	PVC1	EGE	
	Model5-1	Model5-2	Model5-3	Model5-4
年份固定效应	Yes	Yes	Yes	Yes
城市固定效应	Yes	Yes	Yes	Yes
R^2	0.084	0.037	0.094	0.102
F	6.50***	2.74***	6.86***	7.13***

注：*表示 $P<0.1$，**表示 $P<0.05$，***表示 $P<0.01$。

六　公众参与的调节作用

表5-6　　　　　　　　公众参与调解效应的回归结果

变量		Model6-1	Model6-2	Model6-3
Constant		1.290*** (0.306)	1.345*** (0.302)	1.294*** (0.302)
控制变量	IndDeg	0.084 (0.143)	0.056 (0.141)	0.062 (0.141)
	PerGdp	-0.072** (0.028)	-0.070** (0.028)	-0.067** (0.028)
	PopDen	-0.0003 (0.0002)	-0.0003 (0.0002)	-0.0003 (0.0002)
	ForInv	-0.002 (0.005)	-0.002 (0.005)	-0.002 (0.005)
	GovSca	-0.025 (0.025)	-0.020 (0.025)	-0.013 (0.025)
	IndFirm	-0.056 (0.033)	-0.058 (0.033)	-0.058 (0.033)
	Unemploy	0.156 (1.377)	0.045 (1.358)	0.078 (1.355)
	SocOrg	2.096 (1.918)	2.550 (1.894)	2.529 (1.889)
自变量	PVC2	-0.118*** (0.032)	-0.134*** (0.032)	-0.127*** (0.032)

续表

变量		Model6-1	Model6-2	Model6-3
调节变量	*Participation*		-0.546*** (0.099)	-0.456*** (0.105)
交互项	*PVC2×Participation*			1.380** (0.572)
年份固定效应		Yes	Yes	Yes
城市固定效应		Yes	Yes	Yes
R²		0.081	0.106	0.111
ΔR²		—	0.025	0.005
F		6.67***	8.45***	8.32***

注：**表示 $P<0.05$，***表示 $P<0.01$。

在假设检验的第六部分，本研究分析了公众参与所起到的针对公共价值冲突的消解作用。本研究所提出的假设 H5b 认为，针对地方政府环境治理中面临的第二类公共价值冲突，虽然公众参与不能阻断其生成路径，但是可以有效弱化第二类公共价值冲突对于地方政府环境治理效率的不利影响。表 5-6 汇报了公众参与调节效应的回归结果，Model6-1 的回归结果显示，在控制了所有控制变量的情况下，第二类公共价值冲突与地方政府环境治理效率呈显著负相关（$\beta=-0.118$，$P<0.01$）。在 Model6-3 中，本研究将第二类公共价值冲突和公众参与两个变量中心化，然后构造其乘积项放入回归方程中。从结果可以看出，第二类公共价值冲突仍然与地方政府环境治理效率呈显著负相关（$\beta=-0.127$，$P<0.01$），但公共价值冲突与公众参与的乘积项却与环境治理效率呈显著正相关（$\beta=1.380$，$P<0.05$），并且可以看出，Model6-3 的 R² 大于 Model6-2 的 R²，$\Delta R^2=0.005$，说明 Model6-3 的解释力要高于 Model6-2，因此说明公众参与的调节效应显著。

Model6-3 的回归结果显示，公众参与和第二类公共价值冲突的交互项与地方政府环境治理效率呈显著负相关，说明公众参与起到的是一种"负向"的调节效应，即公众参与的程度越高，第二类公共价值冲突对地方政府环境治理效率的负面影响越弱。为了更为清晰地展示公众参与的负向调节效应，本研究基于表5-6的回归结果对调节效应进行了作图分析。图5-7中的横轴表示第二类公共价值冲突，纵轴表示地方政府环境治理效率，可以明显看出，在公众参与程度较低时，第二类公共价值冲突与环境治理效率的斜线更为陡峭，但是当公众参与程度较高时，第二类公共价值冲突与环境治理效率的斜线变得平坦，说明第二类公共价值冲突对于环境治理效率的负面影响变弱，二者之间的负向关系在公众参与的影响下得到了缓解，因此假设H5b得到验证。

图5-7 公众参与的调节效应

七 绿色技术创新的调节作用

假设检验的第七部分是关于第三类公共价值冲突的协调路径。本研究第三章的理论分析表明，绿色技术创新虽然不能缓解第三类公共价值冲突的发生，但是可以有效消解第三类公共价值冲突对于地方政府环境治理效率的不利影响。表 5-7 汇报了绿色技术创新的调节作用，Model7-1 的回归结果显示，在控制了所有控制变量的情况下，第三类公共价值冲突与地方政府环境治理效率呈显著负相关（$\beta=-0.187$，$P<0.01$）。Model7-2 的结果显示，在控制了城市绿色技术创新水平的情况下，第三类公共价值冲突与地方政府环境治理仍然呈显著负相关（$\beta=-0.186$，$P<0.01$），再次证明了假设 H3c，说明地方政府在环境治理中面临的第三类公共价值冲突越高，环境治理效率越低。

表 5-7　　　　　　　　　　绿色技术创新调解效应的回归结果

变量		Model7-1	Model7-2	Model7-3
Constant		1.480*** （0.311）	1.467*** （0.310）	1.398*** （0.309）
控制变量	IndDeg	0.064 （0.143）	0.074 （0.142）	0.050 （0.142）
	PerGdp	-0.080*** （0.028）	-0.085*** （0.028）	-0.088*** （0.028）
	PopDen	-0.0003 （0.0002）	-0.0002 （0.0002）	-0.0002 （0.0002）
	ForInv	-0.001 （0.005）	-0.001 （0.005）	-0.001 （0.005）
	GovSca	-0.021 （0.025）	-0.029 （0.025）	-0.031 （0.025）
	IndFirm	-0.054 （0.033）	-0.043 （0.033）	-0.041 （0.033）
	Unemploy	0.225 （1.373）	0.318 （1.370）	0.320 （1.362）
	SocOrg	1.545 （1.919）	1.515 （1.914）	1.025 （1.909）

续表

变量		Model7-1	Model7-2	Model7-3
自变量	PVC3	-0.187*** (0.042)	-0.186*** (0.042)	-0.168*** (0.042)
调节变量	GTI		-0.0002** (0.0001)	-0.0002*** (0.0001)
交互项	PVC3×GTI			0.001*** (0.0002)
年份固定效应		Yes	Yes	Yes
城市固定效应		Yes	Yes	Yes
R^2		0.086	0.091	0.102
ΔR^2		—	0.005	0.011
F		7.15***	7.14***	7.55***

注：**表示 $P<0.05$，***表示 $P<0.01$。

在 Model7-3 中，在控制了所选控制变量的情况下，本研究进一步加入了第三类公共价值冲突与绿色技术创新的交互项，由于二者都属于连续型变量，因此在构造乘积项前需要进行中心化处理。回归结果显示第三类公共价值冲突与绿色技术创新水平的交互项与地方政府环境治理效率呈显著正相关（$\beta = 0.001$，$P<0.01$），而且 Model7-3 的 R^2 比 Model7-2 的 R^2 增加了 0.011，说明方程的解释力变强，因此假设 H5c 得到支持，即绿色技术创新负向调节了第三类公共价值冲突对于环境治理效率的负向影响。也就是说，当某一城市的绿色技术创新程度较高时，相比绿色技术创新程度较低的城市，第三类公共价值冲突对于环境治理效率的负面影响较弱。

为了更为形象地展示绿色技术创新对于第三类公共价值冲突与地方政府环境治理效率间负向关系的调节作用，本研究基于表 5-7 的回归结果进行了作图分析。在图 5-8 中，横轴表示第三类公共价值冲突，纵轴表示地方政府环境治理效率。可以清晰地看出，当城市的绿色技术创新较低时，第三类公共价值冲突与地方政府环境治理效率的斜线非常陡峭，说明二者间的负向关系更强，但当城市的

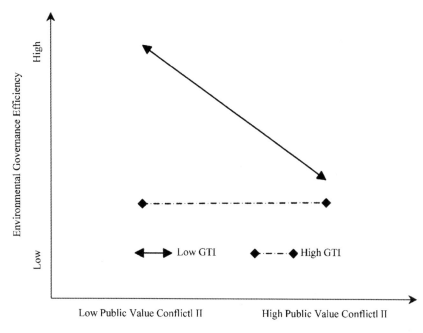

图 5-8　绿色技术创新的调节效应

绿色技术创新较高时，第三类公共价值冲突与地方政府环境治理效率间斜线的陡峭程度变得更低，说明此时第三类公共价值冲突对于环境治理效率的负面影响变弱。综上所述，绿色技术创新的确能够消解第三类公共价值冲突的负面作用。

八　声誉威胁的调节作用

假设检验的第八部分是关于声誉威胁调节效应的检验。基于本研究第三章的理论分析，上级政府对地方政府施加的声誉威胁可以对第四类公共价值冲突的中介效应起到显著的调节作用，即当地方政府受到声誉威胁时，公共舆论压力通过激化第四类公共价值冲突进而影响地方政府环境治理效率的中介效应会进一步增强。表 5-8 汇报了被调节的中介效应检验结果，检验方法采用的是温忠麟和叶宝娟（2014）提出的层次回归方法。该方法的前三步主要是检验在控制了调节变量的情况下，中介效应是否显著，第四步是构造中介变量与调节变量的交互项，在控制了自变量、中介变量、调节变量的基础上，检验中介变量与调节变量交互项是否显著。从 Model8-1 中可以看出，在控制了调节变量的基础上，公共舆论压力与地方政府环境治理效率显著正相关（$\beta = 0.981$，$P < 0.01$）。Model8-2 的回归结果显示，在控制了声誉威胁的情况下，公共舆论压力与第四类公共价值冲突显著（$\beta = 0.339$，$P < 0.01$）。进一步从 Model8-3 的回归结果可以看出，在控制了调节变量和控制变量的情况下，第四类公共价值冲突与地方政府环境治理效率呈显著正相关（$\beta = 0.167$，$P < 0.01$），而此时公共舆论压力与地方政府环境治理效率间也存在正相关关系（$\beta = 0.924$，$P < 0.01$），但是回归系数相比 Model8-1 明显减少了（$\beta = 0.924 < 0.981$），因此说明在控制了声誉威胁的情况下，第四类公共价值冲突的中介效应仍然显著。

本研究接下来在 Model8-4 中检验了被调节的中介效应，可以看出声誉威胁与地方政府环境治理效率不存在显著的相关关系（$\beta = -0.124$，ns.），而且第四类公共价值冲突与声誉威胁的交互项也与地方政府环境治理效率不存在显著的相关关系（$\beta = 0.123$，ns.），即按照温忠麟和叶宝娟（2014）层次回归方法的检验步骤，第四步的检验未通过。因此说明声誉威胁对第四类公共价值冲突的调节效应并不显著，假设 H5d 未验证通过。通过该结果可以反映出，尽管公共舆论压力激化了地方政府环境治理中"公民本位"和"政府本位"两类公共价值集间的冲突关系，并进一步提升了地方政府环境治理效率，但该作用机制并不会受到上级政府声誉威胁的影响。

表 5-8　　　　　　基于依次检验的被调节的中介效应回归结果

Variables	*EGE*	*PVC4*	*EGE*	
	Model8-1	Model8-2	Model8-3	Model8-4
Constant	1.004 *** (0.302)	0.872 *** (0.216)	0.858 *** (0.302)	0.895 *** (0.303)

续表

Variables		EGE	PVC4	EGE	
		Model8-1	Model8-2	Model8-3	Model8-4
控制变量	*IndDeg*	0.084 (0.141)	0.099 (0.101)	0.067 (0.140)	0.061 (0.140)
	PerGdp	-0.064** (0.028)	0.009 (0.020)	-0.065** (0.028)	-0.066** (0.028)
	PopDen	-0.0001 (0.0002)	0.0002 (0.0002)	-0.0001 (0.0002)	-0.0001 (0.0002)
	ForInv	0.000 (0.005)	0.003 (0.003)	-0.0004 (0.005)	-0.0003 (0.005)
	GovSca	-0.019 (0.025)	-0.045** (0.018)	-0.011 (0.025)	-0.010 (0.025)
	IndFirm	-0.065** (0.033)	0.012 (0.024)	-0.067** (0.033)	-0.069** (0.033)
	Unemploy	0.064 (1.358)	0.775 (0.973)	-0.066 (1.349)	-0.101 (1.349)
	SocOrg	1.500 (1.894)	-0.049 (1.358)	1.508 (1.881)	1.289 (1.889)
自变量	*Opi-Pressure*	0.981*** (0.145)	0.339*** (0.104)	0.924*** (0.145)	0.891*** (0.147)
中介变量	*PVC4*			0.167*** (0.042)	0.147*** (0.045)
调节变量	*Reputational*	-0.005 (0.020)	-0.039*** (0.014)	0.001 (0.020)	-0.124 (0.102)
乘积项	*PVC4 ×Reputational*				0.123 (0.099)
年份固定效应		Yes	Yes	Yes	Yes
城市固定效应		Yes	Yes	Yes	Yes
R^2		0.107	0.036	0.120	0.122
F		8.55***	2.64***	9.09***	8,65***

注：**表示 $P<0.05$，***表示 $P<0.01$。

第三节　稳健性检验

一　第一类公共价值冲突的中介机制检验

为了避免传统逐步法分析中可能存在的统计偏差（Zhao et al.，2010），本书进一步采用偏差校正的非参数百分位 Bootstrap 法来检验公共价值冲突的中介作用。本书首先采用 Bootstrap 方法检验了财政压力与地方政府环境治理效率间的关系，Bootstrap 重复抽样次数设定为10000次，从表5-9的回归结果可以看出，自变量与因变量的总效应系数在95%的置信区间不包含 0（95% CI = [-0.077，-0.003]，$P<0.05$），即财政压力与地方政府环境治理效率间存在显著的负相关关系，稳健性检验结果与假设检验结果相一致。本研究接下来分析财政压力对于第一类公共价值冲突的影响，Bootstrap 重复抽样次数设定为10000次，可以看出回归系数 a 在95%的置信区间不包含 0（95% CI = [0.022，0.071]，$a=0.047$，$P<0.01$），说明财政压力显著正向激化了地方政府在环境治理中的第一类公共价值冲突。接下来，本研究采用 Bootstrap 方法对第一类公共价值冲突与地方政府环境治理效率间的关系进行了稳健性检验，可以看出第一类公共价值冲突显著负向影响地方政府的环境治理效率（95% CI = [-0.189，-0.042]，$P<0.01$）。

表5-9　　　　　　　　基于 Bootstrap 方法的中介效应检验

路径	效应	效应量系数	S. E.	95%置信区间	
				下限	上限
Fin-Pressure→EGE	Total	-0. 040 **	0. 019	-0. 077	-0. 003
Fin-Pressure→PVC1	—	0. 047 ***	0. 013	0. 022	0. 071
PVC1→EGE	—	-0. 115 ***	0. 037	-0. 189	-0. 042

续表

路径	效应	效应量系数	S. E.	95%置信区间	
				下限	上限
Fin-Pressure→PVC1→EGE	Direct	-0.036	0.018	-0.071	0.0002
Fin-Pressure→PVC1→EGE	Indirect	-0.005**	0.002	-0.009	-0.0004
中介效应/总效应	12.5%				

注：①**表示 P<0.05，***表示 P<0.01；②N=216，Bootstrap 重复抽样 10000 次，分析中皆加入了控制变量并同时控制了个体效应和时间效应。

本研究接下来采用 Bootstrap 方法检验第一类公共价值冲突的中介作用。Bootstrap 方法检验中介效应的原理是通过构造回归系数乘积 ab，并通过直接检验 $ab \neq 0$ 来判断中介效应是否存在。Bootstrap 重复抽样同样设置为 10000 次，从表 5-9 的结果可以看出，回归系数乘积 ab 在 95% 的置信区间不包含 0（95% CI = [-0.009，-0.0004]，ab=-0.005，$P<0.05$），说明第一类公共价值冲突的中介效应显著。进一步可以看出，此时财政压力对地方政府环境治理效率的直接效应 c' 不显著（95% CI = [-0.071，0.0002]，c' = -0.036，ns），说明第一类公共价值冲突在财政压力对地方政府环境治理效率间起到了"完全中介"的作用。通过对比表 5-1 的回归结果可以看出，在通过层级回归方法的检验中，第一类公共价值冲突的中介效应显著，并且财政压力与地方政府环境治理效率的直接效应也显著，因此第一类公共价值冲突起到了"部分中介"的作用。但在 Bootstrap 的回归结果中，第一类公共价值冲突的中介效应仍然显著，但直接效应却并不显著。尽管在 Bootstrap 方法的分析中，第一类公共价值冲突被证明起到的是"完全中介"的作用，但其的中介效应还是明确通过了稳健性检验。基于 Bootstrap 方法的第一类公共价值冲突的效应量如图 5-9 所示。

二 第二类公共价值冲突的中介机制检验

在稳健性检验的第二部分，本研究采用 Bootstrap 方法对第二类

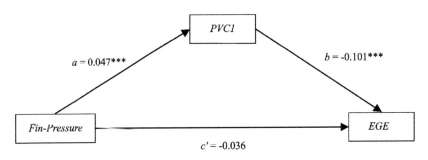

图 5-9 第一类公共价值冲突中介效应

公共价值冲突的中介机制进行了检验。表 5-10 中，本研究首先检验了绩效压力与地方政府环境治理效率间的关系，Bootstrap 重复抽样次数设定为 10000 次，可以看出绩效压力一次项的回归系数在 95% 的置信区间不包含 0（95% CI = [0.023，0.057]，$c_1 = 0.040$，$P < 0.01$），而且绩效压力二次项的回归系数也在 95% 的置信区间不包含 0（95% CI = [−0.003，−0.001]，$c_2 = -0.0022$，$P < 0.01$），说明绩效压力与地方政府环境治理效率呈现出"倒 U"型的非线性关系，假设 H2a 通过了稳健性检验。其次，本研究检验了绩效压力与第二类公共价值冲突间的关系，可以看出绩效压力一次项的回归系数在 95% 置信区间不包含 0（95% CI = [−0.040，−0.013]），绩效压力的平方项与第二类公共价值冲突显著正相关（95% CI = [0.001，0.003]，$a_2 = 0.002$，$P < 0.05$），因此假设 H2b 验证通过，绩效压力与地方政府环境治理效率间呈现的是非线性的关系。

在第二类公共价值冲突与地方政府环境治理效率的直接效应的检验中，可以看出回归系数 b 在 95% 置信区间不包含 0（95% CI = [−0.196，−0.040]，$b = -0.118$，$P < 0.01$），因此假设 H3b 得到验证。接下来本研究检验了第二类公共价值冲突的中介效应，Bootstrap 重复抽样次数设定为 10000 次，从表 5-10 中可以看出绩效压力一次项的回归系数 c_1' 显著（95% CI = [0.016，0.050]）且与 c_1 方向一致，绩效压力平方项的回归系数 c_2' 显著（95% CI =

［−0.003，−0.0003］）且与 c_2 方向一致，并且此时第二类公共价值冲突的回归系数 b' 在 95% 置信区间不包含 0（95% CI = ［−0.145，−0.006］，$b'=-0.075$，$P<0.05$），因此说明第二类公共价值冲突在绩效压力与地方政府环境治理效率的非线性关系间起到了中介效应，假设 H4b 通过了稳健性检验。

表 5−10　　　　　　　　基于 Bootstrap 方法的中介效应检验

路径	效应量系数	S.E.	95%置信区间	
			下限	上限
(*Per-Pressure* +*Per-Pressure*^{2}) → *EGE*	$c_1 = 0.040$***	0.009	0.023	0.057
	$c_2 = -0.0022$***	0.001	−0.003	−0.001
(*Per-Pressure* +*Per-Pressure*^{2}) → *PVC2*	$a_1 = -0.026$***	0.007	−0.040	−0.013
	$a_2 = 0.002$**	0.001	0.001	0.003
PVC2 → *EGE*	$b = -0.118$***	0.040	−0.196	−0.040
(*Per-Pressure* +*Per-Pressure*^{2}) →*PVC2* → *EGE*	$c_1' = 0.033$***	0.009	0.016	0.050
	$c_2' = -0.002$**	0.001	−0.003	−0.0003
	$b' = -0.075$**	0.035	−0.145	−0.006
	$\beta = -0.022$	0.022	−0.066	0.022

注：①**表示 P<0.05，***表示 P<0.01；②N=216，Bootstrap 重复抽样 10000 次，分析中皆加入了控制变量并同时控制了个体效应和时间效应。

三　第三类公共价值冲突的中介机制检验

与第二类公共价值冲突中介机制的稳健性检验相类似，本研究通过采用了 Bootstrap 方法检验了第三类公共价值冲突在竞争压力与地方政府环境治理效率间的中介作用。表 5−11 首先汇报了竞争压力对于地方政府环境治理效率主效应的稳健性检验结果，可以看出，在 Bootstrap 重复抽样 10000 次的情况下，竞争压力一次性的回归系数在 95% 的置信区间不包含 0（95% CI = ［-0.135，-0.019］，c_1 = -0.077，$P<0.01$），二者呈现出显著的负相关关系，而此时竞争压力的平方项却与地方政府环境治理效率呈显著正相关（95% CI = ［0.009，0.045］，c_2 = 0.027，$P<0.01$），再次证明了竞争压力与地方政府环境治理效率间存在着"U"型的非线性关系。接下来，本书采用 Bootstrap 方法检验了竞争压力与第三类公共价值冲突之间的关系，可以看出竞争压力的一次项与第三类公共价值冲突呈显著正相关（95% CI = ［0.024，0.093］，a_1 = 0.059，$P<0.01$），而竞争压力的平方项却与地方政府环境治理效率呈显著负相关（95% CI = ［-0.023，-0.003］，a_2 = -0.013，$P<0.05$），因此竞争压力与地方政府环境治理效率间的非线性关系，以及竞争压力与第三类公共价值冲突间的非线性关系都通过了稳健性检验。

表 5-11　　　　　　　　基于 Bootstrap 方法的中介效应检验

路径	效应量系数	S. E.	95%置信区间	
			下限	上限
（*Com-Pressure* +*Com-Pressure* ^{2}）→ *EGE*	c_1 = -0.077 ***	0.030	-0.135	-0.019
	c_2 = 0.027 ***	0.009	0.009	0.045
（*Com-Pressure* +*Com-Pressure* ^{2}）→ *PVC3*	a_1 = 0.059 ***	0.018	0.024	0.093
	a_2 = -0.013 **	0.005	-0.023	-0.003
PVC3 → *EGE*	b = -0.187 **	0.073	-0.330	-0.044
（*Com-Pressure* +*Com-Pressure* ^{2}）→*PVC3* → *EGE*	c_1' = -0.058 **	0.026	-0.110	-0.007
	c_2' = 0.022 ***	0.008	0.007	0.037
	b' = -0.148 **	0.068	-0.282	-0.015
	β = -0.060	0.114	-0.283	0.163

注：①**表示 P<0.05，***表示 P<0.01；②N=216，Bootstrap 重复抽样 10000 次，分析中皆加入了控制变量并同时控制了个体效应和时间效应。

接下来本研究采用 Bootstrap 方法对第三类公共价值冲突的中介作用进行了稳健性检验。从表5-11的回归结果中可以看出，在控制了中介变量以及自变量和中介变量交互项的情况下，竞争压力一次项与地方政府环境治理效率间的关系依然显著（95% CI = ［-0.110，-0.007］，$c_1' = -0.058$，$P<0.05$），且方向为负；而竞争压力平方项与地方政府环境治理效率间的关系也显著（95% CI = ［0.007，0.037］，$c_2' = 0.022$，$P<0.01$），且方向为正，此时系数 c_1' 和 c_2' 的方向皆与 c_1、c_2 保持一致，并且此时第三类公共价值冲突与地方政府环境治理效率间存在显著的负相关关系（95% CI = ［-0.282，-0.015］，$b' = -0.148$，$P<0.05$），而竞争压力与第三类公共价值冲突的交互项却与地方政府环境治理效率不存在显著的相关关系（95% CI = ［-0.283，0.163］，$\beta = -0.060$，ns.），因此说明第三类公共价值冲突在竞争压力与地方政府环境治理效率的非线性关系间起到了中介作用，H4c 通过了稳健性检验。

四　第四类公共价值冲突的中介机制检验

在稳健性检验的第四部分，本研究基于 Bootstrap 方法分析了第四类公共价值冲突在公共舆论压力与地方政府环境治理效率间的中介作用。首先从表5-12可以看出，在 Bootstrap 方法重复抽样10000次的情况下，公共舆论压力对于地方政府环境治理效率的主效应显著（95% CI = ［0.480，1.485］，$c = 0.982$，$P<0.01$），其次本研究检验了公共舆论压力对于第四类公共价值冲突的影响，可以看出公共舆论压力的回归系数在95%的置信区间不包含0（95% CI = ［0.122，0.577］，$a = 0.350$，$P<0.01$），因此说明公共舆论压力会显著激化地方政府环境治理中的"公民本位"与"政府本位"两类公共价值集间的冲突。接下来，在第四类公共价值冲突与地方政府环境治理效率的关系检验中，本研究同样将 Bootstrap 重复抽样次数设置为10000次，可以看出第四类公共价值冲突会对于地方政府环境治理效率具有显著的正向影响（95%CI = ［0.080，0.309］，$P<$

0.01），因此假设 H3d 通过了稳健性检验。

表 5-12　　　　　　　　基于 Bootstrap 方法的中介效应检验

路径	效应	效应量系数	S. E.	95%置信区间	
				下限	上限
Opi-Pressure→EGE	Total	0.982***	0.256	0.480	1.485
Opi-Pressure→PVC4	—	0.350***	0.116	0.122	0.577
PVC4→EGE	—	0.194***	0.059	0.080	0.309
Opi-Pressure→PVC4→EGE	Direct	0.924***	0.247	0.441	1.408
Opi-Pressure→PVC4→EGE	Indirect	0.058**	0.029	0.001	0.115
中介效应/总效应	5.906%				

注：①**表示 $P<0.05$，***表示 $P<0.01$；②N=216，Bootstrap 重复抽样 10000 次，分析中皆加入了控制变量并同时控制了个体效应和时间效应。

不同于 Baron 和 Kenny（1986）所提出的逐步法对于中介效应的检验步骤，本研究稳健性环节采用了 Bootstrap 方法来检验第四类公共价值冲突的中介效应法。其核心原理是通过直接构造并检验回归系数乘积 ab 是否显著来判断公共价值冲突的中介效应。从表 5-12 的回归结果可以看出，在 Bootstrap 重复抽样 10000 次的情况下，回归系数的乘积项 ab 在 95%的置信区间不包含 0（95% CI = ［0.001，0.115］，$ab=0.058$，$P<0.05$），因此说明第四类公共价值冲突的中介效应显著。进一步可以看出，在控制了中介变量的情况下，公共舆论压力对地方政府环境治理效率的直接效应也显著（95% CI = ［0.441，1.408］，$c'=0.924$，$P<0.01$），因此说明第四类公共价值冲突在公共舆论压力与地方政府环境治理效率间发挥了部分中介的作用，H4d 通过了稳健性检验。基于 Bootstrap 方法的第四类公共价值冲突的效应量如图 5-10 所示。

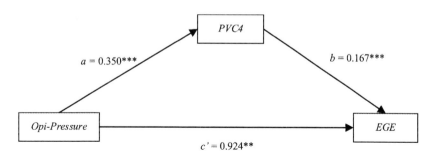

图 5-10　第四类公共价值冲突的中介效应

五　环保垂直管理的被调节的中介效应检验

在稳健性检验的第五部分，本研究基于 Bootstrap 方法，采用中介效应差异检验来分析假设 H5a 所提出的被调节的中介作用。本研究在 H5a 中假设，地方政府实施环保垂直管理，可以显著弱化第一类公共价值冲突在财政压力与地方政府环境治理效率间的中介效应。表 5-13 中 Bootstrap 重复抽样次数设定为 10000 次，可以看出，在环保垂直管理＝1 和＝0 两种状态下，第一类公共价值冲突中介效应的差异（Δab）在 95% 的置信区间中不包含 0（95% CI＝[0.001，0.019]，Δab＝0.0101，$P<0.05$），而且进一步可以看出，在未实行环保垂直管理（Vertical＝0）时，第一类公共价值冲突的中介效应显著（95% CI＝[-0.013，-0.002]，ab＝-0.0074，$P<0.05$），但是在实施了环保垂直管理（Vertical＝1）后，第一类公共价值冲突的中介效应不再显著（95% CI＝[-0.003，0.009]，ab＝0.0027，ns），说明被调节的中介效应成立。也就是说，当地方政府实行了环保垂直管理，第一类公共价值冲突在财政压力与环境治理效率间的中介效应被显著弱化了。综上所述，本研究采用中介效应差异方法的稳健性检验结果再次证明了假设 H5a，被调节的中介效应如图 5-11 所示。

表 5-13　　　　　　基于 Bootstrap 方法的被调节的中介效应检验阶段

调节变量	阶段		效应		
	First	Second	Direct	Indirect	Total
	Fin-Pressure→ *PVC1*	*PVC1*→*EGE*	*Fin-Pressure*→ *PVC1*→*EGE*	*Fin-Pressure*→ *PVC1*→*EGE*	*Fin-Pressure*→ *EGE*
Vertical = 1	0.039*** [0.011, 0.067]	0.069 [-0.067, 0.205]	-0.032 [-0.067, 0.003]	0.0027 [-0.003, 0.009]	-0.0294 [-0.064, 0.005]
Vertical = 0	0.049*** [0.024, 0.074]	-0.152*** [-0.230, -0.074]	-0.032 [-0.067, 0.003]	-0.0074** [-0.013, -0.002]	-0.0395** [-0.076, -0.003]
差值（Δ）	-0.010 [-0.029, 0.009]	0.221** [0.063, 0.380]	—	0.0101** [0.001, 0.019]	0.0101** [0.001, 0.019]

注：①**表示 P<0.05，***表示 P<0.01；②Bootstrap 重复抽样 10000 次，分析中皆加入了控制变量并同时控制了个体效应和时间效应。

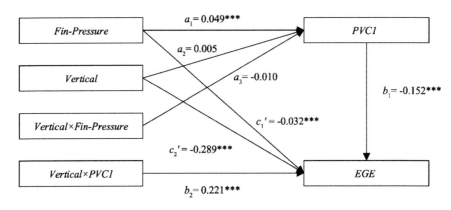

图 5-11　环保垂直管理的被调节的中介效应

六　公众参与的调解效应检验

表 5-14 汇报了基于 Bootstrap 方法的公众参与调节效应的稳健性检验结果。本研究在假设 H5b 中认为，公众参与环境治理的程度越高，第二类公共价值冲突对于地方政府环境治理效率的影响越弱，即公众参与起到的是一种负向的调节效应。在表 5-14 中，Bootstrap重复抽样次数设定为 10000 次，置信区间设定为 95%，在第一阶段，

第二类公共价值冲突与地方政府环境治理效率显著负相关（95%
CI = ［-0.214，-0.055］，β = -0.134，P<0.01），再次证明第二类
公共价值冲突会对地方政府环境治理效率产生显著的负面影响。第
二阶段，本研究加入了第二类公共价值冲突与公众参与中心化后的
交互项，可以看出交互项回归系数在95%的置信区间不包含0（95%
CI = ［0.135，2.645］，c = 1.380，P<0.05），因此公众参与的调节
效应显著，稳健性检验所得结论与前文分析一致。

表 5-14　　　　　基于 Bootstrap 方法的公众参与调节效应分析结果

Variables	EGE	
	First stage	Second stage
PVC2	-0.134 *** ［-0.214，-0.055］	-0.127 *** ［-0.205，-0.049］
Participation	-0.546 *** ［-0.805，-0.287］	-0.456 ［-0.721，-0.190］
PVC2×Participation		1.380 ** ［0.135，2.645］
R²	0.106	0.111
ΔR²	—	0.005

注：①**表示 P<0.05，***表示 P<0.01；②Bootstrap 重复抽样 10000 次，分析中皆加入了控制变量并同时控制了个体效应和时间效应。

七　绿色技术创新的调节效应检验

表 5-15 汇报了基于 Bootstrap 方法的绿色技术创新调节作用的检验结果，检验过程分为两个阶段，第一个阶段显示在控制了绿色技术创新的情况下，第三类公共价值冲突与地方政府环境治理效率间的关系，可以看出第三类公共价值冲突显著负向影响地方政府环境治理效率（β = -0.186，95% CI = ［-0.328，-0.044］，P<0.05）。第二阶段加入了第三类公共价值冲突与绿色技术创新的交互项，Bootstrap 重复抽样次数设定为 10000 次，可以看出第三类公共价值冲突仍然与地方政府环境治理效率呈显著负相关（β = -0.168，95%

CI = ［-0.301, -0.035］），而第三类公共价值冲突与绿色技术创新的交互项却与地方政府环境治理效率呈显著正相关（β = 0.001，95% CI = ［0.0004, 0.002］，P<0.01），因此说明绿色技术创新负向调节了第三类公共价值冲突与地方政府环境治理效率间的关系，即城市的绿色技术创新水平越高，第三类公共价值冲突对于地方政府环境治理效率的负面影响越弱。基于 Bootstrap 方法的稳健性检验结果继续支持了假设 H5c。

表 5-15　　　基于 Bootstrap 方法的绿色技术创新调节效应分析结果

Variables	EGE	
	First stage	Second stage
PVC3	-0.186** [-0.328, -0.044]	-0.168** [-0.301, -0.035]
GTI	-0.0002*** [-0.0003, -0.0001]	-0.0002*** [-0.0003, -0.0001]
PVC3×GTI		0.001*** [0.0004, 0.002]
R^2	0.091	0.102
ΔR^2	0	0.011

注：①**表示 P<0.05，***表示 P<0.01；②Bootstrap 重复抽样 10000 次，分析中皆加入了控制变量并同时控制了个体效应和时间效应。

八　声誉威胁的被调节的中介效应检验

表 5-16 汇报了声誉威胁调节作用的检验结果。本研究假设声誉威胁正向调节了第四类公共价值冲突在公共舆论压力与地方政府环境治理效率间的中介作用，即当地方政府受到了来自上级政府的声誉威胁时，第四类公共价值冲突的中介效应更强。在假设检验环节，本研究采用了层级回归法进行了被调节的中介效应检验，但数据结果却显示声誉威胁并未对第四类公共价值冲突的中介作用起到调节效应，假设 H5d 不成立。在稳健性检验中，本研究按照中介效应差异法，通过 Bootstrap 方法进行 10000 次重复抽样来检验声誉威胁的

调节作用。可以看出,在声誉威胁等于 0 和等于 1 两种情况下,在第四类公共价值冲突对公共舆论压力的回归中,自变量回归系数差异显著($\Delta a = 0.697$,95% CI = [0.065,1.329],$P < 0.05$),但是在地方政府环境治理效率对第四类公共价值冲突的回归方程中,第四类公共价值冲突回归系数的差异却不显著($\Delta \beta = 0.123$,95% CI = [-0.222,0.468],ns.),进一步可以看出,在地方政府受到声誉威胁和没有受到威胁两种情况下,第四类公共价值冲突的中介效应差异并不显著($\Delta ab = 0.205$,95% CI = [-0.181,0.592],ns.),因此说明第四类公共价值冲突被调节的中介作用未通过稳健性检验,该检验结果与层级回归方法的检验结论相一致,假设 H5d 未通过验证。

表 5-16　　　　基于 Bootstrap 方法的被调节的中介效应检验阶段

调节变量	阶段		效应		
	First	Second	Direct	Indirect	Total
	$Opi\text{-}Pressure \rightarrow$ $PVC4$	$PVC4 \rightarrow EGE$	$Opi\text{-}Pressure \rightarrow$ $PVC4 \rightarrow EGE$	$Opi\text{-}Pressure \rightarrow$ $PVC4 \rightarrow EGE$	$Opi\text{-}Pressure \rightarrow$ EGE
$Threat = 1$	0.838*** [0.226, 1.451]	0.270 [-0.040, 0.579]	0.891*** [0.418, 1.363]	0.226 [-0.158, 0.610]	1.117*** [0.461, 1.772]
$Threat = 0$	0.141 [-0.091, 0.374]	0.147** [0.025, 0.268]	0.891*** [0.418, 1.363]	0.021 [-0.020, 0.062]	0.911*** [0.429, 1.394]
差值(Δ)	0.697** [0.065, 1.329]	0.123 [-0.222, 0.468]	—	0.205 [-0.181, 0.592]	0.205 [-0.181, 0.592]

注:①**表示 $P < 0.05$,***表示 $P < 0.01$;②Bootstrap 重复抽样 10000 次,分析中皆加入了控制变量并同时控制了个体效应和时间效应。

　　由于声誉威胁对于第四类公共价值冲突的中介作用并未起到调节效应,本研究进一步猜想,声誉威胁可能仅仅只是调节了公共舆论压力、第四类公共价值冲突与地方政府环境治理效率三者关系中的前半段关系或者后半段关系。因此，本研究在本环节进一步进行了补充检验，采用 Bootstrap 方法分别检验了声誉威胁对于公共舆论压力与第四类公共价值冲突间直接关系的调节效应，及其对于第四类公共价值冲突与地方政府环境治理效率间直接关系的调节作用。

表 5-17   基于 Bootstrap 方法的声誉威胁调节效应分析结果

Variables	PVC4		EGE	
	First stage	Second stage	First stage	Second stage
Opi-Pressure	0.339 *** [0.108, 0.570]	0.141 [−0.091, 0.374]		
Threat	−0.039 [−0.074, −0.004]	−0.039 ** [−0.073, −0.004]		
Opi-Pressure× *Threat*		0.697 ** [0.065, 1.329]		
PVC4			0.194 *** [0.077, 0.311]	0.154 ** [0.030, 0.278]
Threat			−0.002 [−0.051, 0.047]	−0.239 [−0.581, 0.103]
PVC4×Threat				0.233 [−0.136, 0.602]
R^2	0.036	0.053	0.087	0.091
ΔR^2	—	0.017	—	0.004

注：①**表示 P<0.05，***表示 P<0.01；②Bootstrap 重复抽样 10000 次，分析中皆加入了控制变量并同时控制了个体效应和时间效应。

表 5-17 中前两个模型显示的是声誉威胁对于前半段关系的调节效应，此时第四类公共价值作为被解释变量。从第一阶段的回归结果中可以看出，在控制了声誉威胁的情况下，公共舆论压力对于第四类公共价值冲突具有显著的激化作用（β = 0.339，95% CI = [0.108，0.570]，P<0.01）。在第二阶段中可以看出，公共舆论压力与声誉威胁的交互项与第四类公共价值冲突显著正相关（β =

0.697，95% CI = ［0.065，1.329］，$P<0.05$）。而且可以看出，在第二阶段加入了交互项的回归方程相比第一阶段没有加入交互项的回归方程，R^2显著增大了（$\Delta R^2 = 0.017$），即回归方程的解释力明显增强了，因此说明声誉威胁正向调节了公共舆论压力与第四类公共价值冲突间的正向关系。即当地方政府遭受到声誉威胁时，公共舆论压力对于第四类公共价值冲突的激化作用被显著增强了。

　　为了更为清晰地展示声誉威胁的调节作用，本研究基于表5-17的回归结果进行了作图分析，图5-12中横轴表示公共舆论压力，纵轴表示地方政府环境治理中面临的第四类公共价值冲突，可以明显看出，在地方政府未受到声誉威胁时，公共舆论压力对公共价值冲突的影响较为平缓，但当地方政府受到声誉威胁时，公共舆论压力与第四类公共价值冲突斜线变得更加陡峭，因此说明调节效应显著。进一步，本研究在表5-17中的后两个模型中检验了声誉威胁对于后半段关系可能的调节效应，此时被解释变量为地方政府环境治理效率。从第一阶段的回归结果可以看出，第四类公共价值冲突显著正

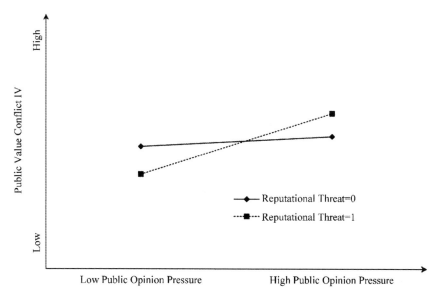

图5-12　声誉威胁对公共舆论压力与第四类公共价值冲突间关系的调节效应

向影响了地方政府环境治理效率（$\beta = 0.194$，95% CI = ［0.077，0.311］，P<0.01）。从第二阶段的回归结果中可以看出，第四类公共价值冲突与声誉威胁的交互项与地方政府环境治理效率不存在显著的相关关系（$\beta = 0.233$，95% CI = ［-0.136，0.602］，ns），说明声誉威胁并未对后半段关系起到调节作用。

第四节　本章小结

本章对本书第三章所提出的研究假设检验进行了逐一的分析与检验，结果表明，本研究所提出的第一部分研究假设（H1a-H1d）得到了有力支撑，即多重压力的确会对地方政府环境治理效率产生显著影响，并且财政压力、绩效压力、竞争压力、公共舆论压力对地方政府环境治理效率存在着不同方向和程度的影响。其次，本研究所提出的第二部分假设（H2a-H2d）也得到了有力支持，即财政压力、绩效压力、竞争压力、公共舆论压力会激化地方政府环境治理中的四类公共价值冲突，并且绩效压力和竞争压力与公共价值冲突间存在着非线性的影响关系；此外，本研究所提出的第三部分研究假设（H3a-H3d）也得到了证实，即公共价值冲突会对地方政府环境治理效率产生影响，并且四类公共价值冲突对于地方政府环境治理效率的影响不同。本研究的第四部分研究假设（H4a-4d）是关于公共价值冲突中介机制的分析。数据分析结果表明，四类公共价值冲突的确在多重压力与地方政府环境治理效率间起到了中介效应，其中第二类和第三类公共价值冲突起到的是非线性的中介效应。本研究所提出的第五部分研究假设（H5a-H5d）是关于公共价值冲突协调路径的检验。数据分析结果表明 H5a、H5b 和 H5c 都得到了证实，而 H5d 未验证通过。本章同时对假设检验的结论进行了稳健性检验，稳健性结果与假设检验的结论一致，表示本研究的数据分析结论具有较好的稳健性。

第六章

研究结论与讨论

本章总结了本研究的实证分析结论并围绕研究结论展开了进一步讨论，同时提出了相关政策启示。在理论分析与实证检验的基础上，共得出了八方面的研究结论。首先对八条研究结论进行了梳理，逐条讨论了每条研究结论的具体内容与得出依据，并简要分析了这些研究结论的现实意义。其次，在得出研究结论的基础上，对研究结论的边界条件与其适用性进行了进一步讨论，主要是对公共价值冲突的生成背景、作用机制与协调路径进行了再思考，进一步反思了多重压力与公共价值冲突的关系，并讨论了公共价值冲突的中介效应及协调路径的调节效应。最后，从公共价值建构的顶层设计、绩效压力的合理调试、推进环保垂直管理改革、引导公众参与环境治理、鼓励绿色技术创新、强化政府声誉管理机制等方面，提出了关于协调地方政府环境治理中的公共价值冲突，推进我国地方政府环境治理绩效改进和提升的政策启示。

第一节　研究结论

一　多重压力会影响地方政府的环境治理效率

本书通过理论分析和实证研究发现，在压力型体制的作用下，地方政府承受着多重压力，分别是自身财政资源不足所导致的财政压力、自上而下政绩考核带来的绩效压力、水平方向上发展赶超带来的竞争压力，以及自下而上的公共舆论压力，地方政府承受的多重压力会影响其环境治理效率，而且不同类型的压力对于地方政府环境治理效率的作用方向和影响程度也皆不相同，具体来看：

第一，财政压力会显著负向影响地方政府的环境治理效率。即地方政府承受的财政压力越大，环境治理效率越低。主要原因是财政压力诱发了地方政府稳定和扩大财源与税基的动力，容易诱导地方政府通过放松环境规制来引入产能过剩企业以扩大税基，助推了其保护高耗能、高污染类纳税大户企业的行为，强化了其引入和发展传统工业型纳税"大户"的意愿，从而在一定程度上加剧了辖区环境污染。同时，当地方政府财政压力较大时，其环境治理也容易出现"非完全规制"现象，在一定程度上导致既定的环境治理资源投入没有发挥出应有的作用，从而减损了治理效率。

第二，地方政府在环境治理中承受的绩效压力具有"双刃剑"效应，适当的绩效压力具有显著提升地方政府环境治理效率的作用，但是绩效压力过大，会对地方政府环境治理效率产生负向影响，因为过高的绩效压力会诱发地方政府出现反生产行为和失调行为，对于环境治理具有明显的破坏力。需要说明的是，本研究中绩效压力的积极作用和消极作用存在着"非对称性"，这与吕乃基关于双刃剑效应"非对称性"特点的论述一致（吕乃基，2011），因为在众多事物的双刃剑效应中，其正面作用和反面作用并非对称性地发生，正面效应往往是某一项政策、技术、方案推行的初期目的，但其负面效应大都在初期不被预见或需要逐步传递和积累才得以凸显。

第三，竞争压力对于地方政府的环境治理效率存在着"U"型影响，即在一定范围内，随着竞争压力的增大，地方政府会为了获得竞争优势而开展"逐底竞争"行为，因此会出现一系列诸如"开口子""开绿灯""搞变通"等偏差行为，进而对于其环境治理效率产生负面影响，但是本研究同时发现，竞争压力对于地方政府环境治理效率的影响并不是单调线性的，而是非线性的。地方政府承受的竞争压力超过这个范围后，会逐渐引发地方政府的"退赛效应"，此时地方政府通过放松环境规制以获取经济发展优势的意愿会出现弱化，反而倾向于通过突出的环境治理政绩来赢得异质化竞争优势，因此其环境治理效率会出现回升。该结论同时也表明，环境治理中的"逐底竞争"行为真实存在，但只在一定的范围内才有所体现，当竞争压力超过拐点值后，"逐底竞争效应"会被"退赛效应"所取代。

第四，公共舆论压力对于地方政府的环境治理效率具有显著的积极影响。公共舆论压力作为地方政府承受的一种自下而上的压力，是公民意见、群众诉求及民众抗议的集中性表达，不仅给地方政府传递了有价值的信息，还可以倒逼地方政府优化和调整当前的环境治理行为。同时，公共舆论压力的增大还可以激活上级政府自上而下的监管，从而与自下而上的民众监督形成合力，促使地方政府进一步反思和修正自身的环境规制决策。从这个意义上看，公共舆论压力具有对于地方政府环境治理行为的监督和建言作用，因此会在一定程度上"纠正"地方政府环境治理中的偏差行为，从而对地方政府环境治理效率的提升起到积极作用。

二　多重压力是公共价值冲突的激化因素

本研究发现，地方政府承受的多重压力是激化地方政府公共价值冲突的重要因素，因为在环境治理中，地方政府偏好的公共价值并不唯一，当不同的公共价值不可通约或者无法同时实现时，公共价值冲突就会发生。公共价值的多元化属性及其不可兼容性是公共价值冲突发生的前提，而地方政府承受的多重压力是公共价值冲突得以激化的背景，具体来看，多重压力与公共价值冲突之间的关系如下。

第一，财政压力会激化"生态环境类"公共价值集与"经济发展类"公共价值集之间的冲突，本研究将其称作第一类公共价值冲突。第一类公共价值冲突之所以被激化，是因为财政压力显著激化了地方政府在经济发展优先与环境保护优先间的权衡难度。受产业结构和特定发展阶段的影响，我国很多地区对于传统粗放式发展模式存在着一定程度的路径依赖，经济发展与环境保护两类公共价值之间存在着一定程度的不可兼容性，而财政压力会进一步激化这两类公共价值之间的不可通约性，强化两类公共价值间的冲突关系，进而让地方政府陷入两难境地。

第二，绩效压力会激化地方政府面临的"长期绩效类"公共价值集与"短期绩效类"公共价值集之间的冲突。因为在绩效压力较大时，地方政府一方面需要快速完成考核指标并凸显短期政绩，偏好于对"效率""及时性"等短期绩效类公共价值的追求；另一方面，地方政府又受制于环境治理本身的长期性与周期性，不得不考虑环境治理的"稳健性""可靠性"与"可持续性"。因此在绩效压力的作用下，两类公共价值集间存在着一定的冲突关系。本书同时发现，绩效压力与第二类公共价值冲突之间呈现出了"U"型关系，即适当的绩效压力可以引导地方政府对于公共价值偏好趋于共识状态，从而弱化第二类公共价值冲突，但是当绩效压力过大时，地方政府对于两类公共价值偏好会趋于分散，进而显著激化第二类公共价值冲突。

第三，竞争压力会显著激化地方政府环境治理中的第三类公共价值冲突。第三类公共价值冲突反映的是"法治公正类"公共价值集与"灵活变通类"公共价值集之间的冲突问题。当地方政府面临的竞争压力较大时，往往会陷入是否要"开口子""开绿灯""搞变通"以争夺竞争资源的困境中。本研究同时发现，竞争压力与第三类公共价值冲突之间也不是简单的线性关系，而是呈现出了"U"型关系。也就是说在一定范围内，竞争压力与第三类公共价值冲突之间呈现显著的正相关关系，当竞争压力超过这个范围后，进一步增大的竞争压力只会让地方政府在经济竞争中更加难以获胜，此时地方政府的公共价值偏好反而会变得聚焦，因此当竞争压力超过这个拐点以后，第三类公共价值冲突会呈现出弱化趋势。

第四，公共舆论压力会显著激化"公民本位类"公共价值与"政府本位类"公共价值之间的冲突，本书称为第四类公共价值冲突。政府本位类公共价值追求以"政治权威""政治忠诚""政府利益"和"精英决策"为核心的公共价值观，在这种公共价值偏好的影响下，地方政府倾向于将环境治理权力集中于行政机构，偏好于自上而下、政府主导的环境治理决策和政策执行方式。但当公共舆论压力较大时，地方政府在偏好"政府本位类"公共价值的同时，开始更加关注公民的价值偏好，并注重以"民主""公民意愿""公众参与"为核心的"公民本位类"公共价值的实现。但在环境治理中，这两类公共价值之间存在着一定的不可兼容性，因此会在公共舆论压力较大时发生冲突和矛盾。

三 公共价值冲突会影响地方政府环境治理效率

本研究的第三方面发现是，公共价值冲突会影响地方政府的环境治理效率。公共价值冲突反映的地方政府在环境治理中多元化公共价值偏好间的不可兼容性和不可通约性。在价值多元主义时代，地方政府环境治理中的公共价值偏好并不唯一，在多重压力的作用下，非常容易诱发和激化公共价值冲突。当公共价值冲突发生时，会给地方政府带来一定程度的决策负担和道德困境。一方面是因为多元化的公共价值会给公共决策者发出相互矛盾的决策信号，增加其认知世界的歧义和模糊，进而影响到地方政府环境治理的价值远景和绩效目标的设定；另一方面是因为公共价值冲突的发生容易诱导地方政府出现一系列偏差和矛盾行为，进而影响到其环境治理效率。

本研究总共分析了四类公共价值冲突对于地方政府环境治理效率的影响，具体来看，第一类、第二类、第三类公共价值冲突都会对地方政府环境治理效率产生显著的负向影响，因为公共价值冲突的发生让地方政府陷入了一种两难境地，增加决策人员的认知负荷并降低其处理复杂问题的能力，导致目标和愿景模糊不清并滋生瘫痪效应。本研究发现，在公共价值冲突的作用下，地方政府的环境治理变成了一个棘手问题，多元化公共价值之间的不可兼容性容易使地方政府出现一系列偏差行为，诸如"重经济发展、轻环境保护"、环保"一刀切""开口子""开绿灯""敷衍整改、假装整改"等行为，不仅如此，公共价值冲突还容易削弱地方政府环境治理决策的科学性和合理性，并诱使地方政府在环境规制过程中出现"政策空转"和"协同惰性"等问题，上述这些行为的发生都会对环境治理效率产生负面影响。

但是本研究同时发现，并不是所有的公共价值冲突都不利于地方政府环境治理效率的提升，公共价值冲突与其他类型的冲突类似，也具有一定的建设性作用。实证结果表明，本研究所分析的第四类公共价值冲突，即"公民本位"和"政府本位"两类公共价值集之间的冲突，就具有显著提升地方政府环境治理效率的积极作用。第四类公共价值冲突之所以具有积极作用，是因为该类公共价值冲突的发生实现了公民诉求与政府偏好间的动态互补，弱化了地方政府"唯上是从"的价值偏好，从而为实现多元化公共价值之间的平衡与优化提供了可能，也为地方政府反思环境治理逻辑、优化环境治理策略提供了价值引领。同时，公民本位与政府本位两类公共价值集间的相互碰撞，为地方政府环境治理的组织决策过程提供了旺盛的生命力，有利于地方政府不断创新和发展环境治理的决策制定和实施过程，进而平衡政民利益，改善政民关系。不仅如此，这类公共价值冲突的发生，也使得地方政府在环境治理中开始更多地关注公民的诉求与意见，并基于公民的价值诉求不断修正环境治理决策，因此，第四类公共价值冲突有利于地方政府环境治理效率的提升。本研究的此项发现有利于学界对于公共价值冲突的作用形成更为全面的认识，同时也为学界进一步研究公共价值相互碰撞的积极效应提供了一定的启发。

四　公共价值冲突是多重压力发挥影响的传导机制

本研究得出的第四部分结论是公共价值冲突在多重压力与地方政府环境治理效率间发挥了中介作用，即多重压力影响地方政府环境治理效率的作用机制在于公共价值冲突所发挥的中介效应。多重压力首先激化了地方政府环境治理中的公共价值冲突，进而影响到其环境治理效率。

第一，财政压力是以第一类公共价值冲突作为传导机制进而影响地方政府环境治理效率的。地方政府承受的财政压力越大，其在环境治理中面临的第一类公共价值冲突越高，主要原因是较大的财政压力会将地方政府推入一个两难困境，地方政府一方面要应对中央的高压考核和广泛的民众诉求，另一方面要尽可能地维护地方的财源稳定和经济增速，表现在公共价值上，就是"生态环境类"与"经济发展类"公共价值集之间产生了冲突。公共价值冲突的发生干扰了地方政府的决策判断，导致地方政府以消极态度应对环境治理，此时地方政府容易在环境规制中出现偏差行为，进而减损环境治理效率。

第二，绩效压力对于地方政府环境治理具有双刃剑效应，但该双刃剑效应产生的核心机制在于第二类公共价值冲突所起到的传导作用。在适度的绩效压力下，地方政府对于公共价值的偏好较为集中，环境治理活动可以有序开展，环境治理效率较好，但是当地方政府承受的绩效压力过大时，会严重激化第二类公共价值冲突。因为地方政府一方面急于完成上级政府的考核指标，追求短期成效，一方面又必须考虑环境治理工程的系统性和长期性，秉持中央倡导的"久久为功，持之以恒""功成不必在我"的价值建构，在公共价值冲突的作用下，地方政府会出现一系列诸如"环保一刀切""一律关停"等偏差行为，进而负面影响其环境治理效率。

第三，竞争压力与地方政府环境治理效率间的非线性关系是以第三类公共价值冲突作为中介机制的。具体来看，在一定范围内，竞争压力会显著激化第三类公共价值冲突，对环境治理效率产生负向影响，而当竞争压力过大时，反而会引导地方政府对于公共价值的偏好趋于集中，从而弱化了第三类公共价值冲突。当第三类公共价值冲突得到弱化后，地方政府会相应出现"退赛行为"，此时其环境治理行为会变得更加严格和规范，环境治理效率也会呈现出一定程度的提升趋势。因此，公共价值冲突是解释高竞争压力下地方政府出现"退赛效应"的有利视角。

第四，公共舆论压力之所以会对地方政府的环境治理效率产生积极影响，第四类公共价值冲突起到了部分中介的作用。公共舆论压力首先激化了第四类公共价值冲突，让"公民本位类"公共价值集与"政府本位类"公共价值集之间发生了碰撞，进而纠正了地方政府"唯上是从"的价值取向，汲取了公民的意见和诉求，从而使公共舆论压力发挥出了提升地方政府环境治理效率的作用。在整个环节中，第四类公共价值冲突是公共舆论压力发挥积极作用的关节节点和核心机制。

五　环保垂直管理可以调节公共价值冲突的发生及影响

在探明了公共价值冲突"前因"及"后果"的基础上，本研究尝试找到公共价值冲突的协调路径。本研究首先基于环保垂直管理视角，探寻了地方政府环境治理中的第一类公共价值冲突的协调路径。研究发现，环保垂直管理对第一类公共价值冲突所发挥的中介作用起到了显著的负向调节效应，即当地方政府实施环保垂直管理，可以有效弱化第一类公共价值冲突在财政压力与地方政府环境治理效率间的中介作用。也就是说，财政压力通过激化公共价值冲突进而减损地方政府环境治理效率的整个传导路径可以得到弱化。不仅如此，本研究还发现，当地方政府实行了环保垂直管理后，财政压力影响环境治理效率的主效应也会得到弱化，因此说明在既定的财政压力下，通过实施环保垂直管理，可以有效缓解财政压力及公共价值冲突对于环境治理的不利影响，进而提高地方政府的环境治理效率。

本书研究同时发现，环保垂直管理可以对第一类公共价值冲突的中介效应起到协调作用，主要的作用路径表现在两个方面：首先，环保垂直管理可以有效弱化第一类公共价值冲突的发生。研究发现，地方政府承受的财政压力越大，其对于"生态环境"与"经济发展"两类公共价值集的权衡和判断就会更加棘手，从而使其核心公共价值目标出现偏差。而实施环保垂直管理，则可以有效将上级政府的公共价值偏好高效清晰地传递给基层环保部门。因为环保垂直管理是上级权威的纵贯式传达，可以使得上级的价值引领在不受行政层级干扰的情况下直接传到下级，政令畅通，权威集中，便于地方政府感知上级政府的价值判断，促使地方政府公共价值偏好的纠偏与回归，从而弱化多元化公共价值偏好之间的冲突。其次，本研究还发现，通过实施环保垂直管理，可以有效缓解地方环保部门的独立性缺失问题，从而弱化第一类公共价值冲突对于环境治理效率的负面影响。研究发现，第一类公共价值冲突之所以会对地方政府环境治理效率产生负面影响，主要是因为第一类公共价值冲突的发生，会致使地方政府对公共价值的认知出现失调，使其在"严格的环境规制"与"宽松的环境规制"间徘徊不定，出现象征性执行、空转执行、选择性执行等一系列偏差行为，进而致使投入的环保监管资源无法发挥出最大的规制效果。而环保垂直管理可以有效强化地方环保部门的权威性和独立性，确保地方政府的矛盾态度无法左右环保部门的环境监察和环保执法，从而有效抑制各类偏差行为的发生，致使地方政府环境治理效率提升有了相应保障。

六　公众参与可以削弱公共价值冲突的负面影响

在探明了针对第一类公共价值冲突的消解路径后，本研究进一步从公众参与视角，探索了针对第二类公共价值冲突的消解策略。实证结果表明，公众参与负向调节了第二类公共价值冲突与地方政府环境治理效率间的直接关系，即公众参与地方政府环境治理的程度越高，第二类公共价值冲突对于地方政府环境治理效率的负面影响越弱。这说明对于地方政府环境治理中发生的第二类公共价值冲突，公众参与是一个行之有效的治理策略。与环保垂直管理的消解作用不同，本研究并未发现公众参与对于公共价值冲突的消解作用，本研究只是发现了公众参与可以削弱第二类公共价值冲突的不利影响，降低其对于环境治理效率提升的干扰作用。

地方政府环境治理中的第二类公共价值冲突反映的是"长期绩效类"公共价值集与"短期绩效类"公共价值集之间的冲突问题。尽管环境治理需要持之以恒的耐心与久久为功的韧性，但当地方政府承受的绩效压力较高时，地方政府会在"久久为功"与"立竿见影"两种价值取向间产生冲突，进而容易出现一系列诸如环保"一刀切""一律关停"等短、平、快的治理策略，不仅制约着环境治理效率的提升，还严重危害公众满意度和公民对政府的信任感。本研究发现，当第二类公共价值冲突被激化时，公众参与可以对地方政府环境治理提供一种外部问责并对其行为产生一定的约束力，进而抑制偏差行为的发生。因为随着网络技术和新媒体技术的飞速发展，公众参与地方政府环境治理的形式和途径正在多样化，无论是公众非正式的网络留言，还是正式的建言献策，都具有地方政府行为的监督和纠偏作用。同时，随着我国各级政府对于政民互动、政府回应、领导留言等活动制度层面的不断完善，公众参与的影响力和作用效应得到了不断强化，即使地方政府自身陷入公共价值的两难境地，公众参与也可以成为修正地方政府行为偏差的一股重要的外部力量。

不仅如此，公众参与还可以为地方政府提供一种自下而上的"本土化经验"，有利于地方政府在价值两难困境中跳出固有思维，提出全新的解决方案。公众参与不仅为地方环保干部的问计于民和问需于民提供了可能，也可以帮助地方政府获得了更多的解决实际问题的办法和措施。因此当公众参与环境治理的程度较高时，可以为地方政府环境治理中面临的"棘手问题"提供"草根化"的解决思路，从而突破地方政府惯性式的行为模式，有效制约偏差行为的产生。研究的数据分析结果证实了公众参与可以有效缓解第二类公共价值冲突对地方政府环境治理效率的负面影响，为验证公众参与的有效性提供了经验证据。

七　绿色技术创新可以调节公共价值冲突的作用

随着绿色发展理念的逐步深入和我国双碳目标的提出，以节约资源和能源、减少环境污染和破坏、推进绿色生态发展为主题的绿色技术创新在近年来受到了理论界和实践界越来越多的关注。本研究发现，针对地方政府环境治理中面临的第三类公共价值冲突，绿色技术创新是一个有效的协调路径。研究基于我国216个城市的数据分析结果表明，绿色技术创新负向调节了第三类公共价值冲突对于环境治理效率的不利影响，也就是当某一个地区绿色技术创新的程度较高时，第三类公共价值冲突对于地方政府环境治理效率的影响会被显著弱化。因此可以通过提高城市的绿色技术创新水平来缓解第三类公共价值冲突的负面作用。本研究同时发现，绿色技术创新水平仅仅具有针对第三类公共价值冲突负面影响的消解作用，并不具有针对第三类公共价值冲突发生过程的消解作用。从这个意义上看，尽管绿色技术创新具有缓解"发展"与"环保"间矛盾关系的积极效应，但其仅可抑制第三类公共价值冲突的影响，但并不能完全阻断第三类公共价值冲突的发生。

本研究发现，绿色技术创新是缓解生产要素吸引、经济增长、环境污染和资源过度消耗之间紧张关系的重要途径，并且绿色技术创新是推动绿色低碳循环经济发展的主要动力。因为绿色技术创新作为一种新兴的技术创新手段，具有经济发展和生态友好的双重优势，是国家和地区应对资源短缺、提高生产效率、优化生态环境的重要途径，也可以为城市经济的转型发展提供全新的外生动力，进而平衡经济竞争与环境绩效之间的关系，实现环境保护与经济发展的"双赢"。同时，绿色技术创新是面对高质量发展需求的一种进取型反应，地方政府对于绿色技术创新的引领和推动是其面对新发展理念的主动作为，当绿色技术创新水平较高时，整个地区绿色产品的溢价水平越低，与数字经济和数字转型的结合程度越高，不仅可以提升城市发展的综合竞争力，还可以提高环境治理的效率。

本书研究同时发现，地方政府在推动城市绿色技术创新发展的过程中，还可以辐射带动政府、企业、科研院所的联合学习，促进多元主体合作，进而强化地方政府的权力分享和外部沟通，实现经验的聚集、资源的调动以及创造性治理策略的产生，可以开发出针对第三类公共价值冲突的新解决方案。不仅如此，绿色技术创新还可以促进地区绿色消费、绿色生活、绿色出行的协同发展，有利于区域"生态优先、绿色发展"的核心理念的培育和形成，进而在一定程度上促成多元主体间公共价值共识的形成，从而有效抑制公共价值冲突所造成的两难局面的产生，缓解地方政府环境治理中的偏差行为，进而弱化第三类公共价值冲突的负面效应。

八　声誉威胁可以调节公共价值冲突的发生

针对地方政府环境治理中的第四类公共价值冲突，本书研究试图从声誉威胁的视角探寻其协调路径。假设 5d 是上级政府的声誉威胁可以强化第四类公共价值冲突的传导机制，但遗憾的是，关于第四类公共价值冲突被调节的中介效应的检验并未通过假设检验。也就说，声誉威胁并不能调节第四类公共价值冲突中介效应的大小。尽管如此，本研究还是发现了声誉威胁对于公共舆论压力与第四类公共价值冲突之间直接关系的调节效应。也就是说，地方政府受到声誉威胁，可以显著强化公共舆论压力对于第四类公共价值冲突的激化作用。因此，当自上而下的声誉威胁与自下而上的公共舆论压力对地方政府形成合力时，地方政府所感受到的"公民本位类"公共价值集与"政府本位类"公共价值集之间的碰撞会更加明显，也更加容易形成针对地方政府环境治理行为的监督、纠偏和约束作用，进而助力其环境治理效率的提升。

本研究发现，组织声誉是地方政府宝贵的政治资产，地方政府是典型的声誉敏感型组织，因此对于可能存在的声誉威胁会格外关注和警惕。当上级政府对地方政府的环境治理行为进行点名、通报或批评时，会对地方政府施加显著的声誉威胁。因此声誉威胁不仅是政府面临的一种外部威胁，也可以视之为上级政府施加的一种干预手段。地方政府受到声誉威胁时，会直接影响到其组织印象与公民信任，因此地方政府会产生强烈的维护和修护组织声誉的动机，在这种情景下，地方政府会重新反思其环境治理行为，并积极回应公民诉求，以期重建并维护良好的公共声誉。正是因为如此，声誉威胁可以强化公共舆论压力对于第四类公共价值冲突的激化作用，引导地方政府纠正"唯上是从"的价值取向，并以公民集体偏好重新设定环境治理的公共价值目标。

但是，本书研究发现在第四类公共价值冲突的中介机制中，声誉威胁仅仅只能发挥对于前半段作用关系的调节作用，并无法对于整个作用机制产生调节作用。可能是因为声誉威胁只有在与公共舆论压力形成合力的情况下，才会产生显著的影响效应，对于已经发生的第四类公共价值冲突，声誉威胁并无法进一步调节其对于地方政府环境治理效率的影响。因为声誉威胁建立了一种响应机制，受到声誉威胁的地方政府会更为慎重地考虑公众的意见，这在一定程度上可以解释为是其对来自环境规范性压力的回应。公共舆论压力和声誉威胁的同时作用会显著强化地方政府维护大众形象的动机，使得地方政府快速做出回应性反应，并通过各种声誉平衡和保护策略来修复机构声誉，进而有利于放大第四类公共价值冲突的积极效应，从而有效提升地方政府环境治理效率。

第二节　进一步讨论

一　关于公共价值冲突生成背景的再思考

理论分析表明，地方政府承受的多重压力会激化其在环境治理中的四类公共价值冲突，尽管这种假设关系得到了实证检验结果的支撑，但也会不禁让人反问：多元化的公共价值之间必然会发生冲突吗？公共价值冲突会一直存在吗？多重压力必然会激化公共价值冲突吗？答案是否定的。尽管多元化是公共价值是客观属性，不可兼容性和不可通约性也是公共价值的显著特征，但不可兼容性并不一定代表多元公共价值之间必然会发生冲突，冲突之所以发生，取决于特定的情景，离开了这个情景，冲突可能不再发生。例如，"生态环境类"公共价值集与"经济发展"类公共价值集之间的冲突问题是本研究所分析的第一类公共价值冲突，这两类公共价值之间之所以存在冲突关系，是因为长期以来，我国工业规模巨大，传统"两高"（高耗能、高排放）产业比例较高（刘燕华等，2021），在改革开放以后经济飞速增长的长期正反馈下，我国部分地区形成了产业结构偏重、能源结构偏煤、能耗水平较高的发展路径。在特定的经济发展阶段，二者间的冲突关系是不可避免的，但随着经济进入库兹涅茨曲线（Kuznets curve）的后半段，二者间的冲突肯定会得到弱化与缓解，不仅二者之间的冲突关系不复存在，而且还会呈现出一种相辅相成、共同增长的价值共创（value co-productio）关系。

　　类似的，"长期绩效类"公共价值集和"短期绩效类"公共价值集间的冲突关系也不会恒久存在。在工作启动之初，上级政府往往会通过高压推动的方式快速调动地方政府工作的积极性，正是由于地方政府在短期内承受了巨大的绩效压力，才使得其为了快速完成绩效指标，不得不选择能够在短期内产生显著成果的"短、平、快"项目，而将需要"久久为功"的长期复杂项目搁置一旁。但随着环境治理的持续稳步推进，上级政府的考核压力也会趋于常态化，此时地方政府则能够更好地兼顾环境治理中的"标本兼治"，两类公共价值集之间的矛盾关系也将得到统一，冲突和对立关系也将被有效消除。因此，公共价值之冲突关系是否激化取决于特定的情景，当激化这种矛盾关系的情景消失时，多元化公共价值之间的不可兼容性和冲突关系也将得到弱化，也正是如此，对于公共价值冲突的讨论，必须立足于特定的实践情景与问题背景。

二　关于公共价值冲突作用机制的再思考

本书研究分析了多重压力、公共价值冲突与地方政府环境治理效率三者间的关系，发现了公共价值冲突是多重压力影响地方政府环境治理效率的中介机制。但是，根据数据分析结果可以看出，四类公共价值冲突都只是在多重压力与地方政府环境治理效率间起到了"部分中介"的作用。例如，针对第一类公共价值冲突，财政压力影响地方政府环境治理效率的总效应为 -0.040，其中直接效应为 -0.036，中介效应为 -0.005，中介效应只占到了总效应的 12.5%。通常情况下，在因果机制关系中，中介效应占比越高，意味着中介变量在自变量和因变量之间发挥的影响越重要，其理论价值与实践启示也就越突出。但是，通过本研究的数据分析可以看出，公共价值冲突并不是多重压力影响环境治理的"唯一"机制，多重压力也并非"完全"通过激化公共价值冲突发挥作用。尽管从统计学意义上看，公共价值冲突不是多重压力的唯一作用机制，而且其效应量占比也不高，但从理论逻辑上看，公共价值冲突所反映的"两难困境"和"棘手局面"却是多重压力发挥作用的关键节点，对于理解当前我国地方政府的环境治理困境仍然具有一定的启示意义。

此外，关于公共价值冲突对于地方政府环境效率的影响，这背后还存在一系列有待揭示的作用机制。也就是说，公共价值冲突到底会诱发地方政府出现哪些偏差反应？公共价值冲突影响地方政府环境治理效率的作用机制是什么？其中又存在什么传导机制和中介变量？这些问题还有待进一步分析和检验。由于相互竞争的公共价值常常会让地方政府难以设置清晰的工作目标（Stazyk & Davis，2020），因此组织目标模糊（Goal Ambiguity）是一个可能的解释机制。组织目标模糊反映的组织目标模糊不清及模棱两可的程度，也可以理解为组织目标具有相当大的可"解释余地"（leeway for interpretation）（Chun & Rainey，2005），是分析公共价值冲突减损地方政府环境效率的一个有力的视角。此外，由于公共价值冲突会产生显著的麻痹效应（Paralyzing Effect）和认知失调（De Graaf et al.，2016），进而让政府消极应对外部情景，形成固定的思维模式和战略惰性（Geletkanycz & Hambrick，1997），因此战略惰性（Strategic Inertia）也是公共价值冲突影响地方政府环境治理效率的可能解释机制。本书目前仅仅只是在理论上对上述两个可能的作用机制进行了简述，具体的作用效应还有待在未来的研究中进行更为严谨的实证检验。

三 关于公共价值冲突协调路径的再思考

本研究探索了公共价值冲突的协调路径，但并未直接寻找针对公共价值冲突的消解对策。主要原因在于公共价值冲突的发生有其客观基础和现实背景，在多重压力难以完全避免的情况下，想要彻底"阻断"公共价值冲突的发生难度极大，因此本书着重分析了如何"减缓"公共价值冲突的发生，又如何"削弱"公共价值冲突的影响。赛亚·伯林（Isaiah Berlin）是 20 世纪公认的最有影响力的哲学家和政治理论家之一。在伯林的政治理论中，多元价值之间的冲突问题是核心问题，他的政治思想为理解人类的政治活动提供了一个更为全面合理的解释框架。伯林就认为，价值冲突之所以存在，并不是因为人类追求目标的方法不够完善，也不是因为人类不够理性，而是一个特定情形下难以摆脱的状态（Berlin，1982）。在伯林之前的政治哲学家普遍希望用理性的一元论来消除价值冲突，但是大量的政治实践表明，试图通过追求一种终极的公共价值来消解冲突是行不通的。此外，伯林还认为，政治理论研究的目的是分析如何在现实情景中一点一点地解决问题，而不应该奢望构造出一个完美的办法而把现实困境予以彻底消除（Berlin，1982）。

针对地方政府环境治理中的公共价值冲突，本研究分别从环保垂直管理、公众参与、绿色技术创新和声誉威胁四个方面探讨了其协调路径。当然，针对本研究所分析的四类公共价值冲突，可能的协调路径不仅局限于上述四条，本研究仅仅对外部路径予以了分析，还有诸多内部因素同样可以起到针对公共价值冲突的协调作用。例如，随着数字时代的到来，数字化转型能力被认为是公共部门在复杂、易变、不确定环境中保持韧性和应对挑战的关键推动力量（MacLean & Titah，2022；Pittaway & Montazemi，2020）。当地方政府具有较高的数字化转型能力时，就可以及时感知到数字时代的颠覆性变化，抓住数字化转型机遇并相应作出决策布局和资源配置，为地区创新发展提供更多的内生动力，进而化解经济发展与环境保护间的两难局面。类似地，组织韧性是指组织在面对非连续性变化的外部冲击时，快速恢复并适应外部变化的一种特性。当地方公共部门具有较高的组织韧性时，即使面对较高的绩效压力与行政任务，仍然可以较快适应外部压力，并形成新的工作模式和行动方案，进而弱化公共价值冲突导致的决策困境和行为偏差问题。

第三节　政策启示

一　进行环境治理绩效的公共价值建构

包国宪教授提出了"以公共价值为基础的政府绩效治理理论"（PV-GPG 理论），该理论反思了并回答了"什么才是政府绩效""我们需要什么样的政府绩效"等基本问题。PV-GPG 理论认为政府绩效必须符合基本公共价值的要求，公共价值是判定政府绩效是否达成的基础。因此，在公共价值理念的指导下，地方政府的环境治理需要将公共价值建构作为首要工作，要突出公共价值建构对于地方政府环境治理活动的统领作用。公共价值建构是政府绩效管理的顶层设计，具有战略性、纲领性和引领性的特征。地方政府需要贯彻落实新发展理念，同时要结合本地区的自然资源条件和社会经济基础，在按照全国主体功能区规划的基础上，深刻探索本地区环境治理公共价值的绩效内涵，回答"什么才是环境治理绩效""地方政府应该追求什么样的环境治理绩效"等问题。

公共价值建构不仅需要充分反映"绿水青山就是金山银山"的新发展理念，还要加强公民意见的收集与回应，识别和捕捉公民集体性偏好。公共价值的创造主要依赖于基于政治协商的、公民集体偏好的表达，而且生态环境领域长期以来都是公民意见和诉求较为集中的治理领域，因此准确识别公民诉求和意见对于环境治理的公共价值建构格外重要。自中央生态环境保护督察工作开展以来，中央生态环保督察组一直都将广泛、深入、细致地征集民声民意作为督察工作的重中之重。中央生态环保督察组每到一地，都会在第一时间公布督察组受理举报的电话、邮箱和信箱途径，通过不断解决回应群众反映突出的生态环境问题，我国的中央环保督察制度取得了显著成效，并且得到了群众的广泛肯定和称赞。正是因为如此，地方政府需要明晰政府并不是公共价值的唯一生产者，政府需要与公民互动，充分引导公民参与环境治理并提炼公民的集体偏好，紧紧抓住公民最关心最直接最现实的利益问题，从而形成环境治理绩效生成方式与判定标准的一致性共识。因此地方环保部门要不断完善信访、网络平台和新媒体等反映渠道，对公民意见的回应予以专项的绩效考核，同时要引导干部问需于民，求计于民，保持与群众沟通的耐心与热情，要大兴调查研究之风，深入基层，深入群众，自觉接受群众的监督。同时，中央环保督察的群众举报与意见征集渠道需要进一步完善和保持，进而形成针对地方政府环境治理的常态化威慑力量。

此外，为了有效缓解公共价值冲突的生成，在公共价值建构的基础上，上级政府还需要不断加强价值引领，开展对于地方领导干部的价值观培训教育，引导地方官员树立符合新发展理念的政绩观，科学认识经济发展与环境治理之间的关系，理性看待地方政府间竞争，认真回应人民诉求，坚决遏制"功成必须在我""加码攀比""头痛医头脚痛医脚""一阵风"的错误理念。地方领导干部的价值观培训可以围绕公共价值的理论和方法展开，培训的重点在于引导地方官员形成对于公共价值内涵及重要性的认识，掌握识别和判别公共价值的方法论，进而促使地方官员在日常工作中将公共价值作为判断工作成效、指导管理决策的标准。同时要不断提高基层环保工作人员的政治站位，不仅要形成关于环境治理的长远观和全局观，而且要将生态环境治理与广大人民群众的民生福祉切实联系起来，使得环保干部对于新时代生态文明建设的方向更加明确，进而把环境治理绩效公共价值建构内化于心、外化于行，从而实现思想上的统一和行动上的自觉，最终推动绿色变革的有力实现。

二　优化环境治理绩效考核并合理施压

我国环境治理工作任重而道远，要打好环境治理这场"持久战"，就需要优化环境治理绩效考核并合理施压，避免盲目冒进和急于求成。首先，环境治理绩效考核要统筹推进，避免"级级提速"和"层层加码"。地方政府要坚持环境治理的持久发力，认真考虑环境治理的长期性与阶段性，做到长期关注、长期付出。上级政府要充分认识到基层政府环境治理所面临的困难，给基层部门和工作人员留足时间，针对环境治理的绩效考核需要合理施压，目标责任管理要统筹推进、分类失策。同时也要坚决杜绝因环境治理取得阶段性成果而产生的精神懈怠、工作散漫、效率减半现象，要把环境治理打造成为"常态化"而不是"一阵风"，坚决避免让"倒退"成为阻碍环境治理长期发展的"拦路虎"。绩效问责要合理有度，整改反馈要给基层工作人员留足时间，只有通过合理的绩效压力加以引导，地方政府才能树立起正确的政绩观，从而避免政绩冲动、急功近利和好大喜功。也只有坚持统筹推进，才能引导地方政府注重长期投入和从根本上解决问题，而不是只挑"见效快、看得见、容易做"的项目。

其次，环境治理绩效考核需要合理设置预期性目标和约束性目标，科学制定符合地区发展实际的工作方案及治理措施。要坚持将工作落到实处，不能只搞"面子工程"和"形象工程"，要坚决抵制与环境治理初衷背道而驰的急躁轻率、盲目推进和蛮干乱干行为。与此同时，上级政府的考核问责要合理有度，要避免把问责处罚当成推动工作的"金钥匙"，把乱问责、滥问责当作环保整改的主要内容，同时也要避免地方政府把"不作为""躺平"作为推卸责任的"挡箭牌"。上级政府要坚持问责工作的"抓全程"和"全程抓"，密切监督和预防各类"一问了之"的行为，同时也要对基层部门的各种弄虚作假、表面整改行为常抓不懈。只有通过合理有度的考核问责和持续稳定的跟进监督，才能让地方政府构建起科学的公共价值观，从而培养起符合中央要求和民众诉求的政绩观。

最后，环境治理绩效考核需要科学安排"过程指标"与"结果指标"的内容，合理分配"量化指标"与"非量化指标"的权重。上级政府要充分结合当地经济社会发展实际，全面分析资源禀赋及环境治理的基础条件，统筹好投入与产出、效率与效果、过程和结果间的关系，设置与地方政府经济发展阶段相适应的环境治理绩效目标。绩效目标的设置是保证政策实施效果的关键，所以要充分考虑当地实际情况，因地制宜，确保与国家发展战略保持一致。在此基础上，上级政府要实施绩效目标管理的动态调整机制，根据环境治理的实际推进情况，适当动态增/减绩效考核目标，从而更好地发挥政府绩效考核的统筹作用。此外，地方政府也要适时对各类专项环境治理考核内容进行精简和整合，进行长期阶段性考核，形成更为聚焦清晰的绩效指挥棒，从而有效提升地方政府环境治理绩效。

三　增强地方环保机构监测监察执法的独立性

我国地域辽阔，自然环境生态多样，地方政府环境治理关系复杂且涉及面广，随着环境治理逐步进入深水区和攻坚期，地方政府环境治理中面临的各类挑战愈发严峻。长期以来，我国地方政府环境治理存在着分割分治的局面，地方环保部门缺乏足够的独立性和权威性，当环境治理与地方经济发生利益冲突之时，在地方保护主义的影响下，环境规制常常要屈从于地方发展战略。本书研究的实证分析发现，在未能有效化解地方政府多重压力的情况下，想要彻底"切断"公共价值冲突对于环境治理效率的负面影响存在较大难度。因此，为了确保地方政府环境治理的工作质量并提高其治理效率，要持续稳定地推进环保垂直管理改革，确保地方环境监察执法的独立性，从而有效避免地方保护主义行为对于环境监察执法的干扰。

环保垂直管理改革不同于一般意义上的行政制度改革，环保垂改既改变了省级以下环保机构的体制，而且重构了环保监察、环境监测、环保执法、环保许可等职能的布局，它可以使地方环保部门在干部任命、经费划拨上不再受地方政府的控制，从而使其可以更好地履行环境监察执法职能。在省以下环保垂直管理改革后，省级环保部门将重点抓好绩效考核与评价、过程监督和控制、制定详细配套的考核办法和细则；市级环保部门将重点做好环保方案的制定，治理策略的实施以及执行落实的保障等工作；县（区）级环保部门将侧重执行与执法，重点确保监测信息的真实性、完整性、及时性，提高收集传递效率。环保垂直管理制度改革，不仅可以明确环保治理主体的隶属关系，还可以在纵向上保证政令畅通和统一管理，有效规避地方保护主义行为，强化环境监察威慑力和权威性。因此，在未来的工作中要进一步加快推进地方政府环保垂直管理改革，切断"块块式"环保监管体制中地方政府对环保工作的负面干扰。

在进行环保垂直管理制度改革的基础上，还应加快解决制约环境治理推进的机制障碍，严格落实上级政府对基层政府的监督责任，加强基层环保队伍的环境监测监察执法力度。一方面要尽快建立健全条块结合、保障有力的地方环境监管体制，充分保证地方环保部门的权威性与独立性，将环境执法中心合理下沉，避免政令多头和政出多门；另一方面要加强基层环保能力建设，重点打造建设一批权威高效的基层环保执法队伍，做到各司其职，权责分明，并通过垂直管理不断提高其执法效率，提高其综合治理能力。通过落实监管责任和加强监督执法，不仅可以减少环境治理中"寻租"行为的干扰，还可以显著推动地方环境治理综合效率的提升。

四 拓宽公众参与环境治理的渠道和路径

为了有效弱化公共价值冲突对于环境治理的负面影响，地方政府需要凝聚公众力量，充分调动公众参与环境治理的积极性和主动性，汇集公民的"草根智慧"，从而破解环境治理中的"两难困境"。首先，地方政府要拓宽公民参与环境治理的渠道，便捷公民参与环境治理的方式。地方政府一方面要在"地方领导留言板""市长信箱""书记信箱"等网民留言平台的基础上，继续升级和搭建基于大数据的环境治理反馈"云平台"，为公众提供更多、更全面、更便捷的环境治理参与途径；另一方面需要充分利用移动互联网的新兴技术，打造日常化和大众化的公众参与"新媒体平台"。各类新兴平台不仅可以提高公民对于意见反馈和诉求传达的接受度，还可以让公民在潜移默化中提高对于环境治理的参与度，从而助力地方政多样化、多渠道、更全面地征集公民的诉求和意见。

其次，地方政府要建立公民参与环境治理的制度保障。一方面，地方政府要在不同程度上出台鼓励公众参与环境治理的奖励机制，如设置针对举报偷排漏排、非法倾倒污染物线索的奖励机制，从而增加人民群众的获得感。与之相配套，还需要建立预防公众隐私受到侵害的保护机制，让公民可以在公正健康的氛围内参与环境治理，从而增加人民群众的安全感。另一方面地方政府要优化针对公民意见诉求的回应机制，公民反馈的意见信息，简单的问题在第一时间就可以得到回应和处理，复杂的问题可以得到及时整理和上报，这不仅能在最大程度上提高处理效率，还能够增强公民信任感，让地方政府和公民间建立有效联系。此外，还需要做好公民事前、事中、事后全流程参与监督的制度保障，让公民能够及时监督并发现地方政府可能出现的各种偏差行为，并通过专门的监督意见反馈渠道进行实时反馈。这不仅可以强化地方政府对于辖区环境污染事故的防范工作，还可以提高地方政府环境治理的工作效率，进而开创良性互动的公民参与局面。

最后，地方政府要加快开发大数据分析平台，提升针对海量公民意见信息的分析处理能力。大数据时代，面对海量的公民意见信息，地方政府要能够快速有效地提炼出公民的价值诉求和意见表达，从而及时融入地方政府的环境治理决策。因此，地方政府不仅需要建立基于大数据技术的信息反馈系统，还要开发基于大数据技术的信息分析系统，从而能够准确捕捉处理公民诉求的关键节点，进而制定出切实可行且有针对性的问题解决方法。在大数据技术的加持下，海量的公民意见信息不仅能够得到及时回应，还能得到高效处理和采纳，从而增加人民群众的成就感，进而充分发挥公众参与环境治理的积极效果。

五 建立绿色技术创新的激励和引导机制

绿色技术创新是实现经济发展和环境保护"双赢"的重要抓手，但绿色技术创新在短期内具有高投入、高风险的特征，而长期收益又具有极强的正外部性，因此单纯依靠市场机制和企业平台难以获得有效推动和发展。鉴于此，地方政府需要加快建立对于绿色技术创新的激励和引导机制。一方面，政府要加大对于基础性、原创性、颠覆性绿色技术创新的激励力度。对积极开展技术升级、绿色转型、减排控制的生产型企业，地方政府可以给予适当的表彰奖励、环保补贴和减税优惠等，也可以适当增加政企合作的机会，如增加政府采购的合作项目等，从而为全市场树立标杆效应。同时要积极组织牵头开展有关低碳、零碳、负碳技术的研发攻关，推动建设一批在绿色技术创新领域规模化的示范工程，打造一批绿色技术创新领域的标杆科技企业，汇聚一批研究绿色技术创新的高精尖人才。在此基础上，地方政府还应加大对于科研机构的引导和激励力度，从而发挥尖端科学人才对绿色创新技术的推动作用。地方政府可牵头组建专攻绿色技术创新的科研团队，在给予相应经费支持的同时，不断优化升级科研机构的软硬件设施，从而建设一批稳定高效的科研队伍，进而为地区绿色技术创新提供持续不断的推动力及活力。

另一方面，政府要做好绿色技术创新的引导者和制度体系的建设者。政府要搭建创新交流与合作的联动平台，促进产学研的深度结合，不仅要拓展绿色技术创新的合作领域，还要牵头引导分享最前沿的科研成果、技术知识和实践经验，从而使企业和科研机构的绿色技术研发能够有更好的方向性和针对性。同时，地方政府要在绿色技术创新的制度建设与安排中，充分考虑绿色技术创新的正外部效应，要通过政产学研资的资源协同系统，合理分担企业的绿色研发成本。同时要在成果评价、金融支持、人才培养、产权保护等方面实现全方位保障和支持，做到绿色创新支持和服务保障的全面优化。不仅如此，政府还要做好绿色技术创新专利的审查和保护工作，严厉打击各类非正常的专利代理行为，从而为绿色技术创新发展营造积极有利的营商环境。此外，政府还应发挥民众的群体效应来为绿色技术创新发展提供持续动力，加快绿色技术创新成果在城市生活、绿色出行、低碳购物等领域中的应用。通过为绿色技术创新的社会化普及和应用提供政策保障，可以进一步激活创新主体的研发活力，并将绿色技术创新与企业培育和产业孵化有效结合起来，从而为实现地区的产业结构绿色低碳转型、推动经济高质量发展提供强力的创新支撑。

六　强化声誉机制的曝光和震慑效应

为了有效约束和纠偏地方政府环境治理行为，上级政府需要把声誉机制这一有效"利器"用好用活。在未来的工作中，上级政府要持续加大针对地方政府环境治理负面行为的通报曝光力度，不断强化通报曝光的警示及教育作用。通过有效的点名、通报和曝光，不仅可以形成声誉威胁效应以纠正下级政府行为，还可以在此过程中形成广泛的震慑效应。从通报曝光的形式看，上级政府要注重通报曝光的社会效应，合理掌握通报的范围、方式和内容。除了传统常规的政府系统内部的文件通报、会议通报等范围小、渠道单一的通报形式外，还可以采用"线上通报曝光＋线下监督整改"相结合的方式来强化其震慑作用。"线上通报曝光"可以在广播电视、新闻报刊等传统渠道的基础上，进一步利用好微信公众号、抖音、今日头条等被社会公众熟知的新兴媒体平台，从而在扩大通报范围的同时，实现多种曝光渠道的同频共振，进而对地方政府起到显著的威慑作用。

从通报曝光的力度上看，上级政府需要在通报曝光的"量"上做加法，在"质"上做乘法。不仅需要提升通报曝光的针对性、高效性以及规范性，形成定期通报、集中通报等规范化的程序，还要提高通报曝光的力度及强度，做到对于处理结果不回避、不徇情、不护短、不遮丑，敢于直接点名道姓并依法依纪严肃处理。同时要对于存在的问题和单位进行"全画像"，不仅要客观描述问题事实，还要做到曝光一件、剖析一件、建议一件，并依此形成警示教育性材料。通过不断强化通报曝光的力度并规范其运行程序，上级政府可以持续释放出严格的环境治理信号，形成严肃的政治威慑效应，从而真正发挥出通报一起、教育一片、警醒一方的效果。在通报曝光所形成的声誉威胁下，可以有效让出现偏差行为的地方政府及时吸取教训并引以为戒。

从通报曝光的机制上看，要形成制度化的针对环保违规违纪问题的曝光机制。在信息"快闪"的时代，公众对热点信息的关注转瞬即逝，这不仅需要保证通报曝光的效果，还要保证通报曝光的效率。因此上级政府需要组织专门人员全流程负责曝光通报的相关工作，同时需要制定出一套简单有效的曝光审批流程，一方面要有效规避通报曝光工作中"重开始、轻过程、无结果"的现象；另一方面也要避免曝光工作进度滞缓所导致的通报效果减弱问题。同时，上级政府需要保证通报曝光机制在地方层面的全覆盖运行，从而将声誉机制发展成为监督和约束地方政府的有力工具，不断释放出"越来越严""无处可藏"的曝光信号，进而形成针对地方政府偏差行为的震慑和教育作用。

七 完善绿色税收制度并建立绿色 GDP 考核体系

统筹经济发展和环境保护不仅是新发展理念的核心要求，也是中国式现代化的鲜明主题。经济发展与环境保护间存在着辩证统一、相辅相成的逻辑关系。为了加快地区经济高质量发展，不断提高地方政府环境治理绩效，就需要不断完善绿色税收制度并建立绿色 GDP 考核体系。绿色税收制度是推进经济高质量发展的重要支撑，而绿色 GDP 是核算绿色经济活动产出的关键方法。绿色税收制度及绿色 GDP 考核体系对于生态文明建设具有显著的牵引作用，不仅可以助推我国经济发展模式的转变，还可以实现生态环境保护和经济高质量发展的双赢。

考虑到现阶段我国地方政府普遍面临的财政压力，因此未来要不断引导地方政府优化税收结构，提高绿色税收在财税收入中的占比并扩大绿色税制的调控范围。目前，我国的环境保护税、资源税、耕地占用税、车船税等绿色税种全部完成立法，形成了涵盖开发、生产、消费、排放等环节的绿色税收体系。未来要进一步完善绿色税收制度并用以调节企业的污染排放行为。针对污染大户企业，可以按照"多污染，多征税；少污染，少征税"的逻辑抑制其污染行为，对于积极开展环保改造项目的企业则可以实施环保税减免，对于超标、超总量排放污染物的企业，则可以加倍征收环保税，从而形成针对排污企业的倒逼作用。基于绿色税收的调节作用，不仅可以强化传统工业企业的环保意识，加快推进其生产方式的转型升级，还可以显著扩大地方政府的税收来源。另外，在可能的情况下，要适度提高地方政府在共享税收中的分成比例，针对地区征收的环保及绿色 GDP 税收收入，予以财政政策倾斜，做好专款专用，统筹规划。同时，也要适当加大对于财政困难地区的转移支付，从而降低地方政府财政压力，缓解其在环境治理中面临的公共价值冲突。

此外，要加快构建和实施绿色 GDP 核算和考核体系，绿色 GDP 的核算需要在传统的经济活动价值中减去环境污染成本及资源消耗成本，即在 GDP 收入中直接扣除环境降级的成本，从而才能真正代表经济产出的净正面效应。绿色 GDP 既衡量了地区的经济增长水平，又考量了区域资源消耗和生态损害的程度，体现了经济发展与生态文明建设的和谐统一，非常符合高质量发展的价值内涵。因此，要加快绿色 GDP 核算体系和考核体系的建构与开发，并将其逐步纳入地方官员的晋升及考核评价中。通过把绿色 GDP 核算体系与考核体系紧密结合，可以最大程度克服地方政府片面追求发展速度而对于环境保护的忽视，不仅可以引导地区经济发展方式的绿色低碳转型，还可以持续提升地方政府环境治理效果。

第四节　本章小结

本书围绕我国地方环境治理中的公共价值冲突问题，基于我国216 个城市的面板数据，在多种前沿方法和技术的支撑下，实证研究了多重压力、公共价值冲突对地方政府环境治理效率的影响。本章总结了实证分析所得出的八方面的研究结论，其中前三条结论是关于多重压力、公共价值冲突以及地方政府环境治理效率间关系的研究发现，第四条结论是关于公共价值冲突中介机制的分析讨论，后四条结论是关于公共价值冲突协调路径的发现与总结。为了阐述本研究结论的适用范围及其局限性，本章围绕研究结论进行了进一步讨论，同时进一步反思了多重压力、公共价值冲突与地方政府环境治理间的关系。最后，从指导政策实践的角度出发，本章基于实证分析结论，提出了七条政策启示，对于优化我国地方政府环境治理实践，提升地方政府环境治理绩效具有一定的启示作用。

第 七 章

贡献、不足与未来研究展望

　　本章是关于研究可能做出的贡献、存在的不足及未来改进方向的讨论。基于多重压力和公共价值冲突的分析视角，研究对地方政府环境治理中常常出现的"两难困境"和"棘手问题"进行了一个全新的解释，并实证分析了多重压力、公共价值冲突与地方政府环境治理效率间的关系。本章首先总结了本研究可能做出的六方面研究贡献；其次讨论了本研究在样本选择、研究设计、理论框架以及变量测量四个方面存在的不足；最后，在反思研究不足之处的同时，本章也从理论框架的完善、研究对象的选取、研究方法的丰富以及研究视角的创新等多方面提出了未来研究的改进方向。

第一节　研究贡献

一　提出了地方政府环境治理研究新的理论视角

　　通过引入多重压力和公共价值冲突的分析视角，本研究解释了地方政府环境治理中"重发展，轻保护""胡作为，乱作为""打折扣，搞变通"等行为偏差出现的根源。尽管近年来围绕政府环境治理、生态保护和低碳发展的研究大量兴起，但鲜有研究关注地方政府环境治理中的公共价值冲突问题，也少有研究从多重压力的视角分析地方政府环境治理问题。公共价值冲突不仅是分析我国环境治理问题的一个全新视角，而且也是一个被现有研究所忽略的视角。通过引入公共价值理论，研究捕捉到了隐藏在现实情境背后的、价值层面的矛盾和问题，为政府环境治理研究提供了一个新的分析视角，也为解释地方政府环境治理行为逻辑提出了一个新的理论框架。公共价值冲突对于地方政府环境治理中的"棘手问题"和"两难困境"具有极强的解释力，有助于人们理解地方政府出现的一系列偏差行为背后的深层次原因。因此，研究从公共价值冲突视角分析地方政府环境治理问题，可以为理解我国地方政府的环境治理问题提供新启示。

通过分析公共价值冲突的发生机理和作用机制，研究不但定位到了当前地方政府环境治理中面临的关键瓶颈问题，还形成了破解该瓶颈问题的政策建议。公共价值冲突是制约我国地方政府环境治理效率有效提升的一个重要瓶颈，如果公共价值冲突问题得不到有效分析与解决，在多重压力的作用下，地方政府将会经常陷入公共价值的两难困境中，出现各类偏差行为并阻碍其环境治理工作的高效开展。本研究基于多重压力视角剖析了地方政府环境治理中公共价值冲突的发生机理，进一步从环保垂直管理、公众参与、绿色技术创新和声誉威胁四个方面探索了公共价值冲突的消解路径，建构了公共价值冲突从"发生"到"治理"的一个较为完全的理论分析框架，可以帮助人们清楚认识公共价值冲突的前因后果，从而助力学界进一步探寻公共价值冲突的发生情景及其治理策略。

通过引入多种前沿实证分析技术和方法，本研究系统回答了公共价值冲突"如何发生""有何影响"和"如何治理"等关键问题，形成了一个针对地方政府环境治理中公共价值冲突较为系统的研究框架，有利于打开公共价值冲突"黑箱"，全景式呈现公共价值冲突的全貌。迄今为止，学界有关公共价值冲突的理论框架仍在发展之中，缺乏对公共价值冲突内涵及类型的理论建构，公共价值冲突的前因后果处于一个"黑箱"之中。研究基于非线性中介效应模型、被调节的中介效应模型等计量方法，深度剖析了多重压力、公共价值冲突与地方政府环境治理效率间的关系。在科学分析方法的支撑下，整个研究的因果逻辑较为科学严密，与现实情况比较吻合，有利于推动公共价值理论的进一步发展。

二　探明了公共价值冲突的诱发因素和生成背景

本研究探明了公共价值冲突产生的诱发因素及其生成背景，可以帮助人们认识环境治理中公共价值冲突的发生逻辑，不仅拓展了公共价值研究的理论前沿，还定位到了地方政府环境治理中的一个关键瓶颈问题。公共价值的多元化属性及其冲突关系是政府在公共决策中不可回避的重要问题，由公共价值冲突造成的"棘手问题"也已经成为公共部门面临的主要挑战。尽管在近年来已经有越来越多的学者意识到了公共价值冲突的存在，但迄今为止，学界没有结合具体实践问题回答公共价值冲突"到底是什么"，也没有揭示公共价值冲突"为什么会发生"。对于公共价值冲突的概念阐述常常会陷入理想主义政治哲学的迷思困境中，一方面缺乏对于公共价值冲突的具象化描述，使其没有清晰的现实指代；另一方面又缺乏对于公共价值冲突存在的经验证据分析，使其常常被误认为是一个"假问题"。

之所以会出现上述问题，一个重要的原因就是现有研究在讨论公共价值冲突时，缺乏对于公共价值冲突诱发因素及生成背景的分析。脱离了具体的问题背景和案例情景，仅仅依靠逻辑推演和概念思辨分析公共价值冲突的内涵，不可避免地会使公共价值冲突的概念变得模糊和抽象。De Graaf 和 Paanakker（2015）曾指出，目前几乎找不到证据表明哪些公共价值之间存在着冲突关系。造成该问题的核心原因就是现有研究忽略了冲突关系发生的激化因素。正是因为如此，本研究对于公共价值冲突的研究格外关注其诱发因素和生成背景，通过将公共价值冲突的内涵与其诱发因素结合起来进行讨论，不仅可以有效识别公共价值冲突的前置条件与特定情景，有效回答公共价值冲突"为何发生"的问题，还有助于明晰公共价值冲突的现实指代，从而增强公共价值理论的现实解释力。

基于压力型体制的分析框架，本研究实证分析了财政压力、绩效压力、竞争压力和公共舆论压力对于公共价值冲突的激化作用，展示了地方政府环境治理中公共价值冲突产生的根源和路径，揭示了多元化公共价值因为多重压力扭曲而发生冲突的内在逻辑，从而有效填补了相关研究的空白。多重压力不仅是对地方政府现实处境的生动描述，还对分析公共价值冲突的发生机理具有极强的解释力。研究结论不仅可以帮助研究者进一步识别和理解公共行政中相互冲突和竞争的公共价值，还有助于学界进一步分析不同类别公共价值的根本属性，并进一步理解公共价值冲突的演化路径。

三　揭示了公共价值冲突对环境治理效率的影响

本研究实证分析了四类公共价值冲突对于地方政府环境治理效率的作用影响，有助于学界更为全面地认识公共价值冲突的影响效应和作用机制。由于公共价值的权衡和取舍经常会让公共决策者陷入两难境地，因此现有研究着重讨论了公共价值冲突对于政府绩效以及政府行为决策可能产生的负面影响，缺乏对于公共价值冲突作用影响的全面认识。不仅如此，现有的分析主要来源于理论层面的推演，缺乏经验证据的支撑以及作用机理的检验。本研究基于我国216个城市的实证研究发现，地方政府环境治理中总共面临四类公共价值冲突，而这四类公共价值冲突对于地方政府环境治理效率的作用影响皆有不同。其中第一类、第二类和第三类公共价值冲突的确会负面影响地方政府的环境治理效率，因为公共价值冲突的发生会干扰地方政府的决策重心，向地方政府发出相互矛盾的政策信号，进而诱发一系列权宜之计（expedient policy）和偏差行为的出现。但是本研究同时发现，环境治理中的第四类公共价值冲突，即"公民本位"与"政府本位"类公共价值间的冲突，由于其纠正了地方政府唯上是从的价值偏好，为地方政府反思环境治理行为逻辑提供了价值引领，反而会对地方政府环境治理效率产生正面积极的影响。因此，公共价值冲突的影响效应取决于其类型，公共价值冲突治理策略的开发也必须首先依托于对于公共价值冲突类型的识别。

科学认识公共价值冲突的作用影响是实践界开发公共价值冲突管理策略的理论基础，脱离了对于公共价值冲突影响的科学认识，对于公共价值冲突的消解和治理将成为"无本之木"和"无源之水"。陈振明和魏景容（2022）就认为，只有经过了更为广泛的实证检验，公共价值的理论才可以转化为更具操作性的方案。O'Flynn（2021）也强调，目前学界已经对理论和概念有了很多评论，是时候采取行动去进行经验分析了。因此，为了进一步开发公共价值冲突的治理工具，学界必须基于科学的经验证据清晰探明公共价值冲突的作用影响。本研究通过细分不同公共价值冲突的类型，不仅发现和证实了公共价值冲突对于环境治理效率的显著影响，还发现了这种影响的异质性特征，在填补学界相关研究不足的同时，也更为全面地展示了公共价值冲突的作用逻辑，对于人们科学认识不同类型公共价值的根本属性，探索多样化的公共价值冲突的消解策略具有一定贡献。

四 找到了环境治理中公共价值冲突的协调路径

本研究不仅从公共价值冲突视角找到了地方政府环境治理中出现行为偏差的"症结"，还以其为"靶向"找到了纠正地方政府偏差行为的策略。通过采用基本调节效应模型和被调节的中介模型，本研究在实证分析公共价值冲突前因后果的基础上，进一步找到了公共价值冲突的四类协调路径。由于地方政府环境治理中的前三类公共价值冲突对于环境治理效率具有显著的负面影响，本研究找到了弱化其生成及不利影响的协调路径。由于第四类公共价值冲突对于地方政府环境治理效率具有显著的正面作用，研究找到了强化其作用效果的路径。通过探寻不同类型公共价值冲突的协调策略及其应用场景，本研究不仅找到了具有较好针对性的治理对策，还形成了更为丰富的理论框架。因此对于消解地方政府环境治理中的公共价值冲突，规范地方政府行为逻辑具有一定的贡献。

本研究发现，公共价值冲突不仅是阻碍地方政府环境治理效率提升的瓶颈，也是妨碍地方政府环境治理工作有序推进的痛点。但仅仅揭示公共价值冲突的发生机理和作用机制，还远不足以指导地方政府的环境治理实践，要破解制约瓶颈问题，还需要从不同的方向开发多元化的消解策略。由于公共价值冲突的存在，地方政府在处理发展与环保、长期与短期、效率与效果之间的关系时经常会面临棘手的权衡并陷入两难境地。公共价值冲突造成的棘手问题通常没有明确清晰的解决方案，其复杂、争议、相悖的特性会让公共管理者备感挫折和焦虑。现有研究并没有提出针对公共价值冲突的治理对策和消解措施，相关分析仍然沿袭了"善治"（Good governance）的理论脉络，因而出现了"隔靴搔痒"的情况。

本研究在探明地方政府环境治理中公共价值冲突的发生机理及其作用机制的基础上，分别从环保垂直管理、公众参与、绿色技术创新和声誉威胁四个方面探索出了针对公共价值冲突的协调路径。本研究同时发现，协调路径可以从公共价值冲突的发生和公共价值冲突的影响两个方向入手，一方面探寻如何弱化公共价值冲突的发生，另一方面探寻如何消解公共价值冲突对于环境治理效率的影响，不仅如此，还可以通过弱化公共价值冲突传导机制的方式，削弱其整体影响。这些研究发现，不仅适用于当前我国地方政府环境治理中公共价值冲突的治理，还可以为今后更多治理对策的开发起到抛砖引玉的作用。在本研究的基础上，学术界今后可以开发更多适用于不同公共管理场景、不同层级政府、不同治理领域的公共价值冲突的管理策略。

五　强化了公共价值理论的实证基础和应用潜力

由于缺乏实证研究的有力支撑，公共价值理论在实践中的应用受到了极大限制，现有研究大都基于规范研究的路径展开，倾向于理论分析和逻辑推演，少有结合具体公共管理问题开展的实证研究，Hartley 等（2017）曾尖锐地指出：如果公共价值范式的研究继续缺乏实证研究的支撑，将会成为一朵枯萎的鲜花而被滚滚向前的公共管理学科所抛弃。Jørgensen 和 Bozeman（2007）也曾指出：如果研究人员可以超越或者逐渐改变目前公共价值模糊不清且虚无缥缈的状态，关于公共价值的研究将为其理论发展和公共管理实践做出重大贡献。王学军和王子琦（2019）也强调，想要逐渐改善公共价值理论混淆的话语体系，需要在未来的研究中更多回答"本研究在谈论公共价值时，究竟是在谈论什么"的问题。因此，想要提高公共价值理论的现实解释力，需要将公共价值理论与具体的公共管理问题相结合，否则，缺乏现实指代的公共价值理论可能会永远陷入理想主义政治哲学的种种迷思中。

本研究正是基于这种思考所做的大胆尝试，通过将公共价值理论应用到地方政府环境治理现实问题中，同时将 CATA 方法、Python 网络爬虫技术、冲突反应模型等分析方法结合起来，创新性地开发了公共价值冲突的测量方法。不仅如此，本研究还将面板数据分析、DEA 分析、被调节的中介效应模型，机器学习的情感分析技术等实证分析技术有效结合了起来，科学揭示了多重压力、公共价值冲突与地方政府环境治理效率间的关系，对于后续基于科学因果推断的实证研究具有一定的启发意义。鉴于此，本研究在一定程度上提高了公共价值理论的现实解释力和应用潜力，对于强化公共价值理论的实证基础，丰富公共价值理论对于公共行政问题的指导意义，助推公共价值理论在现实情境中焕发新的活力有一定贡献。

六 助推了政府绩效治理与公共价值理论的融合

PV-GPG 理论认为，公共价值对于政府绩效的合法性具有本质性的规定，只有符合了公共价值的政府绩效才具有合法性基础，也只有符合了公共价值的政府绩效才具有可持续提升的动力。政府绩效管理是新公共管理运动以来各国政府改革创新的重要内容之一，也是推进我国经济发展并取得举世瞩目成就的管理工具之一，但我们在看到绩效管理积极作用的同时，也要注重公共价值的合法性规定，防范政府绩效评估及管理的负面效应。Radin（2006）曾将政府绩效管理比喻成一个可能产生诸多负面后果的多头怪物（Hydra-headed Monster），呼吁学者要多思考其黑暗面（Dark Side），尚虎平（2008）也曾指出，高绩效导向下安全隐患是我国地方政府绩效评估中存在一个巨大悖论。尽管学者们已基于逻辑思辨分析了政府绩效考核可能带来的负面影响，但一直缺乏有力的经验证据，本研究通过实证分析发现了地方政府环境治理中绩效压力与环境治理效率间的"倒 U"型关系，从经验数据上证实了高压考核会带来的负面效应，不仅回应了学界关于政府绩效考核负面影响的担忧，也推动了政府绩效治理与公共价值理论的融合。此外，本研究关于绩效压力与环境治理效率非线性关系间"拐点"的发现，更加精准地定位了绩效压力负面效应发生的情境和节点，为研究人员进一步分析绩效考核中积极效应和消极效应的动态演化提供了理论和实证启示。

　　此外，发端于西方的公共价值理论与中国情景的融合还需要大量的基础研究和实证检验，也需要在本土情景下形成更为清晰明确的话语体系，如果缺乏本土化的经验证据，公共价值理论将难以成为一个有效支撑我国公共管理学科发展和创新的基础理论。本研究从公共价值冲突视角分析我国地方政府环境治理效率问题，不仅助推了政府绩效治理与公共价值理论的有机融合，也推动了公共价值理论的本土化发展。通过聚焦分析我国地方政府在环境治理中的"棘手问题"和"价值困境"，有利于在跨文化、跨体制的背景下比较中西方公共价值研究所依存的管理情境，从而揭示公共价值在中国情景下的概念内涵，识别本土情景中公共价值的创造和变迁路径。不仅如此，用公共价值理论讲好"中国故事"，还有利于发展本土化的公共价值的理论脉络和研究框架，并使公共价值理论在新时代的中国焕发生机和活力。

第二节　研究不足

一　分析样本未能实现我国地市级全覆盖

现阶段针对我国地方政府环境治理问题的研究大都选择省（自治区）、直辖市层级的面板数据，本研究为了获得更为严谨细致的分析结论，选取了我国 216 个城市作为研究样本。研究伊始，本研究基于《中国城市统计年鉴》2018 年的统计口径，选取我国 279 个地级市和 15 个副省级市作为基准样本，但是在实际数据操作中却发现部分地级市的核心变量数据缺失严重，虽然本研究通过省级统计年鉴、市级统计年鉴、市级财政预决算报告以及市政府官网等多个渠道进行了补充，但仍有一部分城市的数据无法准确获取。由于部分样本数据缺失严重，为了保证分析结果的信效度，最终只能对这些样本进行了剔除处理，致使本研究的最终样本量只有 216 个城市，未能覆盖我国全部地级市。现有研究之所以大都基于省级面板数据展开，一个重要原因就是获取地级市层面的数据难度较大，本研究是在此方面的一个初步尝试，希望今后能有更多的专业团队参与有关地市级政府的环境治理研究中，并基于更为科学有效的数据获取方法，丰富地级市层面的研究数据。

本研究的分析样本未能实现我国地级市的全覆盖，而被剔除和抽取的样本又非"完全随机"，导致本研究的数据分析结论可能存在着一定程度的样本选择性偏差问题（Sample Selection Bias）。也就是说本研究基于 216 个城市的数据分析结论并不能精确反映我国地市级政府环境治理的全貌。事实上，在社会科学研究中，样本选择性偏差问题很难彻底避免，因为多数调查研究的抽样过程都是在特定的范围内基于特定的规则所进行的，抽样过程难以做到"完全随机"。因此，对于样本选择性偏差问题只能是尽可能弱化或者修正，难以完全杜绝。目前主流的解决样本选择性偏误的方法有 Heckman

两步法和 Bootstraping 方法，其中 Bootstraping 方法是一种有放回的重复抽样方法，也是一种通过有限样本估计总体分布的一种非参数方法。理论上，在初始样本的样本量足够大的情况下，Bootstraping 方法能够无偏接近总体的分布（Efron & Tibshirani, 1994）。因此，为了解决样本选择性偏误的问题，本研究采用了 Bootstraping 方法对数据分析进行了稳健性检验，研究的样本城市已经占到了全国城市综述的 70%以上，并且又通过 Bootstraping 方法进行了 10000 次重复抽样，所得到的稳健性检验结果与假设检验的结果相一致，说明从统计学意义上看，样本选择性偏误问题并未威胁到研究数据分析结论的可靠性。尽管如此，从逻辑上讲，既然研究样本既非"全覆盖"又非"完全随机"，则多多少少会存在一定程度上的样本选择性偏差问题，这既是本研究真实存在的一个不足之处，也是现阶段难以彻底避免的一个不足之处。

二 缺乏与案例研究方法的有效结合

本研究综合使用了数据包络方法、CATA 文本分析方法、情感分析技术、冲突反应模型、非线性中介和调节模型、面板数据多变量统计分析等方法，实证分析了多重压力、公共价值冲突与地方政府环境治理效率间的关系。尽管研究采用了多种前沿的分析技术和研究方法，但是从整体来看，缺乏与案例研究方法的有效结合，尤其是缺乏多案例比较分析和扎根理论研究。案例研究和扎根理论作为社会科学研究中最为常用的两种探索性研究方法，可以帮助研究人员更好地进行理论建构和理论开发。由于公共价值冲突是公共价值理论和治理理论的研究前沿，迄今为止，尚缺乏清晰的理论框架，尤其是关于多重压力与公共价值冲突间的关系，更是缺乏相关的理论研究和概念体系。针对一个较为前沿的研究问题，当缺乏现成的理论框架时，通过案例研究和扎根理论进行逻辑梳理和框架建构是一种行之有效的策略。但是考虑到本研究整体的研究体量和分析思路，本研究暂未将案例研究方法纳入在内，也未进行相关的扎根理论研究，因此从方法论的角度看，本研究分析问题和解决问题的思路较为单一，关于理论建构和理论开发的工作略显不足。

通过对地方政府管理实践活动进行实地调研和观察，并基于案例研究方法予以升华，是开发本土化公共管理理论的重要路径。Eisenhardt 和 Graebner（2007）特别强调要通过案例研究方法来构建新的理论，在 Eisenhardt 和 Graebner（2007）看来，研究的终极目的是发展理论而不是验证理论。案例研究正是基于单个或多个典型案例，通过对于客观事实和案例现象的分析描述，从中抽样出一般性规律的研究过程。案例研究不仅可以得出更易于理解和解释的客观规律，还可以不依赖于已有文献或者现有的理论框架。从这个意义上看，案例研究方法特别适用于关于公共价值冲突概念、类型和框架的研究。通过选择我国省级、市级和县级地方政府环境治理的多个典型案例，通过案例研究的规范流程展开分析，可有效回答公共价值冲突是什么，地方政府面临了哪些公共价值冲突，不同公共价值冲突间具有哪些区别等问题。不仅如此，在回答上述问题的同时，还可以发现和总结出诸多一般性的规律，进而建构起适用于中国情景的关于地方政府环境治理中公共价值冲突分析的理论框架，不仅可以清晰呈现地方政府环境治理实践的客观事实，还有利于进行理论创新。但本研究对于多元公共价值偏好以及公共价值冲突的分析更多的是基于对国外文献的已有梳理。从这个角度看，本研究的理论建构工作较为薄弱，所总结出来的公共价值集在中国情景下的适用性问题也值得商榷。

三 对于多重压力间的交互影响讨论不足

本研究以"压力型体制"的分析框架入手，以公共价值理论、价值多元论和认知失调论为理论基础，分析了多重压力对于公共价值冲突以及地方政府环境治理效率的影响。研究中的多重压力具体包括四种，分别为财政压力、绩效压力、竞争压力与公共舆论压力。基于对地方政府环境治理中公共价值偏好的梳理，本研究假设多重压力会诱发四种不同类型的公共价值冲突，并称其为第一、二、三和四类公共价值冲突。在研究的理论框架中，四种压力与四种公共价值冲突是一一对应的，即财政压力对应第一类公共价值冲突、绩效压力对应第二类公共价值冲突、竞争压力对应第三类公共价值冲突、公共舆论压力对应第四类公共价值冲突。尽管一一对应的理论关系在逻辑上更加清晰，在技术分析上也可以有效避免多重共线性问题，但这种"单因—单果"的分析逻辑却可能与现实情况不符，即在现实情景中，多重压力与多种公共价值冲突间可能存在更为复杂的交互影响，即二者间可能存在着"多因—单果"或者"多因—多果"的关系。但本研究对于多重压力间的这种更为复杂的交互影响却讨论不足。

本研究之所以未深入开展关于多重压力间交互作用的讨论，是因为缺乏足够的理论支撑与逻辑基础。尽管在地方政府环境治理实践中，四种压力是在同时发挥作用，但从公共价值冲突的激化角度看，要回答多重压力之间到底是如何相互作用的，多重压力共同作用后，会有哪些新类型的公共价值冲突的出现需要首先进行理论上的分析，再开展实证数据的检验，但是本研究尚未梳理出更为清晰的理论框架，也未找到更为有力的理论框架。因此在本研究中，为了理论框架的清晰与凝练，只讨论了四种压力对于四种公共价值冲突的单一影响，未进行交互效应的分析。但是考虑到在现实情景中，四种压力往往同时存在，多重压力之间也可能存在交叉重叠、相互增强的复杂影响效应，因此，今后的研究在上述单一路径分析检验的基础上，还需要将多重压力、多种冲突同时考虑在内，即深入分析多重压力相互叠加后对公共价值冲突的混合影响效应。

此外，本研究的数据分析结果表明，公共价值冲突是多重压力与环境治理效率间的中介机制，但公共价值冲突只是起到了"部分中介"的作用，仍然有一部分效应是无法通过公共价值冲突所解释的，其中环境治理活动自身的边际报酬递减规律就是这部分效应存在的一个重要原因，因为随着绩效压力的增大和地方政府环境治理投入的提高，当环境治理的产出达到一定限度后，环境治理边际成本会增加，所以环境治理效率会降低。鉴于此，未来的研究在立足于公共价值冲突分析视角的同时，也要尽可能多地控制可能影响环境治理效率的其他因素及路径效应，全面考虑影响研究结论的潜在因素和其他变量，以提高实证分析结论的可靠性。

四 变量测量过于依赖二手数据

本研究主要采用了二手数据的分析方法测量了相关研究变量。二手数据的显著特征之一是，在数据收集过程中，研究人员不与被试对象直接发生接触，即没有访谈、观察、问卷的发放与收回等过程，并且所收集到的数据资料原本并不直接服务于本研究，而是政府用于政务信息公开或行政管理的公开资料。本研究之所以选用二手数据，一方面是因为本研究样本城市覆盖面广，高质量的一手数据极难获取。相较，二手数据体量丰富，基本可以通过公开渠道获取，研究数据有较高的客观性，并且不包含主观偏见；另一方面是因为二手数据可以突破时间维度的限制，形成涵盖多个年份的面板数据，进而有助于研究开展纵贯分析并得出更为深入科学的研究结论。这正是由于上述原因，在公共管理的宏观层次研究中，研究人员通常都会采用二手数据的分析方法。尽管使用二手数据具有诸多优势，但二手数据主要是基于对公开资料的事后挖掘，往往缺乏实地调研的观察与现实情景的融入，因此存在着明显不足。总体来看，研究使用二手数据带来的不足主要表现在以下两个方面。

首先，本研究在公共价值冲突的测量方面，探索性地使用了冲突反应模型（Conflicting Reactions Model，CRM）、CATA 文本分析技术和分离语义方法（Method of Semantic Differential）等，尽管相关方法的有效性已经得到了较为广泛的证明，但采用文本分析资料测量地方政府面临的公共价值冲突具有先天的局限性。从一方面看，本研究收集到的原始文本资料都是地方政府面向全社会公开披露的文本资料，部分资料在公开发布前都经过了删减和节选，并不能有效反映地方政府公共决策制定的全过程信息，因此能够识别到的有关地方政府公共价值偏好信息是有限的，势必无法刻画出地方政府对于公共价值理解和认知的全貌。从另一方面看，尽管采用文本分析方法对管理者的注意力、认知模式、态度偏好等进行测量已经成为近年来流行且普遍的一种做法，但是相比实地调研和情景实验所获取的一手数据，二手数据的信度和效度存在明显劣势，这也是当前研究人员亟须反思的一个重要问题。

此外，本书对于公共舆论压力的测量以及公众参与的测量皆通过网络空间的政民互动信息，即以"地方领导留言板"和市政府官网上的"市长信箱"作为主要获取渠道。尽管通过网络渠道获取政民互动信息的研究在近两年大量兴起，但是仅仅依靠网络渠道捕捉公民意见，存在着较大的局限性，因为毕竟有诸多的公民意见信息未能通过网络平台得到反映，而且网民留言中的噪音信息也占据了原始素材的一大部分，因此增加了研究中数据信息清洗的难度，也在一定程度上影响了公共舆论压力和公民参与程度测量的效度。因此今后需要丰富公民信息的获取渠道，在相关核心概念的测量中，引入多元化的测量分析方法，在降低对于二手数据依赖的同时，不断提高变量测量的信效度。

第三节　未来研究展望

一　建构更为完善的理论分析框架

在未来的研究中，需要建构有关地方政府环境治理中公共价值冲突发生机理、作用机制和消解路径更为完善的理论分析框架。具体可以从三方面进行入手：首先，需要突破"单因—单果"的线性分析逻辑，建构多重压力与多元化公共价值冲突间更为系统的分析框架。在地方政府的环境治理中，多重压力与多元化的公共价值冲突间势必存在着更为复杂的因果关系，某一类型的公共价值冲突可能并非由单一的压力激化而来，而是多重压力共同作用的结果。类似地，某一类型的压力所诱发的，可能也不是单一的公共价值冲突，而是复杂的多类型并发的公共价值冲突。因此，未来的研究要在压力型体制的基础上，更为全面地梳理地方政府所承受的多重压力，即除了财政压力、绩效压力、竞争压力与公共舆论压力外，要明晰地方政府还承受了哪些外源性和内源性的压力。同时，要突破公共价值"二元对立冲突"的分析思路，建构更为复杂的多元化公共价值之间冲突关系的分析框架；此外，未来还要建构起多重压力间交叉重叠、共同作用下的公共价值冲突的发生机理和演化路径。

其次，未来要继续深入剖析公共价值冲突对于地方政府环境治理绩效影响的作用机制。本研究着重分析了公共价值冲突对地方政府环境治理效率的影响效应，但是并未进一步揭示公共价值冲突影响环境治理效率的作用机制。因此，公共价值冲突的发生到底会诱发哪些偏差反应，这些行为又会如何影响地方政府环境治理绩效，这些问题都有待进一步深入分析。未来的研究可以尝试从府际间的协同惰性、管理者的决策短视、地方政府的战略惯性等角度，进一步解释公共价值冲突发挥影响的作用机制，从而打开公共价值冲突影响环境治理绩效的"黑箱"，呈现出一个更为完整的逻辑链条和理论框架。

最后，未来还需要探索更为丰富的公共价值冲突消解路径，从而形成关于公共价值冲突治理的多视角分析框架。本研究仅仅从环保垂直管理、公众参与、绿色技术创新和声誉威胁四个方面分析了地方政府环境治理中公共价值冲突的协调路径，尚未形成治理公共价值冲突的一个系统性框架，而且本研究着重分析的是组织外部力量对于公共价值冲突的协调，尚未分析组织内部力量对于公共价值冲突的消解。因此，未来可以尝试从价值领导、组织韧性和数字能力等内部视角，探索出更多关于公共价值冲突的协调路径。在考虑政府组织内部作用的同时，还需要将社会组织和公民的作用考虑在内。不仅如此，在对于协调路径的分析中，还需要引入更为复杂的调节效应及交互关系，从而形成一个关于公共价值冲突从"如何发生"到"有何影响"再到"如何治理"的更为完善的理论框架。

二　扩大研究对象的覆盖面

在横向上看，未来需要继续扩大地级市政府的样本量，尽量实现我国地级市政府的全覆盖，从而有效消除样本选择性偏差问题。为了解决样本数据缺失问题，研究人员需要开发多元化的变量测量方法，在二手数据的基础上，需要通过实地调研进一步获取缺失数据，即组织调研队伍，深入部分数据缺失的样本城市，通过实地走访环保部门获取缺失数据。同时还要进一步引入大数据分析与机器学习的方法，提升对于原始海量数据的获取能力及分析计算能力。近年来，随着大数据时代的到来和政务信息公开程度的不断提高，研究人员可以获得的政务数据越来越丰富。尽管二手数据并非来源于一手调研，但其仍蕴含着巨大的研究价值，通过研究人员的挖掘和分析，可以提取出极有价值的数据信息。此外，要不断引入三角测量（Triangulation）方法，三角测量强调多角度、多方法、多数据来源的观察和测量，近年来在社会科学研究中得到了越来越广泛的应用。按照三角测量的思路，单一统计资料中缺失的数据，完全可以通过其他渠道的数据予以推算和交叉验证，通过三角测量的交叉分析，很多缺失数据都可以得到填补和修复。而大数据时代的到来恰恰为多数据源的交互融合提供了便利，因此未来需要在解决数据获取和缺失难题的基础上，扩大样本城市的覆盖面。

从纵向上看，未来的研究在分析对象上，需要实现省（自治区）级政府、市级政府、县（区）级政府三者的有机结合，一方面要将研究对象继续下沉至县（区）一级的地方政府，另一方面要将研究对象向上扩展至省（自治区）一级，从而形成针对地方政府自上而下分析的全视角。在我国五级政府管理层级中，省、市、县三级政府都承担了较为重要的环境治理和环境保护职责，仅仅聚焦于其中某一个层级的地方政府，都不足以完全识别出地方政府环境治理的矛盾问题和瓶颈障碍。也只有将三个层面的地方政府结合起来进行系统性分析，才能勾勒出地方政府行为规律的全貌。为了有效实现三个层面研究对象的整合性分析，可以引入跨层分析（cross-level a-nalysis）和多层线性模型（Hierarchical linear Model，HLM），即将地方政府环境治理行为的解释变量分为两个层面，一个层面是来自上级政府的价值建构、绩效考核和政策引领等，另一层面来自地方政府自身的价值偏好、行为动机和治理能力。从公共价值冲突的构成和类型来看，可以将公共价值冲突按政府层级细分为三个层次，纵向分析不同层级政府公共价值冲突的表现及其类型；从公共价值冲突的影响因素来看，可以从价值协同领导的角度，探讨上级政府公共价值建构对于下级政府公共价值偏好的影响。通过引入跨层分析视角，可以得出更为科学的研究结论，并提出更有针对性的政策建议与管理启示。

三　进一步与案例研究与扎根理论相结合

在未来的研究中，要加快与案例研究方法的融合，通过深度访谈、多案例比较、扎根理论等方法，深度识别地方政府面临的公共价值冲突的内涵及其表现。经过 20 余年的发展，公共价值研究领域已经涌现出了非常丰富的研究概念。例如，公共价值领导、公共价值地图、公共价值共创和公共价值共毁等。然而，正是公共价值概念范畴的模糊性，使得公共价值理论受到了不少来自学术界和实践界的质疑，正如 Meynhardt（2009）所说，公共价值是一个模棱两可而又包罗万象的概念，尽管具有良好的启发性，但尚未形成广泛的共识。由于公共价值本身在定义和测量上都具有较大难度，因此容易被不同领域的研究者所曲解和滥用（Rhodes & Wanna，2007）。由于公共价值理论常常被认为是行政思想史的一部分，早期基于逻辑思辨的研究又将其严重抽象化，致使国内学者将公共价值更多地理解为一种修辞性的"标语口号"，虚无缥缈且难以与实践有效结合。尽管公共价值理论受到了很多的质疑，但公共价值理论仍具有广阔的发展空间。在未来的研究中，需要通过与案例研究与扎根理论的结合，更为准确细致地识别公共价值的内涵构成，清晰界定公共价值的内容边界，从而使公共价值理论能在本土情景中更加形象化和具体化。

案例研究方法和扎根理论建构都属于定性研究方法范畴，同时都具有理论建构和理论开发的功能，在研究目的上没有本质区别，都非常适用于公共价值的理论研究。尤其是案例研究方法，特别适合回答"是什么""为什么"和"怎么办"的问题，因此可以与关于公共价值冲突的内涵、诱因和治理对策的研究相结合，进而开发出更加全面系统的理论框架。Eisenhardt 和 Graebner（2007）就认为，由于案例中包含了丰富的真实证据，因此建构理论不仅是科学的，而且是可验证的。Eisenhardt 和 Graebner（2007）非常鼓励多案例比较研究，认为 4—10 个案例是最佳的，案例过少不利于发现规律性的信息，而案例过多又不利于理论的抽象与概括。此外，通过扎根理论建构（grounded theory-building）进行多重压力与公共价值冲突间关系的分析也是一个行之有效的研究方法。扎根理论分析即在经验资料的基础上，基于程序化的分析步骤，从访谈资料和观察情景入手，归纳出有关地方政府环境治理中公共价值冲突的理论概括。扎根理论是一种"生成式"而非"验证式"的方法论，其主张深入现实情景，采用质性研究的思路，总结出可以真实、生动、准确地解释现实问题的理论框架。因此，未来的研究中，研究人员要深入地方政府环保部门开展实际调研，形成高质量的访谈资料，然后对访谈资料进行编码并逐级提炼出与公共价值冲突相关的理论概念和分析框架。

四　开发多元化的变量测量方法

未来要进一步开发多元化的变量测量方法，提高数据的准确性、多样性和实效性，从而提高变量测量的信效度和数据分析的稳健性。一方面，需要优化公共价值偏好及其冲突的测量方法，在引入大数据分析方法的基础上，强化三角测量思维。为了能更准确地测量地方政府的公共价值偏好，除了采用 CATA 文本分析方法外，还要补充一些深度访谈和问卷调研，也可以尝试从认知与心理学视角开展实验研究，同时也要扩展文本分析的资料库，并不断与大数据文本分析技术相结合，从而提高公共价值偏好测量的效度。在不断优化公共价值偏好测量方法的同时，要完善对于多元化公共价值冲突关系的测量，探索使用深度神经网络（Deep Neural Network）、卷积神经网络（Convolutional Neural Network）和循环神经网络（Recurrent Neural Network）等深度学习模型。不仅如此，对于公共价值冲突的测量还需要引入情景实验（Scenario experiment）的方法，即在采用文本分析方法的同时，用实验室一手数据予以补充分析和交叉检验，从而不断强化公共价值冲突测量的数据支撑和技术保障，助推相关研究的进一步发展。

其次，未来还需要丰富地方政府环境治理绩效的测量指标，优化其测量方法。在测量指标的选取上，可以在非期望产出指标中加入能源消耗率和 CO_2 能耗强度指标，在期望产出指标中增加太阳能、风能、水能等绿色清洁能源利用率指标，同时还可以考虑增加绿色生态修复率的相关内容，如对山地草原的修复程度、湿地修复度、退耕还林还草度及湖泊、河流海洋的修复度等。此外，环境治理成效的测量指标中还可增加污染物处理及转化率的相关内容，如各地垃圾分类处理率、废气处理率、可回收垃圾转化处理率等。不仅如此，还可以将群众满意度的内容纳入地方政府环境治理绩效的测量中，即通过实地走访、民意调查、体验式评价、收集投诉信息的方法来评价群众对地方政府环境治理的满意度。在丰富研究指标的同时，未来还应改进完善研究方法，本研究对于地方政府环境治理效率的测量还是趋于平面静态的分析，测量数据以年度为单位，且数据时效性不强，因此存在着一定程度的数据分析结果与实际情景错位、研究结论的启示作用不强等问题。因此，未来应考虑引入实时、动态、立体化的测量方法，如通过辖区环境实时综合监测站点的反馈数据，及时收集整理相关的数据、图片、录像信息，动态监测分析地方政府环境治理的成效，这样不仅可以提升数据分析的科学性，还有助于搭建立体式的环境治理研究数据共享平台。

五　引入行为公共管理学的分析视角

未来需要继续探索与行为公共管理学的有效结合。Kahneman（2003）就呼吁要在政策的设计和执行过程之中引入"行为洞见"（Behavioral Insights）。Nutt（2006）也曾指出，不明白认知加工和决策过程就无法真正理解行政组织的运作。通过将认知科学研究范式纳入公共管理领域，可以把公共决策分析与认识因素结合起来，从而实现以"有限理性"视角分析公共政策的设计及其执行中存在的问题。行为科学在公共管理领域具有非常广阔的发展空间，现阶段行为公共管理学的最新研究成果已经呈现出跨学科、跨领域的特征，社会学、心理学和信息管理等学科都已经为行为公共管理研究提供了多元化的理论视角和方法支持。尽管现阶段包括心理学家在内的社会科学研究者已经开始对公共政策的行为基础进行多角度探索，但目前的研究仍然集中停留在政民互动、政府信任或公众满意度等问题上，鲜有与地方政府环境治理问题的有效结合。为了能够更为科学地识别地方政府作为决策主体的公共价值偏好与公共价值认知，今后的研究需要将公共价值理论与行为公共管理学的研究视角有效结合，从而探寻出地方政府环境治理中更为微观、聚焦的公共价值冲突问题。在研究方法上，要逐渐超越现有的回归分析方法，转向更具效度的实验研究方法。要不断基于实验室研究分析特定情况下公共价值冲突的发生与演化，从而更加细致地研判公共价值冲突的生成背景及其消解措施。

此外，未来需要更多关注微观层面的公共价值冲突，即将公共价值冲突的分析对象聚焦在地方官员、管理决策人员以及基层行政人员身上。长期以来，在"上面千条线，下面一根针"的基层工作环境中，地方环保干部的工作负担重，职责压力大，需要处理的各项工作涉及面广、任务量大，同时又面临着晋升之忧和口碑之虑，在实际工作中，"滥问责"和"乱问责"又进一步打击了基层干部的积极性，因此常常导致工作流于形式。从表面上看，是基层环保干部执法能力和行动能力欠缺，但本质上看，是基层复杂的工作环境让基层环保干部处于一种态度上的矛盾、认知上的内耗和行为上的窘境之中。公共价值冲突在微观层面表现为一种认知失调状态，可以通过行为科学予以深度解析。因此，通过引入行为公共管理学的分析视角，并将研究对象聚焦在公共决策者身上，不仅可以极大拓宽公共价值冲突的研究场域，还可以为理解基层行政人员的行为困境提供一个崭新视角。同时还可以从个人认知层面引入更为丰富的解释变量，从而呈现出更为完整的有关公共价值冲突前因后果的逻辑链条。

第四节　本章小结

本章总结了本研究的贡献、不足和未来改进方向。通过将公共价值冲突的概念置于地方政府环境治理情景中，本研究不仅为环境治理研究引入了新的理论视角，还系统展示了公共价值冲突的发生机理、作用机制及其协调路径，这也是本研究最为主要的理论贡献。尽管本研究对于抽象和归纳当前我国地方政府环境治理中面临的新问题和新矛盾做出了一定贡献，但仍然在理论框架、数据获取及研究方法方面存在诸多不足，这些不足恰恰也是未来研究值得改进的方向。总体来看，本研究仅仅起到了抛砖引玉的作用，希望未来的研究可以立足于本研究的不足和缺口，围绕地方政府环境治理中的公共价值冲突问题，开展更多更为精彩的研究。

参考文献

包国宪、关斌：《财政压力会降低地方政府环境治理效率吗——一个被调节的中介模型》，《中国人口·资源与环境》2019 年第 4 期。

包国宪、关斌：《地方政府预算支出决策会考虑公民诉求吗？——被调节的中介效应》，《经济社会体制比较》2019 年第 4 期。

保海旭、包国宪：《我国政府环境治理价值选择研究》，《上海行政学院学报》2019 年第 3 期。

曹春方、马连福、沈小秀：《财政压力、晋升压力、官员任期与地方国企过度投资》，《经济学》2014 年第 4 期。

曹海林、赖慧苏：《公众环境参与：类型、研究议题及展望》，《中国人口·资源与环境》2021 年第 7 期。

陈斌、李拓：《财政分权和环境规制促进了中国绿色技术创新吗？》，《统计研究》2020 年第 6 期。

陈思霞、许文立、张领祎：《财政压力与地方经济增长——来自中国所得税分享改革的政策实验》，《财贸经济》2017 年第 4 期。

陈涛、郭雪萍：《共情式营销与专业化嵌入——民间环保组织重构多元关系的实践策略》，《中国行政管理》2021 年第 2 期。

陈晓光：《财政压力、税收征管与地区不平等》，《中国社会科学》2016 年第 4 期。

陈振明、魏景容：《公共价值的"研究纲领"：途径、方法与应用》，《公共行政评论》2022 年第 6 期。

道格拉斯·摩根、李一男、魏宁宁：《衡量政府绩效的信任范式和效

率范式——对地方政府领导和决策的启示》，《公共管理学报》
2013 年第 2 期。

董秀海、胡颖廉、李万新：《中国环境治理效率的国际比较和历史分
析——基于 DEA 模型的研究》，《科学学研究》2008 年第 6 期。

杜运周、张玉利、任兵：《展现还是隐藏竞争优势：新企业竞争者导
向与绩效 U 型关系及组织合法性的中介作用》，《管理世界》2012
年第 7 期。

樊梅：《地方政府在追求怎样的公共价值——来自 10 省政府工作报
告（2000—2013 年）的证据》，《甘肃行政学院学报》2017 年第
6 期。

范丹、孙晓婷：《环境规制，绿色技术创新与绿色经济增长》，《中
国人口·资源与环境》2020 年第 6 期。

关斌：《地方政府环境治理中绩效压力是把双刃剑吗？——基于公共
价值冲突视角的实证分析》，《公共管理学报》2020 年第 2 期。

郭丰、杨上广、柴泽阳：《双创示范基地建设能促进城市绿色技术创
新吗？——基于双重差分模型的检验》，《科学学与科学技术管
理》2023 年第 7 期。

郭佳良：《应对"棘手问题"：公共价值管理范式的源起及其方法论
特征》，《中国行政管理》2017 年第 11 期。

郭施宏、陆健：《环保组织公共诉求表达的市场路径及其成因——一
个组织学习的视角》，《中国行政管理》2021 年第 2 期。

韩超、刘鑫颖、王海：《规制官员激励与行为偏好——独立性缺失下
环境规制失效新解》，《管理世界》2016 年第 2 期。

韩超、孙晓琳、李静：《环境规制垂直管理改革的减排效应——来自
地级市环保系统改革的证据》，《经济学》2021 年第 1 期。

何文盛：《转型期我国公共价值冲突的内涵辨析、机理生成与治理策
略》，《南京社会科学》2015 年第 4 期。

何艳玲：《"公共价值管理"：一个新的公共行政学范式》，《政治学
研究》2009 年第 6 期。

黄寿峰：《财政分权对中国雾霾影响的研究》，《世界经济》2017 年第 2 期。

黄晓春、周黎安：《政府治理机制转型与社会组织发展》，《中国社会科学》2017 年第 11 期。

金培振、殷德生、金桩：《城市异质性，制度供给与创新质量》，《世界经济》2019 年第 11 期。

李扬、张晓晶：《"新常态"：经济发展的逻辑与前景》，《经济研究》2015 年第 5 期。

林嵩、谷承应、斯晓夫、严雨姗：《县域创业活动、农民增收与共同富裕——基于中国县级数据的实证研究》，《经济研究》2023 年第 3 期。

刘军、程中华、李廉水：《产业聚集与环境污染》，《科研管理》2016 年第 6 期。

刘燕华、李宇航、王文涛：《中国实现"双碳"目标的挑战、机遇与行动》，《中国人口·资源与环境》2021 年第 9 期。

吕乃基：《科学技术之"双刃剑"辨析》，《哲学研究》2011 年第 7 期。

罗良文、梁圣蓉：《中国区域工业企业绿色技术创新效率及因素分解》，《中国人口·资源与环境》2016 年第 9 期。

秦士坤：《中国城市财政压力现状与风险识别——基于新口径的测算》，《中央财经大学学报》2020 年第 10 期。

冉冉：《"压力型体制"下的政治激励与地方环境治理》，《经济社会体制比较》2013 年第 3 期。

荣敬本：《从压力型体制向民主合作体制的转变：县乡两级政治体制改革》，中央编译出版社 1998 年版。

尚虎平：《我国地方政府绩效评估悖论：高绩效下的政治安全隐患》，《管理世界》2008 年第 4 期。

尚虎平：《我国政府绩效评估的总体性问题与应对策略》，《政治学研究》2017 年第 4 期。

沈艳、陈赟、黄卓:《文本大数据分析在经济学和金融学中的应用:
　　一个文献综述》,《经济学》2019 年第 4 期。

孙斐:《中国地方政府绩效评价的价值冲突管理——基于四川省资中
　　县政府的质性研究》,《公共管理学报》2015 年第 3 期。

孙攀、吴玉鸣、鲍曙明、仲颖佳:《经济增长与雾霾污染治理:空间
　　环境库兹涅茨曲线检验》,《南方经济》2019 年第 9 期。

陶然、陆曦、苏福兵、汪晖:《地区竞争格局演变下的中国转轨:财
　　政激励和发展模式反思》,《经济研究》2009 年第 7 期。

万俊人:《论价值一元论与价值多元论》,《哲学研究》1990 年第
　　2 期。

王兵、吴延瑞、颜鹏飞:《中国区域环境效率与环境全要素生产率增
　　长》,《经济研究》2010 年第 5 期。

王程伟、马亮:《压力型体制下绩效差距何以促进政府绩效提升——
　　北京市"接诉即办"的实证研究》,《公共管理评论》2020 年第
　　4 期。

王垒、赵忠超、刘新民:《地方政府间竞争与政府规模扩张对碳福利
　　绩效的影响效应分析》,《管理评论》2019 年第 4 期。

王瑞、诸大建:《中国环境效率及污染物减排潜力研究》,《中国人
　　口·资源与环境》2018 年第 6 期。

王学军、王子琦:《政民互动、公共价值与政府绩效改进——基于北
　　上广政务微博的实证分析》,《公共管理学报》2017 年第 3 期。

王学军、王子琦:《追寻"公共价值"的价值》,《公共管理与政策
　　评论》2019 年第 3 期。

王学军、张弘:《公共价值的研究路径与前沿问题》,《公共管理学
　　报》2013 年第 2 期。

王雅龄、王力结:《地方债形成中的信号博弈:房地产价格——兼论
　　新预算法的影响》,《经济学动态》2015 年第 4 期。

王勇:《从"指标下压"到"利益协调":大气治污的公共环境管理
　　检讨与模式转换》,《政治学研究》2014 年第 2 期。

韦玮：《精通 Python 网络爬虫：核心技术、框架和项目实战》，机械工业出版社 2017 年版。

温忠麟、叶宝娟：《有调节的中介模型检验方法：竞争还是替补?》，《心理学报》2014 年第 5 期。

温忠麟、叶宝娟：《中介效应分析：方法和模型发展》，《心理科学进展》2014 年第 5 期。

吴建祖、关斌：《高管团队特征对企业国际市场进入模式的影响研究——注意力的中介作用》，《管理评论》2015 年第 11 期。

吴建祖、王蓉娟：《环保约谈提高地方政府环境治理效率了吗?——基于双重差分方法的实证分析》，《公共管理学报》2019 年第 1 期。

吴文强、郭施宏：《价值共识、现状偏好与政策变迁——以中国卫生政策为例》，《公共管理学报》2018 年第 1 期。

席鹏辉：《财政激励、环境偏好与垂直式环境管理——纳税大户议价能力的视角》，《中国工业经济》2017 年第 11 期。

席鹏辉、梁若冰、谢贞发：《税收分成调整、财政压力与工业污染》，《世界经济》2017 年第 10 期。

新华网：《"右玉精神"的接力传递》，新华网，http：//www.xinhuanet.com/politics/2017-08/22/c_1121522841.htm，2017。

徐超、庞雨蒙、刘迪：《地方财政压力与政府支出效率——基于所得税分享改革的准自然实验分析》，《经济研究》2020 年第 6 期。

薛泉：《压力型体制模式下的社会组织发展——基于温州个案的研究》，《公共管理学报》2015 年第 4 期。

阎波、吴建南：《问责、组织政治知觉与印象管理：目标责任考核情境下的实证研究》，《管理评论》2013 年第 11 期。

阎波、武龙、陈斌、杨泽森、吴建南：《大气污染何以治理?——基于政策执行网络分析的跨案例比较研究》，《中国人口·资源与环境》2020 年第 7 期。

杨得前、汪鼎：《财政压力、省以下政府策略选择与财政支出结构》，

《财政研究》2021 年第 8 期。

杨雪冬：《压力型体制：一个概念的简明史》，《社会科学》2012 年第 11 期。

于文超、何勤英：《辖区经济增长绩效与环境污染事故——基于官员政绩诉求的视角》，《世界经济文汇》2013 年第 2 期。

曾婧婧、胡锦绣：《中国公众环境参与的影响因子研究——基于中国省级面板数据的实证分析》，《中国人口·资源与环境》2015 年第 12 期。

张成、朱乾龙、于同申：《环境污染和经济增长的关系》，《统计研究》2011 年第 1 期。

张国兴、雷慧敏、马嘉慧、马睿琨：《公众参与对污染物排放的影响效应》，《中国人口·资源与环境》2021 年第 6 期。

张华：《地区间环境规制的策略互动研究——对环境规制非完全执行普遍性的解释》，《中国工业经济》2016 年第 7 期。

张娟、耿弘、徐功文、陈健：《环境规制对绿色技术创新的影响研究》，《中国人口·资源与环境》2019 年第 1 期。

张克中、王娟、崔小勇：《财政分权与环境污染：碳排放的视角》，《中国工业经济》2011 年第 10 期。

张橦：《新媒体视域下公众参与环境治理的效果研究——基于中国省级面板数据的实证分析》，《中国行政管理》2018 年第 9 期。

张晏、龚六堂：《分税制改革、财政分权与中国经济增长》，《经济学》2005 年第 4 期。

赵文哲、杨继东：《地方政府财政缺口与土地出让方式——基于地方政府与国有企业互利行为的解释》，《管理世界》2015 年第 4 期。

赵峥、宋涛：《中国区域环境治理效率及影响因素》，《南京社会科学》2013 年第 3 期。

郑思齐、万广华、孙伟增、罗党论：《公众诉求与城市环境治理》，《管理世界》2013 年第 6 期。

中央组织部：《贯彻落实习近平新时代中国特色社会主义思想、在改革发展稳定中攻坚克难案例·生态文明建设》，党建读物出版社 2019年版。

周黎安、陶婧：《政府规模、市场化与地区腐败问题研究》，《经济 研究》2009年第1期。

周志忍：《为政府绩效评估中的"结果导向"原则正名》，《学海》 2017年第2期。

朱英明、杨连盛、吕慧君、沈星：《资源短缺、环境损害及其产业集 聚效果研究——基于21世纪我国省级工业集聚的实证分析》，《管 理世界》2012年第11期。

Ahlers, A. L., Shen, Y., Breathe Easy? Local Nuances of Authoritarian Environmentalism in China's Battle Against Air Pollution, *The China Quarterly*, Vol. 234, No. June, 2018.

Akerlof, G. A., Dickens, W. T., The economic Consequences of Cognitive Dissonance, *The American Economic Review*, Vol. 72, No. 3, 1982.

Alam, M. M., Murad, M. W., Noman, A. H. M., Ozturk, I. J., Relationships Among Carbon Emissions, Economic Growth, Energy Consumption and Population Growth: Testing Environmental Kuznets Curve Hypothesis for Brazil, China, India and Indonesia, *Ecological Indicators*, Vol. 70, 2016.

Alexeev, M., Song, Y., Corruption and Product Market Competition: An Empirical Investigation, *Journal of Development Economics*, Vol. 103, 2013.

Andersen, L. B., Jorgensen, T. B., Kjeldsen, A. M., Pedersen, L. H., Vrangbaek, K., Public Values and Public Service Motivation: Conceptual and Empirical Relationships, *American Review of Public Administration*, Vol. 43, No. 3, 2013.

Andersen, L. B., Jørgensen, T. B., Kjeldsen, A. M., Pedersen, L. H., Vrangbæk, K., Public Value Dimensions: Developing and Testing a Multi-dimensional Classification, *International Journal of Public Administration*, *Vol.* 35, No. 11, 2012.

Andrews, R., Entwistle, T., Four Faces of Public Service Efficiency: What, how, When and for Whom to Produce, *Public Management Review*, Vol. 15, No. 2, 2013.

Archambeault, D. S., Webber, S., Fraud survival in Nonprofit Organizations: Empirical Evidence, *Nonprofit Management and Leadership*, Vol. 29, No. 1, 2018.

Aronson, E., Review: Back to the Future: Retrospective Review of Leon Festinger's 'A Theory of Cognitive Dissonance', *The American Journal of Psychology*, Vol. 110, No. 1, 1997.

Bailey, S. J., *Local Government Economics: Principles and Practice*, London: Macmillan. 1999.

Baker, S. R., Bloom, N., Davis, S. J., Measuring Economic Policy Uncertainty, *The Quarterly Journal of Economics*, Vol. 131, No. 4, 2016.

Bansal, P., Clelland, I., Talking Trash: Legitimacy, Impression Management, and Unsystematic Risk in the Context of the Natural Environment, *Academy of Management Journal*, Vol. 47, No. 1, 2004.

Banzhaf, H. S., Chupp, B. A., Fiscal Federalism and Interjurisdictional Externalities: New Results and an Application to US Air Pollution, *Journal of Public Economics*, Vol. 96, No. 5-6, 2012.

Baron, R. M., Kenny, D. A., The Moderator-mediator Variable Distinction in Social Psychological Research: Conceptual, Strategic, and Statistical Considerations, *Journal of Personality and Social Psychology*, Vol. 51, No. 6, 1986.

Baumol, W. J., Baumol, W. J., Oates, W. E., Bawa, V. S., Bawa, W., Bradford, D. F., *The Theory of Environmental Policy*, Cambridge: Cambridge University Press. 1988.

Beasley, R. K., Joslyn, M. R., Cognitive Dissonance and Post-decision Attitude Change in six Presidential Elections, *Political Psychology*, Vol. 22, No. 3, 2001.

Becker, B. E., Huselid, M. A., The Incentive Effects of Tournament Compensation Systems, *Administrative Science Quarterly*, Vol. 37, No. 2, 1992.

Benington, J., Moore, M. H., *Public Value: Theory and Practice*, Basingstoke: Macmillan. 2011.

Berck, P., Helfand, G., *Environmental Economics*, Boston: Addison Wesley. 2011.

Berinsky, A. J., Measuring Public Opinion With Surveys, *Annual Review of Political Science*, Vol. 20, 2017.

Berlin, I., *Against the Current: Essays in the History of Ideas*, London, England: Hogarth Press. 1982.

Berlin, I., *Four Essays on Liberty*, New York: Oxford University Press. 1969.

Borry, E. L., Ethical Climate and Rule Bending: How Organizational Norms Contribute to Unintended Rule Consequences, *Public Administration*, Vol. 95, No. 1, 2017.

Boudreau, K. J., Lacetera, N., Lakhani, K. R., Incentives and Problem Uncertainty in Innovation Contests: An Empirical Analysis, *Management Science*, Vol. 57, No. 5, 2011.

Boudreau, K. J., Lakhani, K. R., Menietti, M., Performance Responses to Competition Across Skill Levels in Rank-order Tournaments: Field Evidence and Implications for Tournament Design, *The RAND Journal of Economics*, Vol. 47, No. 1, 2016.

Boyle, E., Shapira, Z., The Liability of Leading: Battling Aspiration and Survival Goals in the Jeopardy! Tournament of Champions, *Organization Science*, Vol. 23, No. 4, 2012.

Bozeman, B., Johnson, J., The Political Economy of Public Values: A case for the Public Sphere and Progressive Opportunity, *The American Review of Public Administration*, Vol. 45, No. 1, 2015.

Bozeman, B., Sarewitz, D., Public Value Mapping and Science Policy Evaluation, *Minerva*, Vol. 49, No. 1, 2011.

Bozeman, B., Public Values Theory: Three Big Questions, *International Journal of Public Policy*, Vol. 4, No. 5, 2009.

Bozeman, B., *Public Values and Public Interest: Counterbalancing Economic Individualism*, Washington, DC: Georgetown University Press. 2007.

Braun, E., Wield, D., Regulation as a Means for the Social Control of Technology, *Technology Analysis & Strategic Management*, Vol. 6, No. 3, 1994.

Breton, A., *Competitive Governments: An Economic Theory of Politics and Public Finance*, Cambridge: Cambridge University Press. 1998.

Brick, J. M., "The Future of Survey Sampling", *Public Opinion Quarterly*, Vol. 75, No. 5, 2011.

Brockmann, J., Unbureaucratic Behavior Among Street-level Bureaucrats: The Case of the German State Police, *Review of Public Personnel Administration*, Vol. 37, No. 4, 2017.

Brogaard, L., Innovative Outcomes in Public-private Innovation Partnerships: A Systematic Review of Empirical Evidence and Current Challenges, *Public Management Review*, 2019.

Brown, J., Quitters Never win: The (adverse) Incentive Effects of Competing With Superstars, *Journal of Political Economy*, Vol. 119, No. 5, 2011.

Bu, M., Wagner, M., Racing to the Bottom and Racing to the Top: The Crucial Role of Firm Characteristics in Foreign Direct Investment Choices, *Journal of International Business Studies*, Vol. 47, No. 9,

2016.

Bullock, J. G. , Elite Influence on Public Opinion in an Informed Electorate, *American Political Science Review*, Vol. 105, No. 3, 2011.

Burstein, P. , The Impact of Public Opinion on Public Policy: A Review and an Agenda, *Political Research Quarterly*, Vol. 56, No. 1, 2003.

Buser, T. , Dreber, A. , Mollerstrom, J. , The Impact of Stress on Tournament Entry, *Experimental Economics*, Vol. 20, No. 2, 2017.

Busuioc, E. M. , Lodge, M. , The Reputational Basis of Public Accountability, *Governance*, Vol. 29, No. 2, 2016.

Cai, H. , Chen, Y. , Gong, Q. , Polluting thy Neighbor: Unintended Consequences of China's Pollution Reduction Mandates, *Journal of Environmental Economics and Management*, Vol. 76, 2016.

Canes-Wrone, B. , Shotts, K. W. , The Conditional Nature of Presidential Responsiveness to Public Opinion, *American Journal of Political Science*, Vol. 48, No. 4, 2004.

Carpenter, D. P. , Krause, G. A. , Reputation and Public Administration, *Public Administration Review*, Vol. 72, No. 1, 2012.

Carpenter, D. P. , Groups, the Media, Agency Waiting Costs, and FDA Drug Approval, *American Journal of Political Science*, Vol. 46, No. 3, 2002.

Carpenter, D. , *Reputation and Power: Organizational Image and Pharmaceutical Regulation at the FDA*, Princeton, NJ: Princeton University Press. 2014.

Carrión-Flores, C. E. , Innes, R. , Environmental Innovation and Environmental Performance, *Journal of Environmental Economics and Management*, Vol. 59, No. 1, 2010.

Charnes, A. , Cooper, W. W. , Lewin, A. Y. , Seiford, L. M. , *Data Envelopment Analysis: Theory, Methodology, and Applications*, New York: Springer Science & Business Media. 2013.

Charnes, A., Cooper, W. W., Rhodes, E., Measuring the Efficiency of Decision Making Units, *European Journal of Operational Research*, Vol. 2, No. 6, 1978.

Chen, J., Pan, J., Xu, Y., Sources of Authoritarian Responsiveness: A Field Experiment in China, *American Journal of Political Science*, Vol. 60, No. 2, 2016.

Chen, M., Qian, X., Zhang, L., Public Participation in Environmental Management in China: Status Quo and Mode Innovation, *Environmental Management*, Vol. 55, 2015.

Chen, W. R., Miller, K. D., Situational and Institutional Determinants of Firms' R&D Search Intensity, *Strategic Management Journal*, Vol. 28, No. 4, 2007.

Cheng, Z., The Spatial Correlation and Interaction Between Manufacturing Agglomeration and Environmental Pollution, *Ecological Indicators*, Vol. 61, No. 2, 2016.

Christensen, J. G., Interpreting Administrative Change: Bureaucratic Self-interest and Institutional Inheritance in Government, *Governance*, Vol. 10, No. 2, 1997.

Christenson, D. P., Kriner, D. L., Does Public Opinion Constrain Presidential Unilateralism?, *The American Political Science Review*, Vol. 113, No. 4, 2019.

Chun, Y. H., Rainey, H. G., Goal Ambiguity and Organizational Performance in US Federal Agencies, *Journal of Public Administration Research and Theory*, Vol. 15, No. 4, 2005.

Clemente, M., Roulet, T. J., Public Opinion as a Source of Deinstitutionalization: A "Spiral of Silence" Approach, *Academy of Management Review*, Vol. 40, No. 1, 2015.

Coffey, B., Maloney, M. T., The Thrill of Victory: Measuring the Incentive to Win, *Journal of Labor Economics*, Vol. 28, No. 1, 2010.

Coles, J. L., Li, Z., Wang, A. Y., Industry Tournament Incentives, *The Review of Financial Studies*, Vol. 31, No. 4, 2018.

Combes, P. P., Duranton, G., Gobillon, L., Puga, D., Roux, S., The Productivity Advantages of Large Cities: Distinguishing Agglomeration from Firm Selection, *Econometrica*, Vol. 80, No. 6, 2012.

Connelly, B. L., Tihanyi, L., Crook, T. R., Gangloff, K. A., Tournament Theory: Thirty Years of Contests and Competitions, *Journal of Management*, Vol. 40, No. 1, 2014.

Conner, M., Sparks, P., Ambivalence and Attitudes, *European Review of Social Psychology*, Vol. 12, No. 1, 2002.

Coombs, W. T., Holladay, J. S., The Paracrisis: The Challenges Created by Publicly Managing Crisis Prevention, *Public Relations Review*, Vol. 38, No. 3, 2012.

Coombs, W. T., Holladay, S. J., How Publics React to Crisis Communication Efforts: Comparing Crisis Response Reactions Across Sub-arenas, *Journal of Communication Management*, Vol. 18, No. 1, 2014.

C., N. P., Comparing Public and Private Sector Decision-Making Practices, *Journal of Public Administration Research and Theory*, Vol. 16, No. 2, 2006.

Davis, P., West, K., What do Public Values Mean for Public Action? Putting Public Values in Their Plural Place, *The American Review of Public Administration*, Vol. 39, No. 6, 2009.

De Graaf, G., Huberts, L., Smulders, R., Coping with Public Value Conflicts, *Administration & Society*, Vol. 48, No. 9, 2016.

de Graaf, G., Meijer, A., Social Media and Value Conflicts: An Explorative Study of the Dutch Police, *Public Administration Review*, Vol. 79, No. 1, 2018.

De Graaf, G., Meijer, A., Social Media and Value Conflicts: An Explorative Study of the Dutch Police, *Public Administration Review*, Vol. 79, No. 1, 2019.

De Graaf, G., Paanakker, H., Good Governance: Performance Values and Procedural Values in Conflict, *The American Review of Public Administration*, Vol. 45, No. 6, 2015.

De Graaf, G., Van Der Wal, Z., Managing Conflicting Public Values: Governing with Integrity and Effectiveness, *The American Review of Public Administration*, Vol. 40, No. 6, 2010.

De Leeuw, F. A., Moussiopoulos, N., Sahm, P., Bartonova, A., Urban Air Quality in Larger Conurbations in the European Union, *Environmental Modelling & Software*, Vol. 16, No. 4, 2001.

De Vries, H., Bekkers, V., Tummers, L., Innovation in the Public Sector: A Systematic Review and Future Research Agenda, *Public Administration*, Vol. 94, No. 1, 2016.

De Vries, M. S., Can you Afford Honesty? A Comparative Analysis of Ethos and Ethics in Local Government, *Administration & Society*, Vol. 34, No. 3, 2002.

Desouza, K. C., Jacob, B., Big Data in the Public Sector: Lessons for Practitioners and Scholars, *Administration & Society*, Vol. 49, No. 7, 2017.

Distelhorst, G., Hou, Y., Ingroup Bias in Official Behavior: A National Field Experiment in China, *Quarterly Journal of Political Science*, Vol. 9, No. 2, 2014.

Du, J., Yi, H., Target-setting, Political Incentives, and the Tricky Trade-off Between Economic Development and Environmental Protection, *Public Administration*, Vol. 100, No. 4, 2022.

Duit, A., Resilience Thinking: Lessons for Public Administration, *Public Administration*, Vol. 94, No. 2, 2016.

Dutwin, D., Presidential Address: The Need for Public Opinion

Research Advocacy, *Public Opinion Quarterly*, Vol. 83, No. 3, 2019.

Dür, A., Mateo, G., Public Opinion and Interest Group Influence: How Citizen Groups Derailed the Anti-Counterfeiting Trade Agreement, *Journal of European Public Policy*, Vol. 21, No. 8, 2014.

Eagly, A. H., Chaiken, S., *The Psychology of Attitudes*, Fort Worth, TX: Harcourt Brace Jovanovich College Publishers. 1993.

Eaton, S., Kostka, G., Authoritarian Environmentalism Undermined? Local Leaders' Time Horizons and Environmental Policy Implementation in China, *The China Quarterly*, Vol. 218, No. 6, 2014.

Eckhard, S., Bridging the Citizen Gap: Bureaucratic Representation and Knowledge Linkage in (international) Public Administration, *Governance*, Vol. 34, No. 2, 2021.

Edelman, M. J., *The Symbolic Uses of Politics*, Chicago: University of Illinois Press. 1985.

Edwards, J. R., Lambert, L. S., Methods for Integrating Moderation and Mediation: A General Analytical Framework Using Moderated Path Analysis, *Psychological Methods*, Vol. 12, No. 1, 2007.

Efron, B., Tibshirani, R. J., *An Introduction to the Bootstrap*, New York: Chapman Hall. 1994.

Eisenberger, R., Aselage, J., Incremental Effects of Reward on Experienced Performance Pressure: Positive Outcomes for Intrinsic Interest and Creativity, *Journal of Organizational Behavior*, Vol. 30, No. 1, 2009.

Eisenhardt, K. M., Graebner, M. E., Theory Building from Cases: Opportunities and Challenges, *Academy of Management Journal*, Vol. 50, No. 1, 2007.

Evald, M. R., Nissen, H. A., Clarke, A. H., Munksgaard, K. B., Reviewing Cross-field Public Private Innovation Literature: Current Research Themes and Future Research Themes Yet to be Explored, *Inter-*

national Public Management Review, Vol. 15, No. 2, 2014.

Farzin, Y. H., Bond, C. A., Democracy and Environmental Quality, *Journal of Development Economics*, Vol. 81, No. 1, 2006.

Fernández-Gutiérrez, M., Van de Walle, S., Equity or Efficiency? Explaining Public Officials' Values, *Public Administration Review*, Vol. 79, No. 1, 2018.

Festinger, L., A Theory of Social Comparison Processes, *Human Relations*, Vol. 7, No. 2, 1954.

Festinger, L. A., *Theory of Cognitive Dissonance*, Evanston, IL: Row, Peterson. 1957.

Fisher, E., Slade, C. P., Anderson, D., Bozeman, B., The Public Value of Nanotechnology?, *Scientometrics*, Vol. 85, No. 1, 2010.

Flink, C. M., Multidimensional Conflict and Organizational Performance, *The American Review of Public Administration*, Vol. 45, No. 2, 2015.

Frederickson, H. G., *The Spirit of Public Administration*, San Francisco: Jossey-Bass Incorporated Publishers. 1997.

Fredriksson, P. G., Millimet, D. L., Strategic Interaction and the Determination of Environmental Policy Across US States, *Journal of Urban Economics*, Vol. 51, No. 1, 2002.

Frye, T., Economic Sanctions and Public Opinion: Survey Experiments from Russia, *Comparative Political Studies*, Vol. 52, No. 7, 2019.

Fukumoto, E., Bozeman, B., Public Values Theory: What is Missing?, *The American Review of Public Administration*, Vol. 49, No. 6, 2019.

Fung, A., *Empowered Participation: Reinventing Urban Democracy*, Princeton: Princeton University Press. 2004.

Galdon-Sanchez, J. E., Schmitz Jr, J. A., Competitive Pressure and Labor Productivity: World Iron-ore Markets in the 1980's, *American Economic Review*, Vol. 92, No. 4, 2002.

Galston, W. A., Galston, W. A., *Liberal Pluralism: The Implications of Value Pluralism for Political Theory and Practice*, Cambridge, MA: Cambridge University Press. 2002.

Galston, W. A., Value Pluralism and Liberal Political Theory, *American Political Science Review*, Vol. 93, No. 4, 1999.

Garcia, S. M., Tor, A., Gonzalez, R., Ranks and Rivals: A Theory of Competition, *Personality and Social Psychology Bulletin*, Vol. 32, No. 7, 2006.

Garcia, S. M., Tor, A., Rankings, Standards, and Competition: Task vs. Scale Comparisons, *Organizational Behavior and Human Decision Processes*, Vol. 102, No. 1, 2007.

Gardner, H. K., Performance Pressure as a Double-Edged Sword: Enhancing Team Motivation While Undermining the Use of Team Knowledge, *Administrative Science Quarterly*, Vol. 57, No. 1, 2012.

Geletkanycz, M. A., Hambrick, D. C., The External Ties of Top Executives: Implications for Strategic Choice and Performance, *Administrative Science Quarterly*, 1997.

George, B., Baekgaard, M., Decramer, A., Audenaert, M., Goeminne, S., Institutional Isomorphism, Negativity Bias and Performance Information Use by Politicians: A Survey Experiment, *Public Administration*, Vol. 98, No. 1, 2020.

Ghisetti, C., Quatraro, F., Green Technologies and Environmental Productivity: A Cross-sectoral Analysis of Direct and Indirect Effects in Italian Regions, *Ecological Economics*, Vol. 132, 2017.

Gilley, B., Authoritarian Environmentalism and China's Response to Climate Change, *Environmental Politics*, Vol. 21, No. 2, 2012.

Goldstein, A., Eaton, C., Asymmetry by Design? Identity Obfuscation, Reputational Pressure, and Consumer Predation in US for-profit Higher Education, *American Sociological Review*, Vol. 86, No. 5, 2021.

Grandy, C., The "Efficient" Public Administrator: Pareto and a Well-

Rounded Approach to Public Administration, *Public Administration Review*, *Vol.* 69, No. 6, 2009.

Greve, H. R. , *Organizational Learning from Performance Feedback*: *A Behavioral Perspective on Innovation and Change*, Cambridge, UK: Cambridge University Press. 2003.

Grindle, M. S. , Good Enough Governance: Poverty Reduction and Reform in Developing Countries, *Governance*, Vol. 17, No. 4, 2004.

Grossman, G. M. , Krueger, A. B. , Economic Growth and the Environment, *The Quarterly Journal of Economics*, Vol. 110, No. 2, 1995.

Grøn, C. H. , Salomonsen, H. H. , Political Instability and the Ability of Local Government to Respond to Reputational Threats in Unison, *International Review of Administrative Sciences*, Vol. 85, No. 3, 2019.

Guan, B. , Bao, G. , Liu, Q. , Raymond, R. G. , Two-Way Risk Communication, Public Value Consensus, and Citizens'Policy Compliance Willingness About COVID − 19: Multilevel Analysis Based on Nudge View, *Administration & Society*, Vol. 53, No. 7, 2021.

Guan, B. , Does Local Government Competition Reduce Environmental Governance Performance? The Role of Public Value Conflict and Media Sentiment, *Administration & Society*, Vol. 55, No. 5, 2023.

Habermas, J. , *The Structural Transformation of the Public Sphere*: *An Inquiry into a Category of Bourgeois Society*, Cambridge, MA: MIT press. 1991.

Haeder, S. F. , Yackee, S. W. , Influence and the Administrative Process: Lobbying the US President's Office of Management and Budget, *American Political Science Review*, Vol. 109, No. 3, 2015.

Hair, J. F. , Anderson, R. E. , Tatham, R. L. , Black, W. C. , *Multivariate Data Analysis. Upper Saddle River*, NJ: Prentice-Hall. 1998.

Han, H. , Authoritarian Environmentalism Under Democracy: Korea's River Restoration Project, *Environmental Politics*, Vol. 24, No. 5,

2015.

Han, L., Kung, J. K. - S., Fiscal Incentives and Policy Choices of Local Governments: Evidence from China, *Journal of Development Economics*, Vol. 116, 2015.

Harrison, T., Kostka, G., Balancing Priorities, Aligning Interests: Developing Mitigation Capacity in China and India, *Comparative Political Studies*, Vol. 47, No. 3, 2014.

Hartley, J., Alford, J., Knies, E., Douglas, S., Towards an Empirical Research Agenda for Public Value Theory, *Public Management Review*, Vol. 19, No. 5, 2017.

He, J., Pollution Haven Hypothesis and Environmental Impacts of Foreign Direct Investment: The Case of Industrial Emission of Sulfur Dioxide (SO2) in Chinese Provinces, *Ecological Economics*, Vol. 60, No. 1, 2006.

Head, B. W., Alford, J., Wicked Problems: Implications for Public Policy and Management, *Administration & Society*, Vol. 47, No. 6, 2015.

Hollibaugh, G. E., The Use of Text as Data Methods in Public Administration: A Review and an Application to Agency Priorities, *Journal of Public Administration Research and Theory*, Vol. 29, No. 3, 2019.

Hong, S., A Behavioral Model of Public Organizations: Bounded Rationality, Performance Feedback, and Negativity Bias, *Journal of Public Administration Research and Theory*, Vol. 29, No. 1, 2019.

Hood, C., A Public Management for all Seasons?, *Public Administration*, Vol. 69, No. 1, 1991.

Hood, C., *The Blame Game: Spin, Bureaucracy, and Self-preservation in Government*, Princeton, NJ: Princeton University Press. 2011.

Horbach, J., Determinants of Environmental Innovation—New Evidence from German Panel Data Sources, *Research Policy*, Vol. 37, No. 1,

2008.

Huberts, L., *The Integrity of Governance: What it is, What we Know, What is Done and Where to go*, New York: Springer. 2014.

Humphrey, M., *Ecological Politics and Democratic Theory: The Challenge to the Deliberative Ideal*. London: Routledge. 2007.

Jacobs, L. R., The Contested Politics of Public Value, *Public Administration Review*, Vol. 74, No. 4, 2014.

James, O., John, P., Public Management at the Ballot Box: Performance Information and Electoral Support for Incumbent English Local Governments, *Journal of Public Administration Research and Theory*, Vol. 17, No. 4, 2006.

Janis, I. L., Fadner, R. H., A Coefficient of Imbalance for Content Analysis, *Psychometrika*, Vol. 8, No. 2, 1943.

Jaspers, S., Steen, T., Realizing Public Values: Enhancement or Obstruction? Exploring Value Tensions and Coping Strategies in the Co-production of Social Care, *Public Management Review*, Vol. 21, No. 4, 2019.

Jehn, K. A., A Multimethod Examination of the Benefits and Detriments of Intragroup Conflict, *Administrative Science Quarterly*, Vol. 40, No. 2, 1995.

Jiang, L., He, S., Cui, Y., Zhou, H., Kong, H., Effects of the Socio-economic Influencing Factors on SO2 Pollution in Chinese Cities: A Spatial Econometric Analysis Based on Satellite Observed Data, *Journal of Environmental Management*, Vol. 268, 2020.

Jinzhou, W., Discussion on the Relationship Between Green Technological Innovation and System Innovation, *Energy Procedia*, No. 5, 2011.

Johnson, D. R., Hoopes, D. G., Managerial Cognition, Sunk Costs, and the Evolution of Industry Structure, *Strategic Management Journal*, Vol. 24, No. 10, 2003.

Jonas, K., Broemer, P., Diehl, M., Attitudinal Ambivalence, *European review of social psychology*, Vol. 11, No. 1, 2000.

Jonas, K., Diehl, M., Brömer, P., Effects of Attitudinal Ambivalence on Information Processing and Attitude-Intention Consistency, *Journal of Experimental Social Psychology*, Vol. 33, No. 2, 1997.

Jung, J., Makowsky, M. D., The Determinants of Federal and State Enforcement of Workplace Safety Regulations: OSHA Inspections 1990 – 2010, *Journal of Regulatory Economics*, Vol. 45, No. 1, 2014.

Jørgensen, T. B., Bozeman, B., Public Values: An Inventory, *Administration & Society*, Vol. 39, No. 3, 2007.

Jørgensen, T. B., Rutgers, M. R., Public Values: Core or Confusion? Introduction to the Centrality and Puzzlement of Public Values Research, *The American Review of Public Administration*, Vol. 45, No. 1, 2015.

Jørgensen, T. B., Public Values, Their Nature, Stability and Change, The case of Denmark". *Public Administration Quarterly*, Vol. 30, No. 3, 2006.

Kahneman, D., Maps of Bounded Rationality: Psychology for Behavioral Economics, *American Economic Review*, Vol. 93, No. 5, 2003.

Kaplan, K. J., On the Ambivalence-indifference Problem in Attitude Theory and Measurement: A Suggested Modification of the Semantic Differential Technique, *Psychological Bulletin*, Vol. 77, No. 5, 1972.

Kelman, S., Friedman, J. N., Performance Improvement and Performance Dysfunction: An Empirical Examination of Distortionary Impacts of the Emergency Room Wait-time Target in the English National Health Service, *Journal of Public Administration Research and Theory*, Vol. 19, No. 4, 2009.

Kettl, D. F., *Sharing Power: Public Governance and Private Markets*,

Washington，DC：Brookings Institution Press. 2011.

Kilduff，G.，Galinsky，A. D.，Gallo，E.，Reade，J. J.，Whatever it Takes：Rivalry and Unethical Behavior, *Academy of Management Journal*，Vol. 59，No. 5，2016.

Kilduff，G. J.，Elfenbein，H. A.，Staw，B. M.，The Psychology of Rivalry：A Relationally Dependent Analysis of Competition, *Academy of Management Journal*，Vol. 53，No. 5，2010.

Kilduff，G. J.，Galinsky，A. D.，Gallo，E.，Reade，J. J.，Whatever it Takes to Win：Rivalry Increases Unethical Behavior, *Academy of Management Journal*，Vol. 59，No. 5，2016.

King，C. S.，Feltey，K. M.，Susel，B. O. N.，The Question of Participation：Toward Authentic Public Participation in Public Administration, *Public Administration Review*，Vol. 58，No. 4，1998.

Koopmans，T. C.，*Activity Analysis of Production and Allocation*，New York：John Wiley & Sons，Inc. 1951.

Kunce，M.，Shogren，J. F.，Destructive Interjurisdictional Competition：Firm，Capital and Labor Mobility in a Model of Direct Emission Control, *Ecological Economics*，Vol. 60，No. 3，2007.

Labianca，G.，Fairbank，J. F.，Andrevski，G.，Parzen，M.，Striving Toward the Future：Aspiration—performance Discrepancies and Planned Organizational Change, *Strategic Organization*，Vol. 7，No. 4，2009.

Lazear，E. P.，Rosen，S.，Rank-order Tournaments as Optimum Labor Contracts, *Journal of Political Economy*，Vol. 89，No. 5，1981.

Le Grand，J.，The Other Invisible Hand：Delivering Public Services Through Choice and Competition，New Jersey and Woodstock：Princeton University Press. 2009.

Li，D.，Huang，M.，Ren，S.，Chen，X.，Ning，L.，Environmental Legitimacy，Green Innovation，and Corporate Carbon Disclosure：Evidence from CDP China 100, *Journal of Business Ethics*，Vol. 150，

No. 4, 2018.

Li, H., Zhou, L.-A., Political Turnover and Economic Performance: the Incentive Role of Personnel Control in China, *Journal of Public Economics*, Vol. 89, No. 9-10, 2005.

Li, Q., Reuveny, R., Democracy and Environmental Degradation, *International Studies Quarterly*, Vol. 50, No. 4, 2006.

Li, X., Liu, C., Weng, X., Zhou, L.-A., Target Setting in Tournaments: Theory and Evidence from China, *The Economic Journal*, Vol. 129, No. 623, 2019.

Liang, J., Langbein, L., Performance Management, High-powered Incentives, and Environmental Policies in China, *International Public Management Journal*, Vol. 18, No. 3, 2015.

Liu, Y., Zhu, J., Li, E. Y., Meng, Z., Song, Y., Environmental Regulation, Green Technological Innovation, and Eco-efficiency: The Case of Yangtze River Economic Belt in China, *Technological Forecasting and Social Change*, Vol. 155, 2020.

Lo, K., How Authoritarian is the Environmental Governance of China?, *Environmental Science & Policy*, Vol. 54, 2015.

Lopes, A. V., Farias, J. S., How can Governance Support Collaborative Innovation in the Public Sector? A Systematic Review of the Literature, *International Review of Administrative Sciences*, 2020.

Lucas Jr, R. E., On the Mechanics of Economic Development, *Journal of Monetary Economics*, Vol. 22, No. 1, 1988.

Lukes, S., *Making Sense of Moral Conflict*, *Liberalism and the Moral Life*, Cambridge, MA: Harvard University Press. 1989.

Luo, Y., Tan, J. J., Shenkar, O., Strategic Responses to Competitive Pressure: The Case of Township and Village Enterprises in China, *Asia Pacific Journal of Management*, Vol. 15, No. 1, 1998.

Lü, X., Landry, P. F., Show me the Money: Interjurisdiction

Political Competition and Fiscal Extraction in China, *American Political Science Review*, Vol. 108, No. 3, 2014.

MacLean, D., Titah, R., A Systematic Literature Review of Empirical Research on the Impacts of E-government: A Public Value Perspective, *Public Administration Review*, Vol. 82, No. 1, 2022.

Mak Arvin, B., Lew, B., Does Democracy Affect Environmental Quality in Developing Countries?, *Applied Economics*, Vol. 43, No. 9, 2011.

Maor, M., Sulitzeanu-Kenan, R., Responsive Change: Agency Output Response to Reputational Threats, *Journal of Public Administration Research and Theory*, Vol. 26, No. 1, 2016.

Maor, M., Sulitzeanu-Kenan, R., The Effect of Salient Reputational Threats on the Pace of FDA Enforcement, *Governance*, Vol. 26, No. 1, 2013.

March, J. G., Exploration and Exploitation in Organizational Learning, *Organization Science*, Vol. 2, No. 1, 1991.

Martinsen, D. S., Jørgensen, T. B., Accountability as a Differentiated Value in Supranational Governance, *The American Review of Public Administration*, Vol. 40, No. 6, 2010.

Marvel, J. D., McGrath, R. J., Congress as Manager: Oversight Hearings and Agency Morale, *Journal of Public Policy*, Vol. 36, No. 3, 2016.

McDonnell, M. -H., King, B., Keeping up Appearances: Reputational Threat and Impression Management After Social Movement Boycotts, *Administrative Science Quarterly*, Vol. 58, No. 3, 2013.

McKenny, A. F., Aguinis, H., Short, J. C., Anglin, A. H., What Doesn't Get Measured Does Exist: Improving the Accuracy of Computer-aided Text Analysis, *Journal of Management*, Vol. 44, No. 7, 2018.

Meier, K. J., Favero, N., Zhu, L., Performance Gaps and Managerial

Decisions: A Bayesian Decision Theory of Managerial Action, *Journal of Public Administration Research and Theory*, Vol. 25, No. 4, 2015.

Meng, K., Promotion Tournament, Labor Market Tightening and Pension Generosity: A Comparative Public Policy Analysis of Pension System for Urban Workers in China (1997–2013), *Journal of Comparative Policy Analysis: Research and Practice*, Vol. 22, No. 4, 2020.

Messersmith, J. G., Guthrie, J. P., Ji, Y.-Y., Lee, J.-Y., Executive Turnover: The Influence of Dispersion and Other Pay System Characteristics, *Journal of Applied Psychology*, Vol. 96, No. 3, 2011.

Meynhardt, T., Public Value Inside: What is Public Value Creation?, *Intl Journal of Public Administration*, Vol. 32, No. 3–4, 2009.

Min, B. H., Oh, Y., Brower, R. S., The Effects of Diverse Feedback Dynamics on Performance Improvement: A Typology of Performance Feedback Signals, *Administration & Society*, 2020.

Minar, D. W., Public Opinion in the Perspective of Political Theory, *Western Political Quarterly*, Vol. 13, No. 1, 1960.

Mitchell, M. S., Greenbaum, R. L., Vogel, R. M., Mawritz, M., Keating, D. J., Can You Handle the Pressure? The Effect of Performance Pressure on Stress Appraisals, Self-Regulation, and Behavior, *Academy of Management Journal*, Vol. 62, No. 2, 2019.

Mobbs, S., Raheja, C. G., Internal Managerial Promotions: Insider Incentives and CEO Succession, *Journal of Corporate Finance*, Vol. 18, No. 5, 2012.

Moon, S. H., Scullen, S. E., Latham, G. P., Precarious Curve Ahead: The Effects of Forced Distribution Rating Systems on Job Performance, *Human Resource Management Review*, Vol. 26, No. 2, 2016.

Moore, M. H., *Creating public value: strategic management in government*, Cambridge: MA: Harvard University Press. 1995.

Msann, G., Saad, W., Assessment of Public Sector Performance in the MENA Region: Data Envelopment Approach, *International Review of Public Administration*, Vol. 25, No. 1, 2020.

Mériade, L., Qiang, L. Y., Public Values on the Public/Private Boundary: The Case of Civil Servant Recruitment Examinations in China, *International Review of Administrative Sciences*, Vol. 81, No. 2, 2015.

Nabatchi, T., Public Values Frames in Administration and Governance, *Perspectives on Public Management and Governance*, Vol. 1, No. 1, 2018.

Nabatchi, T., Putting the 'Public' Back in Public Values Research: Designing Participation to Identify and Respond to Values, *Public Administration Review*, Vol. 72, No. 5, 2012.

Neshkova, M. I., Guo, H. J. J. o. p. a. r., Theory, Public Participation and Organizational Performance: Evidence from State Agencies, Vol. 22, No. 2, 2012.

Newey, G., Value-pluralism in Contemporary Liberalism, *Dialogue: Canadian Philosophical Review/Revue Canadienne de Philosophie*, Vol. 37, No. 3, 1998.

Ng, A. H., Hynie, M., MacDonald, T. K., Culture Moderates the Pliability of Ambivalent Attitudes, *Journal of Cross-Cultural Psychology*, Vol. 43, No. 8, 2012.

Nieuwenburg, P., The Agony of Choice: Isaiah Berlin and the Phenomenology of Conflict, *Administration & Society*, Vol. 35, No. 6, 2004.

Noelle-Neumann, E., Public Opinion and the Classical Tradition: A Re-evaluation, *Public Opinion Quarterly*, Vol. 43, No. 2, 1979.

Noelle-Neumann, E., The Theory of Public Opinion: The Concept of the Spiral of Silence, *Annals of the International Communication Association*, *Vol.* 14, No. 1, 1991.

Norberg-Bohm, V., Stimulating 'Green'Technological Innovation: An Analysis of Alternative Policy Mechanisms, *Policy Sciences*, Vol. 32, No. 1, 1999.

Oates, W. E., An Essay on Fiscal Federalism, *Journal of Economic Literature*, Vol. 37, No. 3, 1999.

Okun, A., Efficiency and Equity: The Big Tradeoff, Washington, DC: Brookings Institution, 1975.

Oldenhof, L., Postma, J., Putters, K., On Justification Work: How Compromising Enables Public Managers to Deal with Conflicting Values, *Public Administration Review*, Vol. 74, No. 1, 2014.

Oldenhof, L., Wehrens, R., Bal, R. J., Dealing With Conflicting Values in Policy Experiments: A New Pragmatist Approach, *Administration & Society*, Vol. 54, No. 9, 2022.

Osborne, S. P., Brown, L., Innovation, Public Policy and Public Services Delivery in the UK. The Word that Would be King?, *Public Administration*, Vol. 89, No. 4, 2011.

Otnes, C., Lowrey, T. M., Shrum, L. J., Toward an Understanding of Consumer Ambivalence, *Journal of Consumer Research*, Vol. 24, No. 1, 1997.

Overton, M., Sorting Through the Determinants of Local Government Competition, *The American Review of Public Administration*, Vol. 47, No. 8, 2017.

Oxoby, R. J., Cognitive Dissonance, Status and Growth of the Underclass, *The Economic Journal*, Vol. 114, No. 498, 2004.

O'Flynn, J., Where to for Public Value? Taking Stock and Moving on, *International Journal of Public Administration*, Vol. 44, No. 10, 2021.

O'Kelly, C., Dubnick, M. J., Taking Tough Choices Seriously: Public Administration and Individual Moral Agency, *Journal of Public Administration Research and Theory*, Vol. 16, No. 3, 2005.

Pandey, S., Pandey, S. K., Miller, L., Measuring Innovativeness of Public Organizations: Using Natural Language Processing Techniques in Computer-aided Textual Analysis, *International Public Management Journal*, Vol. 20, No. 1, 2017.

Peng, K., Nisbett, R. E., Wong, N. Y., Validity Problems Comparing Values Across Cultures and Possible Solutions, *Psychological Methods*, Vol. 2, No. 4, 1997.

Penney, L. M., Spector, P. E., Job Stress, Incivility, and Counterproductive Work Behavior (CWB): The Moderating Role of Negative Affectivity, *Journal of Organizational Behavior*, Vol. 26, No. 7, 2005.

Perry, J. L., de Graaf, G., van der Wal, Z., van Montfort, C., Returning to Our Roots: 'Good Government' Evolves to 'good governance.', *Public Administration Review*, Vol. 74, No. 1, 2014.

Pittaway, J. J., Montazemi, A. R., Know-how to Lead Digital Transformation: The Case of Local Governments, *Government Information Quarterly*, Vol. 37, No. 4, 2020.

Popp, D., Newell, R., Where Does Energy R&D Come from? Examining Crowding out from Energy R&D, *Energy Economics*, Vol. 34, No. 4, 2012.

Porter, M. E., Linde, C., Green and Competitive: Breaking the Stalemate, *Harvard Business Review*, Vol. 73, No. 5, 1995.

Portillo, S., The Paradox of Rules: Rules as Resources and Constraints, *Administration & Society*, Vol. 44, No. 1, 2012.

Priester, J. R., Petty, R. E., The Gradual Threshold Model of Ambivalence: Relating the Positive and Negative Bases of Attitudes to Subjective Ambivalence, *Journal of Personality & Social Psychology*, Vol. 71, No. 3, 1996.

Rabin, M., Cognitive Dissonance and Social Change, *Journal of Economic Behavior & Organization*, Vol. 23, No. 2, 1994.

Radin, B., *Challenging the Performance Movement: Accountability, Complexity, and Democratic Values*, Washington, DC: Georgetown University Press. 2006.

Rahim, M. A., Empirical Studies on Managing Conflict, *International Journal of Conflict Management*, Vol. 11, No. 1, 2000.

Rainey, H. G., *Understanding and Managing Public Organizations*, San Francisco, CA: Jossey-Bass. 2003.

Rasmussen, A., Mäder, L. K., Reher, S., With a Little Help from the People? The Role of Public Opinion in Advocacy Success, *Comparative Political Studies*, Vol. 51, No. 2, 2018.

Rawls, J., Justice as Fairness: Political not Metaphysical, *Philosophy and Public Affairs*, Vol. 14, No. 3, 1985.

Rhodes, R. A., Wanna, J., The Limits to Public Value, or Rescuing Responsible Government from the Platonic Guardians, *Australian Journal of Public Administration*, Vol. 66, No. 4, 2007.

Rimkutė, D., Organizational Reputation and Risk Regulation: The Effect of Reputational Threats on Agency Scientific Outputs, *Public Administration*, Vol. 96, No. 1, 2018.

Romer, P. M., Increasing Returns and Long-run Growth, *Journal of Political Economy*, Vol. 94, No. 5, 1986.

Rosenblum, N. L., *Liberalism and the Moral Life*, Cambridge, MA: Harvard University Press. 1989.

Rozin, P., Royzman, E. B., Negativity Bias, Negativity Dominance, and Contagion, *Personality and Social Psychology Review*, Vol. 5, No. 4, 2001.

Running, S. W. , A Measurable Planetary Boundary for the Biosphere, *Science*, *Vol.* 337, No. 6101, 2012.

Rutgers, M. R. , van der Meer, H. , The Origins and Restriction of Efficiency in Public Administration: Regaining Efficiency as the Core Value of Public Administration, *Administration & Society*, Vol. 42, No. 7, 2010.

Rutgers, M. R. , As Good as it Gets? On the Meaning of Public Value in the Study of Policy and Management, *The American Review of Public Administration*, Vol. 45, No. 1, 2015.

Sa, P. D. , Population, Carbon Emissions, and Global Warming: Comment, *Population & Development Review*, Vol. 24, No. 4, 1998.

Sapkota, P. , Bastola, U. J. , Foreign Direct Investment, Income, and Environmental Pollution in Developing Countries: Panel Data Analysis of Latin America, *Energy Economics*, Vol. 64, 2017.

Schneider, W. A. , Integral Formulation for Migration in Two and Three Dimensions, *Geophysics*, Vol. 43, No. 1, 1978.

Scott, T. A. , Is Collaboration a Good Investment? Modeling the Link Between Funds Given to Collaborative Watershed Councils and Water Quality, *Journal of Public Administration Research and Theory*, Vol. 26, No. 4, 2016.

Sekerka, L. E. , Zolin, R. , Rule-bending: Can Prudential Judgment Affect Rule Compliance and Values in the Workplace?, *Public Integrity*, Vol. 9, No. 3, 2007.

Shen, C. H. -h. , Zhang, H. , Tournament Incentives and Firm Innovation, *Review of Finance*, Vol. 22, No. 4, 2018.

Shi, W. , Connelly, B. L. , Sanders, W. G. , Buying Bad Behavior: Tournament Incentives and Securities Class Action Lawsuits, *Strategic Management Journal*, Vol. 37, No. 7, 2016.

Shih, H. A. , Susanto, E. , Conflict Management Styles, Emotional Intelligence, and Job Performance in Public Organizations, *International Journal of Conflict Management*, Vol. 21, No. 2, 2010.

Shleifer, A., Vishny, R. W., Corruption, *The Quarterly Journal of Economics*, Vol. 108, No. 3, 1993.

Short, J. C., Broberg, J. C., Cogliser, C. C., Brigham, K. H., Construct Validation Using Computer-aided Text Analysis (CATA) an Illustration Using Entrepreneurial Orientation, *Organizational Research Methods*, Vol. 13, No. 2, 2010.

Silvestre, B. S., Ţîrcă, D. M., Innovations for Sustainable Development: Moving Toward a Sustainable Future, *Journal of Cleaner Production*, Vol. 208, 2019.

Smith, G., Sochor, J., Karlsson, I. M., Public-private Innovation: Barriers in the Case of Mobility as a Service in West Sweden, *Public Management Review*, Vol. 21, No. 1, 2019.

Sohn, Y., Lariscy, R. W., Understanding Reputational Crisis: Definition, Properties, and Consequences, *Journal of Public Relations Research*, Vol. 26, No. 1, 2014.

Solarin, S. A., Al-Mulali, U., Ozturk, I., Validating the Environmental Kuznets Curve Hypothesis in India and China: The Role of Hydroelectricity Consumption, *Renewable and Sustainable Energy Reviews*, Vol. 80, No. 8, 2017.

Soroka, S. N., Good News and Bad News: Asymmetric Responses to Economic Information, *The Journal of Politics*, Vol. 68, No. 2, 2006.

Spicer, M. W., Public Administration in a Disenchanted World: Reflections on Max Weber's Value Pluralism and His Views on Politics and Bureaucracy, *Administration & Society*, Vol. 47, No. 1, 2015.

Spicer, M. W., Value Conflict and Legal Reasoning in Public Administration, *Administrative Theory & Praxis*, Vol. 31, No. 4, 2009.

Spicer, M. W., Value Pluralism and Its Implications for American Public

Administration, *Administrative Theory & Praxis*, Vol. 23, No. 4, 2001.

Stark, A., Bureaucratic Values and Resilience: An Exploration of Crisis Management Adaptation, *Public Administration*, Vol. 92, No. 3, 2014.

Stazyk, E. C., Davis, R. S., Transformational Leaders: Bridging the Gap Between Goal Ambiguity and Public Value Involvement, *Public Management Review*, Vol. 22, No. 3, 2020.

Stewart, J., Value Conflict and Policy Change, *Review of Policy Research*, Vol. 23, No. 1, 2006.

Stewart, R. B., Pyramids of Sacrifice? Problems of Federalism in Mandating State Implementation of National Environmental Policy, *The Yale Law Journal*, Vol. 86, No. 6, 1977.

Talisse, R. B., Value Pluralism: A Philosophical Clarification, *Administration & Society*, Vol. 47, No. 9, 2015.

Tan, R., Lin, B., Liu, X., Impacts of Eliminating the Factor Distortions on Energy Efficiency—A Focus on China's Secondary Industry, *Energy*, Vol. 183, 2019.

Tang, X., Chen, W., Wu, T., Do Authoritarian Governments Respond to Public Opinion on the Environment? Evidence from China, *International Journal of Environmental Research and Public Health*, Vol. 15, No. 2, 2018.

Tang, Z., Tang, J., Can the Media Discipline Chinese Firms'Pollution Behaviors? The Mediating Effects of the Public and Government, *Journal of Management*, Vol. 42, No. 6, 2016.

Tesser, A., *Toward a Self-evaluation Maintenance Model of Social Behavior*, In L. Berkowitz (Ed.), Advances in experimental social psychology. San Diego, CA: Academic Press. 1988.

Thacher, D., Rein, M., Managing Value Conflict in Public Policy,

Governance, Vol. 17, No. 4, 2004.

Thomas, J. C., *Public Participation in Public Decisions: New Skills and Strategies for Public Managers*, San Francisco, CA: Jossey-Bass. 1995.

Thompson, M. M., Zanna, M. P., The Conflicted Individual: Personality-based and Domain Specific Antecedents of Ambivalent Social Attitudes, *Journal of Personality*, Vol. 63, No. 2, 1995.

Tone, K., A Slacks-based Measure of Efficiency in Data Envelopment Analysis, *European Journal of Operational Research*, Vol. 130, No. 3, 2001.

Tone, K., Dealing with Undesirable Outputs in DEA: A Slacks-based Measure (SBM) Approach, *GRIPS Reserarch Report Series*, 2003.

Torfing, J., Collaborative Innovation in the Public Sector: The Argument, *Public Management Review*, Vol. 21, No. 1, 2019.

Tversky, A., Kahneman, D., The Framing of Decisions and the Psychology of Choice, *Science*, Vol. 211, No. 4481, 1981.

Tzini, K., Jain, K., Unethical Behavior Under Relative Performance Evaluation: Evidence and Remedy, *Human Resource Management*, Vol. 57, No. 6, 2018.

Vallentin, S., Private Management and Public Opinion: Corporate Social Responsiveness Revisited, *Business & Society*, Vol. 48, No. 1, 2009.

Van der Kamp, D., Can Police Patrols Prevent Pollution? The Limits of Authoritarian Environmental Governance in China, *Comparative Politics*, Vol. 53, No. 3, 2021.

Van der Veer, R. A., Audience Heterogeneity, Costly Signaling, and Threat Prioritization: Bureaucratic Reputation-Building in the EU, *Journal of Public Administration Research and Theory*, 2020.

Van der Wal, Z., De Graaf, G., Lawton, A., Competing Values in

Public Management: Introduction to the Symposium Issue, *Public Management Review*, Vol. 13, No. 3, 2011.

Van Der Wal, Z., De Graff, D., Lasthuizen, K., Whats Valued Most? A Comparative Empirical Study on the Differences and Similarities Between the Organisational Value of the Public and Private Sector, *Public Administration*, Vol. 82, No. 2, 2011.

Van der Wal, Z., Van Hout, E. T. J., Is Public Value Pluralism Paramount? The Intrinsic Multiplicity and Hybridity of Public Values, *International Journal of Public Administration*, Vol. 32, No. 3-4, 2009.

Van der Wal, Z., Yang, L., Confucius Meets Weber or 'Managerialism Takes All'? Comparing Civil Servant Values in China and the Netherlands, *International Public Management Journal*, Vol. 18, No. 3, 2015.

Van Thiel, S., Leeuw, F. L., The Performance Paradox in the Public Sector, *Public performance &Management Review*, Vol. 25, No. 3, 2002.

Verhoef, E. T., Nijkamp, P., Externalities in Urban Sustainability: Environmental Versus Localization-type Agglomeration Externalities in a General Spatial Equilibrium Model of a Single-sector Monocentric Industrial City, *Ecological Economics*, Vol. 40, No. 2, 2002.

Wagenaar, H., Value Pluralism in Public Administration, *Administrative Theory & Praxis*, Vol. 21, No. 4, 1999.

Walter, I., Ugelow, J. L., Environmental Policies in Developing Countries, *Ambio*, Vol. 8, 1979.

Wang, B., Christensen, T., The Open Public Value Account and Comprehensive Social Development: An Assessment of China and the United States, *Administration & Society*, Vol. 49, No. 6, 2017.

Wang, D. T., Chen, W. Y., Foreign Direct Investment, Institutional Development, and Environmental Externalities: Evidence from China,

Journal of Environmental Management, Vol. 135, No. 4, 2014.

Wang, M. , Cheng, Z. , Li, Y. , Li, J. , Guan, K. , Impact of Market Regulation on Economic and Environmental Performance: A Game Model of Endogenous Green Technological Innovation, *Journal of Cleaner Production*, Vol. 277, 2020.

Wang, X. , Wang, Z. , Beyond Efficiency or Justice: The Structure and Measurement of Public Servants'Public Values Preferences, *Administration & Society*, Vol. 52, No. 4, 2020.

Webeck, S. , Nicholson-Crotty, S. , How Historical and Social Comparisons Influence Interpretations of Performance Information, *International Public Management Journal*, 2019.

Weber, M. , *Politics as a Vocation*. In H. H. Gerth & C. Wright Mills, From Max Weber, *Essays in Sociology*, New York, NY: Oxford University Press. 1946.

Wegrich, K. , The Blind Spots of Collaborative Innovation, *Public Management Review*, Vol. 21, No. 1, 2019.

Weingast, B. R. , Second Generation Fiscal Federalism: The Implications of Fiscal Incentives, *Journal of Urban Economics*, Vol. 65, No. 3, 2009.

Wildasin, D. E. , Nash Equilibria in Models of Fiscal Competition, *Journal of Public Economics*, Vol. 35, No. 2, 1988.

Wildavsky, A. B. Searching for safety. Piscataway, NJ: Transaction publishers. 1988.

Willems, J. , Faulk, L. , Boenigk, S. , Reputation Shocks and Recovery in Public-Serving Organizations: The Moderating Effect of Mission Valence, *Journal of Public Administration Research and Theory*, 2020.

Willems, J. , Faulk, L. , Does Voluntary Disclosure Matter When Organizations Violate Stakeholder Trust?, *Journal of Behavioral Public*

Administration，Vol. 2，No. 1，2019.

Williams，P.，Aaker，J. L.，Can Mixed Emotions Peacefully Coexist?，
Journal of Consumer Research，Vol. 28，No. 4，2002.

Wilson，J. Q.，*Bureaucracy*：*What Government Agencies do and Why
They do it*，New York：Basic Books. 2019.

Witesman，E. M.，Walters，L. C.，Modeling Public Decision Preferences
Using Context-specific Value Hierarchies，*The American Review of Public
Administration*，Vol. 45，No. 1，2015.

Wong，C.，Karplus，V. J.，China's War on Air Pollution：Can Existing
Governance Structures Support New Ambitions?，*The China Quarterly*，
Vol. 231，2017.

Woods，N. D.，Interstate Competition and Environmental Regulation：A
Test of the Race-to-the-bottom Thesis，*Social Science Quarterly*，
Vol. 87，No. 1，2006.

Wu，H.，Guo，H.，Zhang，B.，Bu，M.，Westward Movement of
New Polluting Firms in China：Pollution Reduction Mandates and Loca-
tion Choice，*Journal of Comparative Economics*，Vol. 45，No. 1，
2017.

Wu，J.，An，Q.，Yao，X.，Wang，B.，Environmental Efficiency
Evaluation of Industry in China Based on a New Fixed Sum Undesirable
Output Data Envelopment Analysis，*Journal of Cleaner Production*，
Vol. 74，2014.

Wu，J.，Xu，M.，Zhang，P.，The Impacts of Governmental Perform-
ance Assessment Policy and Citizen Participation on Improving Environ-
mental Performance Across Chinese Provinces，*Journal of Cleaner Pro-
duction*，Vol. 184，2018.

Wüstemann，H.，Kalisch，D.，Kolbe，J.，Access to Urban Green
Space and Environmental Inequalities in Germany，*Landscape and
Urban Planning*，Vol. 164，2017.

Xu, C., The Fundamental Institutions of China's Reforms and Development, *Journal of Economic Literature*, Vol. 49, No. 4, 2011.

Xu, W., Sun, J., Liu, Y., Xiao, Y., Tian, Y., Zhao, B., Zhang, X., Spatiotemporal Variation and Socioeconomic Drivers of Air Pollution in China During 2005−2016, *Journal of Environmental Management*, Vol. 245, 2019.

Yang, L., Worlds Apart? Worlds Aligned? The Perceptions and Prioritizations of Civil Servant Values Among Civil Servants from China and The Netherlands, *International Journal of Public Administration*, Vol. 39, No. 1, 2016.

Yang, X., Wang, S., Zhang, W., Yu, J., Are the Temporal Variation and Spatial Variation of Ambient SO2 Concentrations Determined by Different Factors?, *Journal of Cleaner Production*, Vol. 167, 2017.

Yee, W. - H., Tang, S. - Y., Lo, C. W. - H., Regulatory Compliance When the Rule of Law is Weak: Evidence from China's Environmental Reform, *Journal of Public Administration Research and Theory*, Vol. 26, No. 1, 2014.

Young, O. R., *On Environmental Governance: Sustainability, Efficiency, and Equity*, London: Routledge. 2016.

Yu, J., Zhou, L. - A., Zhu, G., Strategic Interaction in Political Competition: Evidence from Spatial Effects Across Chinese Cities, *Regional Science and Urban Economics*, Vol. 57, 2016.

Zemborain, M. R., Johar, G. V., Attitudinal Ambivalence and Openness to Persuasion: A Framework for Interpersonal Influence, *Journal of Consumer Research*, Vol. 33, No. 4, 2007.

Zhan, X., Lo, W. H., Tang, S. Y., Contextual Changes and Environmental Policy Implementation: A Longitudinal Study of Street-Level Bureaucrats in Guangzhou, China, *Journal of Public Administration*

Research & Theory, Vol. 24, No. 4, 2014.

Zhang, T., Zou, H.-f., Fiscal Decentralization, Public Spending, and Economic Growth in China, *Journal of Public Economics*, Vol. 67, No. 2, 1998.

Zhang, Y., Zhu, X., The Moderating Role of Top-Down Supports in Horizontal Innovation Diffusion, *Public Administration Review*, Vol. 80, No. 2, 2020.

Zhao, X., Lynch Jr, J. G., Chen, Q., Reconsidering Baron and Kenny: Myths and Truths About Mediation Analysis, *Journal of Consumer Research*, Vol. 37, No. 2, 2010.

Zheng, S., Kahn, M. E., Sun, W., Luo, D., Incentives for China's Urban Mayors to Mitigate Pollution Externalities: The Role of the Central Government and Public Environmentalism, *Regional Science and Urban Economics*, Vol. 47, 2014.

索　引

后　　记

　　本书系我博士学位论文修改完善而成。尽管我为博士论文倾尽了四年的心血，但因研究体量较大，难免有不完善之处。借着这次出版的机会，我对博士论文进行了又一轮的系统反思、完善和修改。在本书的修改和出版过程中，对原文中的诸多表述不清、逻辑模糊之处，以及各类细小的错误一并进行了修改和完善。尽管如此，本书仅仅只是从多重压力和公共价值冲突视角对我国地方政府环境治理问题所进行的一个探索性研究，仍有诸多的不足和不完善之处，希望未来的研究可以立足于本研究的不足和缺口，开展更多更为精彩的研究。

　　在本书出版之际，我要首先感谢自己的导师包国宪教授，不仅要感谢包老师指导我顺利完成博士学业，也要感谢包老师给予了我继续学习和深造的机会。读博期间，包老师严谨的治学态度、丰富的科研经验、扎实的研究方法，都对自己在学术科研上的成长起到了极大的指导作用。包老师不仅在学习与科研上给予了我全力指导，对我的生活与工作也是非常的关系与照顾，也时常向我传授他的人生经验。正是包老师一次次的激励与关怀，使我鼓足勇气，不断克服生活和学业中遇到的困难和障碍，努力完成了学业。包老师对我的悉心指导不仅让我在理论水平和研究能力上有了很大提升，也培养了我不骄不躁、认真踏实的学习态度。包老师博学多才、睿智善良、宽容大度，不仅是我的学术导师，也是我的人生楷模，学生对恩师的崇敬与爱戴无以言表，只有在今后的工作和学习中更加努力进取。

　　其次，我要感谢自己的父亲。父亲是一直以来都是最支持我读博的人，但也是最担心我因为读博而熬夜的人。2018年9月，父亲突发脑溢血，那一刻，我第一次感到了害怕，体会到了无力。也是在那一刻，我也开始无尽的懊悔和自责。我懊悔自己太急功近利，在多少个日夜里，自己总是借口忙于论文而不跟父亲通电话；我自责自己太自私，从来都只是关心自己的论文和科研，而不关心父亲的身体和健康。我依稀记得，父亲每次给我打电话，都是小心翼翼，生怕影响到我学习，生怕打扰到我休息，而我却一直疏于对父亲的关心，就连拨一个电话都会偷懒。心碎的是，经过了四十余天的努力，最终在2018年10月27日，父亲永远离开了我，感生前之养育恩，悔未尽孝之全力，今一去不复返兮，悲至极而泣无语。近年来，愧疚悔恨之情一直未曾消减，但在我的心里，父亲从未真正离开我，父亲的音容笑貌、举止经常浮现在我的脑海，感谢父亲在天之灵一直护佑着我，护佑我顺利完成此书，在今后的工作中，我定会更加努力上进，做好每一件有意义的事来缅怀父亲，言虽有穷，情而无限。

　　再次，还要感谢北京大学周志忍教授，武汉大学丁煌教授，中国人民大学马亮教授，上海交通大学朱德米教授，兰州大学吴建祖教授、丁志刚教授、李少惠教授，以上老师都对本研究提出了非常专业到位的修改意见，帮助我不断完善和改进，最终顺利通过评审。

　　最后，我还要向其他关心、帮助、支持和鼓励过我的老师、同学、朋友表示最诚挚的感谢，受限篇幅，此处无法一一罗列，衷心祝愿我的恩师、家人、同学、朋友们未来更加美好！也希望自己今后的人生更加精彩！